Kotlin 程序员面试笔试宝典

猿媛之家　组编
孙　伟　楚　秦　等编著

机械工业出版社

本书是一本讲解 Kotlin 程序员面试笔试的百科全书,将 Kotlin 程序员面试笔试过程中各类知识点一网打尽。在讲解的广度上,通过各种渠道,搜集了近 3 年来几乎所有 IT 企业针对 Kotlin 岗位的笔试面试所涉及的知识点,包括但不限于 Kotlin、计算机网络、操作系统等。在讲解的深度上,本书由浅入深,庖丁解牛式地分析每一个知识点,并提炼归纳,同时,引入与该知识点相关的内容,并对知识点进行全面的深度剖析,让读者不仅能够理解这个知识点,还能在遇到相似问题的时候,也能游刃有余地解决,而这些内容是其他同类书籍所没有的。本书将知识点归纳分类,结构合理,条理清晰,便于读者进行学习与检索。

本书是一本计算机相关专业毕业生面试笔试的求职用书,同时也适合期望在计算机软、硬件行业大显身手的计算机爱好者阅读。

图书在版编目(CIP)数据

Kotlin 程序员面试笔试宝典 / 猿媛之家组编;孙伟等编著. —北京:机械工业出版社,2019.8
ISBN 978-7-111-63539-0

Ⅰ. ①K… Ⅱ. ①猿… ②孙… Ⅲ. ①程序设计-工程技术人员-职业选择 Ⅳ. ①C913.2

中国版本图书馆 CIP 数据核字(2019)第 185753 号

机械工业出版社(北京市百万庄大街 22 号　邮政编码 100037)
策划编辑:尚　晨　　责任编辑:尚　晨
责任校对:张艳霞　　责任印制:李　昂

河北鹏盛贤印刷有限公司印刷

2019 年 10 月第 1 版・第 1 次印刷
184mm×260mm・20.25 印张・502 千字
0001—2500 册
标准书号:ISBN 978-7-111-63539-0
定价:79.00 元

电话服务　　　　　　　　　网络服务
客服电话:010-88361066　　机　工　官　网:www.cmpbook.com
　　　　　010-88379833　　机　工　官　博:weibo.com/cmp1952
　　　　　010-68326294　　金　书　网:www.golden-book.com
封底无防伪标均为盗版　　　机工教育服务网:www.cmpedu.com

前　　言

　　Kotlin 语言在 2016 年发布了第一个正式版，2017 年它就成为了 Google 官方支持的 Android 开发语言，2018 年，Kotlin 全面爆发，显示出了其强大的生命力。

　　为什么 Kotlin 能够成为如此热门的编程语言呢？其实，Kotlin 从诞生之初就已广受好评，特别是受到 Java 开发人员的好评。Java 语言是一门较陈旧的语言，而且更新缓慢，比起 Ruby、Python 这些开发语言，Java 语言像落后了两个年代，随着 Kotlin 的出现，它把 JVM 编程提升到了一个更高的水平，开发者可以放心地使用 lambda、高阶函数及智能转换等特性，而不需要在项目中做太多改变。

　　也许有很多人认为现在会 Kotlin 语言的人还比较少，如果学会了 Kotlin，是否会很容易找到一份好工作呢？我的回答是：不会。掌握 Kotlin 对找工作基本上没有决定性的帮助，这是因为 Java 开发人员转向学习 Kotlin 太简单了，只需两周左右的时间就可以上手开发，其学习难度可能都比不上一个复杂的开发框架。但是否可以说看完本书对找工作帮助不大呢？这就大错特错了。编程语言只是一种手段，一个工具，无论是 Java 语言，还是 Kotlin 语言，无一例外，都是如此，只有算法才是核心，而算法对于程序员求职是永远有用的，特别是现在市场上人才过剩，企业在招聘的时候，对求职者运用算法的水平自然而然也是要求越来越高，毕竟工作年限的长短、做过项目的多少都不足以评定一个人的水平，而算法掌握得好，通常编程水平都不会差。用 Kotlin 写算法比起 Java 优势很明显：Kotlin 可以在网页上运行代码，可以使用交互式 shell，或者祭出"重器"IntelliJ IDEA，其自动补全、优化提示、拼写检查及调试等功能，都是为 Kotlin 量身定制的。面对面试官，当面试者手写代码的时候，Kotlin 简洁的语法，一方面可以让面试者只需要关注问题本身，另一方面没有了 Java 语言的冗长代码，答案看起来会更加整洁。

　　由于 Kotlin 是一门非常优秀的开发语言，而本书中的知识点都是精挑细选的高频出现的面试笔试的知识点，所以值得读者去深入了解。编程是一个解决问题的过程，书中的知识点也许不能直接解决问题，但是一定能帮助读者提升解决问题的能力。对于个人成长来说，想要找到一份更好的工作，基础知识点是一块敲门砖，也许它就是面试官评定面试者能力高低的标准。如果读者能学完书中所有的知识点，那么一定会豁然开朗，感觉自己提升了一个层次。

　　本书部分思想来源于网络，无法追踪到最原始的出处，在此对这些幕后英雄致以最崇高的敬意。如果读者对本书的内容存在疑问或是存在求职困惑，都可以通过 yuancoder@foxmail.com 联系编者。

　　祝所有求职者都能找到一份满意的工作。

编　者

目 录

前言

面试笔试经验技巧篇

经验技巧 1	如何巧妙地回答面试官的问题	2
经验技巧 2	如何回答技术性的问题	3
经验技巧 3	如何回答非技术性问题	4
经验技巧 4	如何回答快速估算类问题	5
经验技巧 5	如何回答算法设计问题	6
经验技巧 6	如何回答系统设计题	8
经验技巧 7	如何解决求职中的时间冲突问题	11
经验技巧 8	如果面试问题曾经遇见过，是否要告知面试官	11
经验技巧 9	被企业拒绝后是否可以再申请	12
经验技巧 10	如何应对自己不会回答的问题	12
经验技巧 11	如何应对面试官的"激将法"语言	13
经验技巧 12	如何处理与面试官持不同观点这个问题	14
经验技巧 13	什么是职场暗语	14

面试笔试技术攻克篇

第 1 章 Kotlin 是什么 19
  1.1 关于 Kotlin 19
  1.2 Kotlin 的特性 20
    1.2.1 空安全 20
    1.2.2 简洁 20
    1.2.3 兼容性 22
  1.3 Kotlin 的前景 22
  1.4 学习 Kotlin 22

第 2 章 Kotlin 工具介绍 23
  2.1 使用 Web IDE 快速体验 Kotlin 23
  2.2 使用 IntelliJ IDEA 进行 Kotlin 开发 23
    2.2.1 运行 Hello World 23
    2.2.2 配置 Kotlin 25
    2.2.3 将 Java 代码转换为 Kotlin 代码 25

2.2.4 Kotlin 命令行编译工具 27

第3章 Kotlin 语法基础 29

3.1 Kotlin 开发基本知识 29
3.1.1 项目结构 29
3.1.2 代码编写习惯 30
3.1.3 相等性 31
3.1.4 字符串模板 31

3.2 名词定义 31
3.2.1 属性 32
3.2.2 表达式 32
3.2.3 高阶函数 32
3.2.4 字面值和函数字面值 33

3.3 变量 33
3.3.1 变量声明 33
3.3.2 类型推断 34

3.4 函数 35
3.4.1 声明函数 35
3.4.2 函数参数 37
3.4.3 可变数量的参数 39
3.4.4 命名参数 39
3.4.5 中缀函数 40

3.5 基本类型 41
3.5.1 数字类型 41
3.5.2 比较 42
3.5.3 运算 44

3.6 空安全 44
3.6.1 可空变量 44
3.6.2 let 和 apply 46
3.6.3 Elvis 47
3.6.4 空安全机制 48

3.7 控制语句 49
3.7.1 if 49
3.7.2 when 50
3.7.3 for 51
3.7.4 while 和 do…while 52
3.7.5 break 和 continue 52

3.8 数组和区间 52
3.8.1 数组 52
3.8.2 区间 53

第 4 章 Kotlin 基础功能 ... 55

4.1 类的声明和构造 ... 55
4.1.1 声明类 ... 55
4.1.2 构造函数 ... 55
4.1.3 二级构造函数 ... 56
4.1.4 类的实例 ... 57
4.1.5 类的构造 ... 57

4.2 属性和字段 ... 58
4.2.1 属性 ... 58
4.2.2 属性声明 ... 59
4.2.3 访问器 ... 59
4.2.4 属性的探究 ... 60

4.3 继承和接口 ... 62
4.3.1 继承 ... 62
4.3.2 重写方法 ... 64
4.3.3 重写属性 ... 64
4.3.4 抽象类 ... 65
4.3.5 接口 ... 66

4.4 可见性修饰 ... 68
4.4.1 顶层声明的可见性 ... 69
4.4.2 类成员的可见性 ... 70
4.4.3 构造函数的可见性 ... 71

4.5 单例和伴生对象 ... 71
4.5.1 单例 ... 71
4.5.2 伴生对象 ... 73

4.6 嵌套类和内部类 ... 75
4.6.1 嵌套类 ... 75
4.6.2 内部类 ... 76

4.7 对象表达式 ... 77
4.8 枚举类 ... 80
4.9 泛型 ... 81
4.9.1 泛型的使用方法 ... 82
4.9.2 协变和逆变 ... 83
4.9.3 泛型的 out 和 in ... 85
4.9.4 类型投影 ... 87
4.9.5 泛型约束 ... 90

4.10 数据类 ... 91
4.11 密封类 ... 94
4.12 扩展 ... 94

- 4.12.1 扩展函数 94
- 4.12.2 扩展函数是静态解析的 95
- 4.12.3 扩展属性 96
- 4.12.4 对象和伴生对象的扩展 97
- 4.12.5 类中的扩展方法 97
- 4.12.6 扩展函数在 Java 中的调用 99
- 4.13 委托 101
- 4.14 委托属性 103
  - 4.14.1 延迟加载属性 103
  - 4.14.2 可观察属性 104
  - 4.14.3 将多个属性保存在一个 Map 内 105
  - 4.14.4 自定义委托 106
  - 4.14.5 局部委托属性 107

第 5 章 Kotlin 高级功能 108

- 5.1 函数进阶 108
  - 5.1.1 局部函数和闭包 108
  - 5.1.2 尾递归函数 108
  - 5.1.3 内联函数 110
- 5.2 Lambda 表达式和高阶函数 112
  - 5.2.1 Lambda 表达式 112
  - 5.2.2 高阶函数 114
  - 5.2.3 带接收者的函数字面值 116
  - 5.2.4 标准库中最常用的 Lambda 表达式 117
- 5.3 异常处理 119
  - 5.3.1 非受检的异常 119
  - 5.3.2 异常处理 120
  - 5.3.3 try 表达式 121
  - 5.3.4 Nothing 类型 122
- 5.4 集合 123
  - 5.4.1 List 124
  - 5.4.2 Set 125
  - 5.4.3 Map 125
  - 5.4.4 集合的遍历 126
  - 5.4.5 集合的转换 127
  - 5.4.6 集合的变换 128
  - 5.4.7 序列 129
- 5.5 解构声明 132
- 5.6 运算符重载 135
  - 5.6.1 一元操作符 136

- 5.6.2 二元操作符 ········· 137
- 5.7 类型检查和转换 ········· 140
  - 5.7.1 类型检查与智能转换 ········· 140
  - 5.7.2 类型的转换 ········· 142
  - 5.7.3 泛型的检测 ········· 142
- 5.8 注解 ········· 143
  - 5.8.1 注解声明 ········· 143
  - 5.8.2 注解的使用 ········· 143
  - 5.8.3 注解和 Java 的兼容 ········· 147
- 5.9 使用 DSL ········· 148

第 6 章 Java 和 Kotlin 的互相调用 ········· 151

- 6.1 Kotlin 和 Java 代码的对应关系 ········· 151
  - 6.1.1 包级函数的对应 ········· 151
  - 6.1.2 Kotlin 的 object 在 Java 中的对应关系 ········· 152
  - 6.1.3 Kotlin 的属性和 Java 的对应关系 ········· 153
- 6.2 Java 中使用 Kotlin 的扩展 ········· 155
- 6.3 静态函数和静态字段 ········· 157
  - 6.3.1 静态方法和静态字段 ········· 157
  - 6.3.2 Java 中使用 Kotlin 的 object ········· 159
- 6.4 Kotlin 中的 Lambda 表达式和函数参数 ········· 160
- 6.5 解决命名冲突 ········· 163
  - 6.5.1 Kotlin 中使用标识符转义解决命名冲突 ········· 163
  - 6.5.2 使用 @JvmName 指定名字 ········· 164
- 6.6 重载函数 ········· 165
- 6.7 空安全 ········· 167
  - 6.7.1 Kotlin 兼容 Java 空检查机制 ········· 167
  - 6.7.2 平台类型 ········· 168
  - 6.7.3 可空性注解 ········· 169
- 6.8 Kotlin 和 Java 泛型的互相调用 ········· 170
- 6.9 类型映射 ········· 172
  - 6.9.1 原生类型 ········· 172
  - 6.9.2 集合 ········· 173
- 6.10 数组 ········· 175
- 6.11 其他 ········· 176
  - 6.11.1 Java 可变参数 ········· 176
  - 6.11.2 Kotlin 重载的运算符在 Java 中的使用 ········· 177
  - 6.11.3 对象方法 ········· 178
  - 6.11.4 clone() ········· 179
  - 6.11.5 访问静态成员 ········· 179

		6.11.6	Java 反射	179
		6.11.7	SAM 转换	179
		6.11.8	在 Kotlin 中使用 JNI	180

第 7 章 协程 …………………………………………………………………………………… 181

7.1	协程简介			181
7.2	协程入门			181
	7.2.1	创建协程		181
	7.2.2	桥接阻塞和非阻塞的世界		182
	7.2.3	等待协程执行结束		183
	7.2.4	结构化的并发		183
	7.2.5	构建作用域		183
	7.2.6	suspend 函数		184
7.3	协程的取消和超时			185
	7.3.1	取消一个协程		185
	7.3.2	协作式的取消方式		185
	7.3.3	让协程代码块支持取消操作		186
	7.3.4	使用 finally 代码块清理资源		187
	7.3.5	不可取消的代码块		188
	7.3.6	超时		189
7.4	渠道（channel）			190
	7.4.1	channel 简介		190
	7.4.2	channel 的迭代和关闭操作		191
	7.4.3	构建"生产者"		192
	7.4.4	管道		193
	7.4.5	扇出和扇入		193
	7.4.6	带有缓冲区的 channel		197
	7.4.7	channel 使用公平原则		197
7.5	挂起函数			198
	7.5.1	挂起函数的顺序执行		198
	7.5.2	异步并发执行		199
	7.5.3	使用懒加载的方式		200
	7.5.4	封装异步函数		200
	7.5.5	结构化异步并发代码		201
7.6	协程上下文和调度器			201
	7.6.1	协程的调度和执行线程		201
	7.6.2	非受限调度器和受限调度器		202
	7.6.3	调试协程和线程		203
	7.6.4	在协程中切换线程		204
	7.6.5	子协程		205

IX

7.7 协程的异常处理 ………………………………………………………… 206
  7.7.1 捕获协程的异常 …………………………………………………… 206
  7.7.2 协程的取消和异常 ………………………………………………… 208
  7.7.3 处理异常聚合 ……………………………………………………… 209
7.8 协程的同步 ……………………………………………………………… 210
  7.8.1 协程同步的问题 …………………………………………………… 210
  7.8.2 协程同步的方法 …………………………………………………… 211
  7.8.3 互斥锁 ……………………………………………………………… 213
  7.8.4 Actors ……………………………………………………………… 213

第 8 章 使用 Kotlin 进行 Android 开发 … 215
8.1 Android 开发环境 ……………………………………………………… 215
  8.1.1 添加 Gradle 插件 …………………………………………………… 215
  8.1.2 使用 Kotlin Android Extensions ………………………………… 216
  8.1.3 处理注解 …………………………………………………………… 218
8.2 在 Android Library 中使用 Kotlin …………………………………… 218
8.3 使用 DataBinding ……………………………………………………… 220
8.4 第三方库配置 …………………………………………………………… 221
  8.4.1 ButterKnife ………………………………………………………… 221
  8.4.2 Dagger ……………………………………………………………… 221
8.5 Anko …………………………………………………………………… 222
  8.5.1 开始使用 Anko ……………………………………………………… 223
  8.5.2 Anko Commons …………………………………………………… 224
  8.5.3 Anko SQLite ……………………………………………………… 230
  8.5.4 Anko Layouts ……………………………………………………… 237

第 9 章 数据库 … 245
9.1 SQL 语言 ………………………………………………………………… 245
9.2 内连接与外连接 ………………………………………………………… 247
9.3 事务 ……………………………………………………………………… 248
9.4 存储过程 ………………………………………………………………… 249
9.5 范式 ……………………………………………………………………… 250
9.6 触发器 …………………………………………………………………… 252
9.7 游标 ……………………………………………………………………… 253
9.8 数据库日志 ……………………………………………………………… 253
9.9 UNION 和 UNION ALL ………………………………………………… 254
9.10 视图 …………………………………………………………………… 255
9.11 三级封锁协议 ………………………………………………………… 255
9.12 索引 …………………………………………………………………… 256

第 10 章 操作系统 … 258
10.1 进程管理 ……………………………………………………………… 258

- 10.1.1 进程与线程 258
- 10.1.2 线程同步有哪些机制 259
- 10.1.3 内核线程和用户线程 259
- 10.2 内存管理 260
  - 10.2.1 内存管理方式 260
  - 10.2.2 虚拟内存 261
  - 10.2.3 内存碎片 261
  - 10.2.4 虚拟地址、逻辑地址、线性地址、物理地址 262
  - 10.2.5 Cache 替换算法 262
- 10.3 用户编程接口 264
  - 10.3.1 库函数调用与系统调用 264
  - 10.3.2 静态链接与动态链接 264
  - 10.3.3 静态链接库与动态链接库 265
  - 10.3.4 用户态和核心态 265
  - 10.3.5 用户栈与内核栈 266

第 11 章 网络 267

- 11.1 TCP/IP 267
  - 11.1.1 协议 267
  - 11.1.2 TCP/IP 268
- 11.2 RESTful 架构风格 268
  - 11.2.1 REST 268
  - 11.2.2 约束条件 269
- 11.3 HTTP 270
  - 11.3.1 URI 和 URL 270
  - 11.3.2 HTTP 协议 271
  - 11.3.3 HTTP 报文 272
  - 11.3.4 HTTP 首部 273
  - 11.3.5 缓存 275
- 11.4 TCP 277
  - 11.4.1 连接管理 277
  - 11.4.2 确认应答 278
  - 11.4.3 窗口控制 280
  - 11.4.4 重传控制 281
- 11.5 HTTPS 282
  - 11.5.1 加密 282
  - 11.5.2 数字签名 283
  - 11.5.3 数字证书 284
  - 11.5.4 安全通信机制 285
- 11.6 HTTP/2.0 285

XI

11.6.1	二进制分帧层	286
11.6.2	多路通信	287
11.6.3	请求优先级	287
11.6.4	服务器推送	288
11.6.5	首部压缩	288

第12章 设计模式 289

12.1	单例模式	289
12.2	工厂模式	289
12.3	适配器模式	291
12.4	观察者模式	292

附录 常见面试笔试题 293

面试笔试经验技巧篇

　　想找到一份程序员的工作,一点技术都没有显然是不行的,但是,只有技术也是不够的。面试笔试经验技巧篇主要针对程序员面试笔试中会遇到的13个常见问题进行深度解析,并且结合实际情景,给出了一个较为合理的参考答案以供读者学习与应用,掌握这13个问题的解答精髓,对于求职者大有裨益。

经验技巧 1　如何巧妙地回答面试官的问题

程序员面试中，求职者不可避免地需要回答面试官各种"刁钻"、犀利的问题，回答面试官的问题千万不能简单地回答"是"或者"不是"，而应该具体分析"是"或者"不是"的理由。

回答面试官的问题是一门很深的学问。那么，面对面试官提出的各类问题，如何才能条理清晰地回答呢？如何才能让自己的回答不至于撞上枪口呢？如何才能让自己的答案令面试官满意呢？

谈话是一门艺术，回答问题也是一门艺术。同样的话，不同的回答方式，往往也会产生出不同的效果，甚至是截然不同的效果。在此，编者提出以下几点建议，供读者参考。

首先，回答问题务必谦虚谨慎。既不能让面试官觉得自己很自卑、唯唯诺诺，也不能让面试官觉得自己清高自负，而应该通过问题的回答表现出自己自信从容、不卑不亢的一面。例如，当面试官提出"你在项目中起到了什么作用"的问题时，如果求职者回答：我完成了团队中最难的工作，此时就会给面试官一种居功自傲的感觉，而如果回答：我完成了文件系统的构建工作，这个工作被认为是整个项目中最具有挑战性的一部分内容，因为它几乎无法重用以前的框架，需要重新设计。这种回答不仅不傲慢，反而有理有据，更能打动面试官。

其次，回答面试官的问题时，不要什么都说，要适当地留有悬念。人一般都有猎奇的心理，面试官自然也不例外。而且，人们往往对好奇的事情更有兴趣、更加偏爱，也更加记忆深刻。所以，在回答面试官问题时，切记说关键点而非细节，说重点而非和盘托出，通过关键点，吸引面试官的注意力，等待他们继续"刨根问底"。例如，当面试官对你的简历中一个算法问题有兴趣，希望了解时，可以这样回答：我设计的这种查找算法，对于 80%或以上的情况，都可以将时间复杂度从 $O(n)$ 降低到 $O(\log n)$，如果您有兴趣，我可以详细给您分析具体的细节。

最后，回答问题要条理清晰、简单明了，最好使用"三段式"方式。所谓"三段式"，有点类似于中学作文中的写作风格，包括"场景/任务""行动"和"结果"三部分内容。以面试官提的问题"你在团队建设中遇到的最大挑战是什么"为例，第一步，分析场景/任务：在我参与的一个 ERP 项目中，我们团队一共四个人，除了我以外的其他三个人中，两个人能力很强，人也比较好相处，但有一个人却不太好相处，每次我们小组讨论问题时，他都不太爱说话，分配给他的任务也很难完成。第二步，分析行动：为了提高团队的综合实力，我决定找个时间和他单独谈一谈。于是我利用周末时间约他一起吃饭，吃饭的时候顺便讨论了一下我们的项目，我询问了一些项目中他遇到的问题，通过他的回答，我发现他并不懒，也不糊涂，只是对项目不太了解，缺乏经验，缺乏自信而已，所以越来越孤立，越来越不愿意讨论问题。为了解决这个问题，我尝试着把问题细化到他可以完成的程度，从而建立起他的自信心。第三步，分析结果：他是小组中水平最弱的人，但是，慢慢地，他的技术变得越来越厉害，能够按时完成安排给他的工作，人也越来越自信了，越来越喜欢参与我们的讨论，并发表自己的看法，我们都愿意与他一起合作了。"三段式"回答的一个最明显的好处就是条理清晰，既有描述，也有结果，有根有据，让面试官一目了然。

回答问题的技巧，是一门大学问。求职者可以在平时的生活中加以练习，提高自己与人沟通的技能，等到面试时，自然就得心应手了。

经验技巧 2　如何回答技术性的问题

程序员面试中，面试官经常会询问一些技术性的问题，有的问题可能比较简单，都是历年的面试、笔试真题，求职者在平时的复习中会经常遇到。但有的题目可能比较难，来源于 Google、Microsoft 等大企业的题库或是企业自己为了招聘需要设计的题库，求职者可能从来没见过或者不能完整地、独立地想到解决方案，而这些题目往往又是企业比较关注的。

如何能够回答好这些技术性的问题呢？编者建议：会做的一定要拿满分，不会做的一定要拿部分分。即对于简单的题目，求职者要努力做到完全正确，毕竟这些题目，只要复习得当，完全回答正确一点问题都没有（编者认识的一个朋友曾把《编程之美》《编程珠玑》《程序员面试笔试宝典》上面的技术性题目与答案全都背熟，找工作时遇到该类问题解决得非常轻松）；对于难度比较大的题目，不要惊慌，也不要害怕，即使无法完全做出来，也要努力思考问题，哪怕是半成品也要写出来，至少要把自己的思路表达给面试官，让面试官知道你的想法，而不是完全回答不会或者放弃，因为面试官很多时候除了关注求职者独立思考问题的能力以外，还会关注求职者技术能力的可塑性，观察求职者是否能够在别人的引导下去正确地解决问题。所以，对于不会的问题，面试官很有可能会循序渐进地启发求职者去思考，通过这个过程，让面试官更加了解求职者。

一般而言，在回答技术性问题时，求职者大可不必胆战心惊，除非是没学过的新知识，否则，一般都可以采用以下六个步骤来分析解决。

（1）勇于提问

面试官提出的问题，有时候可能过于抽象，让求职者不知所措，或者无从下手，因此，对于面试中的疑惑，求职者要勇敢地提出来，多向面试官提问，把不明确或二义性的情况都问清楚。不用担心你的问题会让面试官烦恼，影响面试成绩，相反还可能会对面试结果产生积极的影响：一方面，提问可以让面试官知道求职者在思考，也可以给面试官一个心思缜密的好印象；另一方面，方便后续自己对问题的解答。

例如，面试官提出一个问题：设计一个高效的排序算法。求职者可能没有头绪，排序对象是链表还是数组？数据类型是整型、浮点型、字符型还是结构体类型？数据基本有序还是杂乱无序？数据量有多大，1000 以内还是百万以上？此时，求职者大可以将自己的疑问提出来，问题清楚了，解决方案也自然就出来了。

（2）高效设计

对于技术性问题，如何才能打动面试官？完成基本功能是必需的，但仅此而已吗？显然不是。完成基本功能最多只能算及格水平，要想达到优秀水平，还应该考虑更多的内容，以排序算法为例：时间是否高效？空间是否高效？数据量不大时也许没有问题，如果是海量数据呢？是否考虑了相关环节，如数据的"增删改查"？是否考虑了代码的可扩展性、安全性、完整性以及鲁棒性？如果是网站设计，是否考虑了大规模数据访问的情况？是否需要考虑分布式系统架构？是否考虑了开源框架的使用？

（3）伪代码先行

有时候实际代码会比较复杂，上手就写很有可能会漏洞百出、条理混乱，所以求职者可以首先征求面试官的同意，在编写实际代码前，写一个伪代码或者画好流程图，这样做往往会让思路更加清晰明了。

（4）控制节奏

如果是算法设计题，面试官都会给求职者一个时间限制用以完成设计，一般为 20min。完成得太慢，会给面试官留下能力不行的印象，但完成得太快，如果不能保证百分百正确，也会给面试官留下毛手毛脚的印象。速度快当然是好事情，但只有速度，没有质量，速度快根本不会给面试加分。所以，编者建议，回答问题的节奏最好不要太慢，也不要太快，如果实在是完成得比较快，也不要急于提交给面试官，最好能够利用剩余的时间，认真检查一些边界情况、异常情况及极性情况等，看它们是否也能满足要求。

（5）规范编码

回答技术性问题时，多数都是纸上写代码，离开了编译器的帮助，求职者要想让面试官对自己的代码一看即懂，除了字迹要工整外，最好是能够严格遵循编码规范包括函数变量命名、换行缩进、语句嵌套和代码布局等。同时，代码设计应该具有完整性，保证代码能够完成基本功能、输入边界值能够得到正确的输出、对各种不合规范的非法输入能够做出合理的错误处理，否则写出的代码即使无比高效，面试官也不一定看得懂或者看起来非常费劲，这些对面试成功都是非常不利的。

（6）精心测试

任何软件都有缺陷（bug），但不能因此就"纵容"自己写出的代码漏洞百出。尤其是在面试过程中，实现功能也许并不十分困难，困难的是在有限的时间内设计出的算法中，各种异常是否都得到了有效的处理，各种边界值是否都在算法设计的范围内。

测试代码是让代码变得完备的高效方式之一，也是一名优秀程序员必备的素质之一。所以，在编写代码前，求职者最好能够了解一些基本的测试知识，做一些基本的单元测试、功能测试、边界测试以及异常测试。

在回答技术性问题时，千万别一句话都不说，面试官面试的时间是有限的，他们希望在有限的时间内尽可能多地了解求职者，如果求职者坐在那里一句话不说，不仅会让面试官觉得求职者技术水平不行，思考问题能力以及沟通能力可能也存在问题。

其实，在面试时，求职者往往会存在一种思想误区，把技术性面试的结果看得太重要了。关于面试过程中的技术性问题，结果固然重要，但也并非最重要的内容，因为面试官看重的不仅仅是最终的结果，还包括求职者在解决问题的过程中体现出来的逻辑思维能力以及分析问题的能力。所以，求职者在与面试官的"博弈"中，要适当地提问，通过提问获取面试官的反馈信息，并抓住这些有用的信息进行辅助思考，进而提高面试的成功率。

经验技巧 3　如何回答非技术性问题

评价一个人的能力，除了专业能力，还有一些非专业能力，如智力、沟通能力和反应能力等，所以在 IT 企业招聘过程的笔试、面试环节中，并非所有的内容都是 C/C++/Java、数据结构与算法及操作系统等专业知识，也包括其他一些非技术类的知识，如智力题、推理题和作文题等。技术水平测试可以考查一个求职者的专业素养，而非技术类测试则更强调求职者的综合素质，包括数学分析能力、反应能力、临场应变能力、思维灵活性、文字表达能力和性格特征等内容。考查的形式多种多样，部分与公务员考查相似，主要包括行政职业能力测验（简称"行测"）、性格测试、应用文和开放问题等内容。

每个人都有自己的答题技巧，答题方式也各不相同，以下是一些相对比较好的答题技巧（以行测为例）。

1）合理有效的时间管理。由于题目的难易不同，答题要分清轻重缓急，最好的做法是不按顺序答题。"行测"中有各种题型，如数量关系、图形推理、应用题、资料分析和文字逻辑等，不同的人擅长的题型是不一样的，因此应该首先回答自己最擅长的问题。例如，如果对数字比较敏感，那么就先答数量关系。

2）注意时间的把握。由于题量一般都比较大，可以先按照总时间/题数来计算每道题的平均答题时间，如 10s，如果看到某一道题 5s 后还没思路，则马上做后面的题。在做行测题目时，以在最短的时间内拿到最多分为目标。

3）平时多关注图表类题目，培养迅速抓住图表中各个数字要素间相互逻辑关系的能力。

4）做题要集中精力、全神贯注，才能将自己的水平最大限度地发挥出来。

5）学会关键字查找，通过关键字查找，能够提高做题效率。

6）提高估算能力，有很多时候，估算能够极大地提高做题速度，同时保证正确率。

除了行测以外，一些企业非常相信个人性格对入职匹配的影响，所以都会引入相关的性格测试题用于测试求职者的性格特性，看其是否适合所投递的职位。大多数情况下，只要按照自己的真实想法选择就行了，因为测试是为了得出正确的结果，所以大多测试题前后都有相互验证的题目。如果求职者自作聪明，则很可能导致测试前后不符，这样很容易让企业发现求职者是个不诚实的人，从而首先予以筛除。

经验技巧 4 如何回答快速估算类问题

有些大企业的面试官，总喜欢出一些快速估算类问题，对他们而言，这些问题只是手段，不是目的，能够得到一个满意的结果固然是他们所需要的，但更重要的是通过这些题目可以考查求职者的快速反应能力以及逻辑思维能力。由于求职者平时准备的时候可能对此类问题有所遗漏，一时很难想到解决的方案。而且，这些题目乍一看确实是毫无头绪，无从下手，其实求职者只要冷静下来，稍加分析，就能找到答案。因为此类题目比较灵活，属于开放性试题，一般没有标准答案，只要弄清楚回答要点，分析合理到位，具有说服力，能够自圆其说，就是正确答案。

例如，面试官可能会问这样一个问题："请估算一下一家商场在促销时一天的营业额。"求职者又不是商场负责人，如何能够得出一个准确的数据呢？

难道此题就无解了吗？其实不然，本题只要能够分析出一个概数就行了，不一定要精确数据，而分析概数的前提就是做出各种假设。以该问题为例，可以尝试从以下思路入手：从商场规模、商铺规模入手，通过每平方米的租金，估算出商场的日租金，再根据商铺的成本构成，得到全商场日均交易额，再考虑促销时的销售额与平时销售额的倍数关系，乘以倍数，即可得到促销时一天的营业额。具体而言，包括以下估计数值。

1）以一家较大规模商场为例，商场一般按 6 层计算，每层长约 100m，宽约 100m，合计 60000m^2 的面积。

2）商铺规模占商场规模的一半左右，合计 30000m²。

3）商铺租金约为 40 元/m²，估算出年租金为 40×30000×365 元=4.38 亿元。

4）对商户而言，租金一般占销售额 20%，则年销售额为 4.38 亿元×5=21.9 亿元。计算平均日销售额为 21.9 亿元/365=600 万元。

5）促销时的日销售额一般是平时的 10 倍，所以约为 600 万元×10=6000 万元。

此类题目涉及面比较广，如估算一下北京小吃店的数量，估算一下中国在过去一年方便面的市场销售额是多少，估算一下长江的水的质量，估算一下一个行进在小雨中的人 5min 内身上淋到的雨的质量，估算一下东方明珠电视塔的质量，估算一下中国一年一共用掉了多少块尿布，估算一下杭州的轮胎数量。但一般都是即兴发挥，不是哪道题记住答案就可以应付得了的。遇到此类问题，一步步抽丝剥茧，才是解决之道。

经验技巧 5　如何回答算法设计问题

程序员面试中的很多算法设计问题，都是"炒现饭"，不管求职者以前对算法知识掌握得是否扎实，理解得是否深入，只要面试前买本《程序员面试笔试宝典》（编者早前编写的一本书，由机械工业出版社出版），应付此类题目完全没有问题。但遗憾的是，很多世界级知名企业也深知这一点，如果纯粹是出一些毫无技术含量的题目，对于考前"突击手"而言，可能会占尽便宜，但对于那些技术好的人而言是非常不公平的。所以，为了把优秀的求职者与一般的求职者更好地区分开来，面试题会年年推陈出新，越来越倾向于出一些有技术含量的"新"题，这些题目以及答案，不再是以前的问题了，而是经过精心设计的好题。

在程序员面试中，算法的地位就如同是 GRE 或托福考试在出国留学中的地位一样，必考但不是最重要的，它只是众多考核方面中的一个方面而已。尽管如此，但并非说就不用去准备算法知识了，因为算法知识回答得好，必然会成为面试的加分项，对于求职成功，有百利而无一害。那么如何应对此类题目呢？很显然，编者不可能将此类题目都在《程序员面试笔试宝典》中一一解答，一是由于内容过多，篇幅有限，二是也没必要，今年考过了，以后一般就不会再考了，不然还是没有区分度。编者认为，靠死记硬背肯定是行不通的，解答此类算法设计问题，需要求职者具有扎实的基本功和良好的运用能力，因为这些能力需要求职者"十年磨一剑"，但"授之以鱼不如授之以渔"，编者可以提供一些比较好的答题方法和解题思路，以供求职者在面试时更好地应对此类算法设计问题。

（1）归纳法

此方法通过写出问题的一些特定的例子，分析总结其中的规律。具体而言，就是通过列举少量的特殊情况，经过分析，最后找出一般的关系。例如，某人有一对兔子饲养在围墙中，如果它们每个月生一对兔子，且新生的兔子在第二个月后也是每个月生一对兔子，问一年后围墙中共有多少对兔子？

使用归纳法解答此题，首先想到的就是第一个月有多少对兔子。第一个月最初的一对兔子生下一对兔子，此时围墙内共有两对兔子。第二个月仍是最初的一对兔子生下一对兔子，共有 3 对兔子。到第三个月除最初的兔子新生一对兔子外，第一个月生的兔子也开始生兔子，因此共有 5 对兔子。通过举例，可以看出，从第二个月开始，每一个月兔子总数都是前两个月兔子总数之和，$U_n+1=U_n+U_{n-1}$。一年后，围墙中的兔子总数为 377 对。

此种方法比较抽象，也不可能对所有的情况进行列举，所以得出的结论只是一种猜测，还需要进行证明。

（2）相似法

如果面试官提出的问题与求职者以前用某个算法解决过的问题相似，此时就可以触类旁通，尝试改进原有算法来解决这个新问题。而通常情况下，此种方法都会比较奏效。

例如，实现字符串的逆序打印，也许求职者从来就没遇到过此问题，但将字符串逆序肯定在求职准备的过程中是见过的。将字符串逆序的算法稍加处理，即可实现字符串的逆序打印。

（3）简化法

此方法首先将问题简单化，如改变数据类型、空间大小等，然后尝试着将简化后的问题解决，一旦有了一个算法或者思路可以解决这个问题，再将问题还原，尝试着用此类方法解决原有问题。

例如，在海量日志数据中提取出某日访问×××网站次数最多的那个 IP。由于数据量巨大，直接进行排序显然不可行，但如果数据规模不大时，采用直接排序不失为一种好的解决方法。那么如何将问题规模缩小呢？这时可以使用 Hash 法，Hash 往往可以缩小问题规模，然后在简化过的数据里面使用常规排序算法即可找出此问题的答案。

（4）递归法

为了降低问题的复杂度，很多时候都会将问题逐层分解，最后归结为一些最简单的问题，这就是递归。此种方法，首先要能够解决最基本的情况，然后以此为基础，解决接下来的问题。

例如，在寻求全排列时，可能会感觉无从下手，但仔细推敲，会发现后一种排列组合往往是在前一种排列组合的基础上进行的重新排列。只要知道了前一种排列组合的各类组合情况，只需将最后一个元素插入到前面各种组合的排列里面，就实现了目标，即先截去字符串 s[1…n]中的最后一个字母，生成所有 s[1…n-1]的全排列，然后再将最后一个字母插入到每一个可插入的位置。

（5）分治法

任何一个可以用计算机求解的问题所需的计算时间都与其规模有关。问题的规模越小，越容易直接求解，解题所需的计算时间也越短。而分治法正是充分考虑到这一规律，将一个难以直接解决的大问题，分割成一些规模较小的相同问题，以便各个击破，分而治之。分治法一般包含以下三个步骤。

1）将问题的实例划分为几个较小的实例，最好具有相等的规模。

2）对这些较小的实例求解，而最常见的方法一般是递归。

3）如果有必要，合并这些较小问题的解，以得到原始问题的解。

分治法是程序员面试常考的算法之一，一般适用于二分查找、大整数相乘、求最大子数组和、找出伪币、金块问题、矩阵乘法、残缺棋盘、归并排序、快速排序、距离最近的点对、导线与开关等。

（6）Hash 法

很多面试、笔试题目，都要求求职者给出的算法尽可能高效。什么样的算法是高效的？一般而言，时间复杂度越低的算法越高效。而要想达到时间复杂度的高效，很多时候就必须在空间上有所牺牲，用空间来换时间。而用空间换时间最有效的方式就是Hash法、大数组和位图法。当然，有时面试官也会对空间大小进行限制，那么此时求职者只能再去思考其他的方法了。

其实，凡是涉及大规模数据处理的算法设计中，Hash法就是最好的方法之一。

（7）轮询法

在设计每道面试、笔试题时，往往会有一个载体，这个载体便是数据结构，如数组、链表、二叉树或图等，当载体确定后，可用的算法自然而然地就会显现出来。可问题是很多时候并不确定这个载体是什么，当无法确定这个载体时，一般也就很难想到合适的方法了。

编者建议，此时，求职者可以采用最原始的思考问题的方法——轮询法。常考的数据结构与算法一共就几种（见下表），即使不完全一样，也是由此衍生出来的或者相似的。

表 最常考的数据结构与算法知识点

数据结构	算法	概念
链表	广度（深度）优先搜索	位操作
数组	递归	设计模式
二叉树	二分查找	内存管理（堆、栈等）
树	排序（归并排序、快速排序等）	—
堆（大顶堆、小顶堆）	树的插入/删除/查找/遍历等	—
栈	图论	—
队列	Hash法	—
向量	分治法	—
Hash表	动态规划	—

此种方法看似笨拙，却很实用，只要求职者对常见的数据结构与算法烂熟于心，就没有问题。

为了更好地理解这些方法，求职者可以在平时的准备过程中，应用此类方法去答题，做得多了，自然对各种方法熟能生巧，面试时再遇到此类问题，就能够得心应手。当然，千万不要相信能够在一夜之间练成"绝世神功"。算法设计的功底是通过平时一点一滴的付出和思维的磨炼换来的。方法与技巧只能锦上添花，却不会让自己变得从容自信，真正的功力还是需要一个长期的积累过程。

经验技巧6 如何回答系统设计题

应届生在面试时，偶尔也会遇到一些系统设计题，而这些题目往往只是测试求职者的知识面，或者测试求职者对系统架构方面的了解，一般不会涉及具体的编码工作。虽然如此，对于此类问题，很多人还是感觉难以应对，无从下手。

如何应对此类题目呢？在正式介绍基础知识之前，首先列举几个常见的系统设计相关的面试、笔试题。

题目1：设计一个DNS的Cache结构，要求能够满足5000次/s以上的查询，满足IP数据的快速插入，查询的速度要快（题目还给出了一系列的数据，比如站点数总共为 5000 万、IP 地址有 1000 万等）。

题目 2：有 N 台机器，M 个文件，文件可以以任意方式存放到任意机器上，文件可任意分割成若干块。假设这 N 台机器的宕机率小于 33%，要想在宕机时可以从其他未宕机的机器中完整导出这 M 个文件，求最好的存放与分割策略。

题目 3：假设有 30 台服务器，每台服务器上面都存有上百亿条数据（有可能重复），如何找出这 30 台机器中根据某关键字重复出现次数最多的前 100 条？要求使用 Hadoop 来实现。

题目 4：设计一个系统，要求写速度尽可能快，并说明设计原理。

题目 5：设计一个高并发系统，说明架构和关键技术要点。

题目 6：有 25TB 的 log(query->queryinfo)，log 在不断地增长，设计一个方案，给出一个 query 能快速返回 queryinfo。

以上所有问题中凡是不涉及高并发的，基本可以采用 Google 的三个技术解决，即 GFS、MapReduce 和 BigTable，这三个技术被称为"Google 三驾马车"。Google 只公开了论文而未开放源代码，开源界对此非常有兴趣，仿照这三篇论文实现了一系列软件，如 Hadoop、HBase、HDFS 及 Cassandra 等。

在 Google 这些技术还未出现之前，企业界在设计大规模分布式系统时，采用的架构往往是 Database+Sharding+Cache，现在很多网站（比如淘宝网、新浪微博）仍采用这种架构。在这种架构中，仍很多问题值得去探讨，如采用哪种数据库，是 SQL 界的 MySQL 还是 NoSQL 界的 Redis/TFS，两者有何优劣？采用什么方式数据分片（sharding），是水平分片还是垂直分片？据网上资料显示，淘宝网、新浪微博图片存储中曾采用的架构是 Redis/MySQL/TFS+Sharding+Cache，该架构解释如下：前端 Cache 是为了提高响应速度，后端数据库则用于数据永久存储，防止数据丢失，而 Sharding 是为了在多台机器间分摊负载。最前端由大块的 Cache 组成，要保证至少 99%的访问数据落在 Cache 中，这样可以保证用户访问速度，减轻后端数据库的压力。此外，为了保证前端 Cache 中的数据与后端数据库中的数据一致，需要有一个中间件异步更新数据（为什么使用异步？理由是，同步代价太高）。新浪有个开源软件叫 Memcachedb（整合了 Berkeley DB 和 Memcached），正是用于完成此功能。另外，为了分摊负载压力和海量数据，会将用户微博信息经过分片后存放到不同节点上（称为"Sharding"）。

这种架构优点非常明显——简单，在数据量和用户量较小时完全可以胜任。但缺点是扩展性和容错性太差，维护成本非常高，尤其是数据量和用户量暴增之后，系统不能通过简单地增加机器解决该问题。

鉴于此，新的架构应运而生。新的架构仍然采用 Google 公司的架构模式与设计思想，以下将分别就此内容进行分析。

GFS：这是一个可扩展的分布式文件系统，用于大型的、分布式的、对大量数据进行访问的应用。它运行于廉价的普通硬件上，提供容错功能。现在开源界有 HDFS（Hadoop Distributed File System），该文件系统虽然弥补了数据库+Sharding 的很多缺点，但自身仍存在一些问题，比如：由于采用 master/slave 架构，因此存在单点故障问题；元数据信息全部存放在 master 端的内存中，因而不适合存储小文件，或者说如果存储大量小文件，那么存储的总数据量不会太大。

MapReduce：这是针对分布式并行计算的一套编程模型。其最大的优点是编程接口简单，自动备份（数据默认情况下会自动备份三份），自动容错和隐藏跨机器间的通信。在 Hadoop 中，MapReduce 作为分布计算框架，HDFS 作为底层的分布式存储系统，但 MapReduce 不是与 HDFS 耦合在一起的，完全可以使用自己的分布式文件系统替换 HDFS。当前 MapReduce 有很多开源实现，如 Java 实现 Hadoop MapReduce、C++实现 Sector/sphere 等，甚至有些数据库厂商将 MapReduce 集成到数据库中了。

BigTable：俗称"大表"，是用来存储结构化数据的。编者认为，BigTable 开源实现最多，包括 HBase、Cassandra 和 levelDB 等，使用也非常广泛。

除了 Google 的这"三驾马车"以外，还有其他一些技术可供学习与使用。

Dynamo：亚马逊的 key-value 模式的存储平台，可用性和扩展性都很好，采用 DHT（Distributed Hash Table）对数据分片，解决单点故障问题，在 Cassandra 中也借鉴了该技术，在 BT 和电驴这两种下载引擎中，也采用了类似算法。

虚拟节点技术：该技术常用于分布式数据分片中。具体应用场景是：有一大块数据（可能是 TB 级或者 PB 级），需按照某个字段（key）分片存储到几十（或者更多）台机器上，同时想尽量负载均衡且容易扩展。传统做法是：Hash(key) mod N，这种方法最大的缺点是不容易扩展，即增加或者减少机器均会导致数据全部重分布，代价太大。于是新技术诞生了，其中一种是上面提到的 DHT，现在已经被很多大型系统采用，还有一种是对"Hash(key) mod N"的改进：假设要将数据分布到 20 台机器上，传统做法是 Hash(key) mod 20，而改进后，N 取值要远大于 20，比如是 20000000，然后采用额外一张表记录每个节点存储的 key 的模值，比如：

node1：0～1000000

node2：1000001～2000000

……

这样，当添加一个新的节点时，只需将每个节点上部分数据移动给新节点，同时修改一下该表即可。

Thrift：Thrift 是一个跨语言的 RPC 框架。RPC 是远程过程调用，其使用方式与调用一个普通函数一样，但执行体发生在远程机器上；跨语言是指不同语言之间进行通信，比如 C/S 架构中，Server 端采用 C++编写，Client 端采用 PHP 编写，怎样让两者之间通信，Thrift 是一种很好的方式。

本篇最前面的几道题均可以映射到以上几个系统的某个模块中，具体如下。

1）关于高并发系统设计，主要有以下几个关键技术点：缓存、索引、数据分片及锁粒度尽可能小。

2）题目 2 涉及现在通用的分布式文件系统的副本存放策略。一般是将大文件切分成小的块（block），如 64MB 后，以 block 为单位存放三份到不同的节点上，这三份数据的位置需根据网络拓扑结构配置。一般而言，如果不考虑跨数据中心，可以这样存放：两个副本存放在同一个机架的不同节点上，而另外一个副本存放在另一个机架上，这样从效率和可靠性上都是最优的（Google 公布的文档中有专门的证明，有兴趣的读者可参阅）。如果考虑跨数据中心，可将两份存在一个数据中心的不同机架上，另一份放到另一个数据中心。

3）题目 4 涉及 BigTable 的模型。主要思想是将随机写转化为顺序写，进而大大提高写速度。具体方法是：由于磁盘物理结构的独特设计，其并发的随机写（主要是因为磁盘寻道时间长）非常慢，考虑到这一点，在 BigTable 模型中，首先会将并发写的大批数据放到一个内存表（称为"memtable"）中，当该表大到一定程度后，会顺序写到一个磁盘表（称为"SSTable"）中，这种是顺序写，效率极高。此时，随机读可不可以这样优化？答案是：看情况。通常而言，如果读并发度不高，则不可以这么做，因为如果将多个读重新排列组合后再执行，系统的响应时间太慢，用户可能接受不了，而如果读并发度极高，也许可以采用类似机制。

经验技巧 7　如何解决求职中的时间冲突问题

对求职者而言，求职季就是一个赶场季，一天少则几家、十几家企业入校招聘，多则几十家、上百家企业招兵买马。企业多，选择自然也多，这固然是一件好事情，但由于招聘企业实在太多，自然而然会导致另外一个问题的发生：同一天企业扎堆，且都是自己心仪或欣赏的大企业。如果不能够提前掌握企业的宣讲时间、地点，是很容易迟到或错过的。但有时候即使掌握了宣讲时间、笔试和面试时间，还是会因为时间冲突而必须有所取舍。

到底该如何取舍，如何应对这种时间冲突的问题呢？在此，编者将自己的一些想法和经验分享出来，供读者参考。

1）如果多家心仪企业的校园宣讲时间发生冲突（前提是只宣讲、不笔试，否则请看后面的建议），此时最好的解决方法是和同学或朋友商量好，各去一家，然后大家进行信息共享。

2）如果多家心仪企业的笔试时间发生冲突，此时只能选择其一，毕竟企业的笔试时间都是考虑到了成百上千人的安排，需要提前安排考场、考务人员和阅卷人员等，不可能为了某一个人而轻易改变。所以，最好选择自己更有兴趣的企业参加笔试。

3）如果多家心仪企业的面试时间发生冲突，不要轻易放弃。对面试官而言，面试任何人都是一样的，因为面试官谁都不认识，而面试时间也是灵活性比较大的，一般可以通过电话协商。求职者可以与相关工作人员（一般是企业的 HR）进行沟通，以正当理由（如学校的事宜、导师的事宜或家庭的事宜等，前提是必须能够说服人，不要给出的理由连自己都说服不了）让其调整时间，一般都能协调下来。但为了保证协调的成功率，一般要接到面试通知后第一时间联系相关工作人员变更时间，这样他们协调起来也更方便。

以上这些建议在应用时，很多情况下也做不到全盘兼顾，当必须进行多选一的时候，求职者就要对此进行评估了，评估的项目包括对企业的中意程度、获得录取的概率及去工作的可能性等。评估的结果往往具有很强的参考性，求职者依据评估结果做出的选择一般也会比较合理。

经验技巧 8　如果面试问题曾经遇见过，是否要告知面试官

面试中，大多数题目都不是凭空想象出来的，而是有章可循的，只要求职者肯花时间，耐得住寂寞，复习得当，基本上在面试前都会见过相同的或者类似的问题（当然，很多知名

企业每年都会推陈出新，这些题目是很难完全复习到位的）。所以，在面试中，求职者曾经遇见过面试官提出的问题也就不足为奇了。那么，一旦出现这种情况，求职者是否要如实告诉面试官呢？

选择不告诉面试官的理由比较充分：首先，面试的题目 60%～70%都是已见题型，没有必要一一告知面试官。其次，即使曾经见过该问题了，也是自己辛勤耕耘、努力奋斗的结果，很多人复习不用功或者方法不到位，也许从来就没见过，而这些题也许正好是拉开求职者差距的分水岭，是面试官用来区分求职者实力的内容。最后，一旦告知面试官，面试官很有可能会不断地加大面试题的难度，对求职者的面试可能没有好处。

同样，选择告诉面试官的理由也比较充分：第一，如实告诉面试官，不仅可以彰显出求职者个人的诚实品德，还可以给面试官留下良好的印象，能够在面试中加分。第二，有些问题，即使求职者曾经复习过，但也无法保证完全回答正确，如果如实相告，没准还可以规避这一问题，避免错误的发生。第三，求职者如果见过该问题，也能轻松应答，题目简单倒也无所谓，一旦题目难度比较大，求职者却对面试官有所隐瞒，就极有可能给面试官造成一种求职者水平很强的假象，进而导致面试官的判断出现偏差，后续的面试有可能向着不利于求职者的方向发展。

其实，仁者见仁，智者见智，这个问题并没有固定的答案，需要根据实际情况来决定。针对此问题，一般而言，如果面试官不主动询问求职者，求职者也不用主动告知面试官真相。但如果求职者觉得告知面试官真相对自己更有利的时候，也可以主动告知。

经验技巧 9　被企业拒绝后是否可以再申请

很多企业为了能够在一年一度的招聘季中提前将优秀的程序员锁定到自己的麾下，往往会先下手为强。他们通常采取的措施有两种：一是招聘实习生；二是多轮招聘。很多人可能会担心，万一面试时发挥不好，没被企业选中，会不会被企业列入黑名单，从此与这家企业无缘了。

一般而言，企业是不会"记仇"的，尤其是知名的大企业，对此都会有明确表示。如果在企业的实习生招聘或在企业以前的招聘中未被录取，一般是不会被拉入企业的"黑名单"。在下一次招聘中，仍和其他求职者具有相同的竞争机会（有些企业可能会要求求职者等待半年到一年时间才能应聘该企业，但上一次求职的不好表现不会被计入此次招聘中）。

若是被拒绝了，无论出于什么原因，都不要对自己丧失信心。即使被企业拒绝了也不是什么大事，以后还是有机会的，有志者自有千计万计，无志者只感千难万难，关键是看求职者愿意成为什么样的人。

经验技巧 10　如何应对自己不会回答的问题

在面试的过程中，对面试官提出的问题求职者并不是都能回答出来，计算机技术博大精深，很少有人能对计算机技术的各个分支学科了如指掌。而且抛开技术层面，在面试那种紧张的环境中，本来会的题回答不上来的情况也有可能出现。当面试过程中遇到自己不会回答的问题时，错误的做法是保持沉默或者支支吾吾、不懂装懂，硬着头皮胡乱说一通，这样会使面试气氛很尴尬，很难再往下继续进行。

其实面试遇到不会的问题是一件很正常的事情，没有人是万事通，即使对自己的专业有相当的研究与认识，也可能会在面试中遇到感觉没有任何印象、不知道如何回答的问题。在面试中遇到实在不懂或不会回答的问题时，正确的做法是本着实事求是的原则，态度诚恳地告诉面试官不知道答案。例如，"对不起，不好意思，这个问题我回答不出来，我能向您请教吗？"

征求面试官的意见时可以说说自己的个人想法，如果面试官同意听了，就将自己的想法说出来，回答时要谦逊有礼，切不可说起来没完。然后应该虚心地向面试官请教，表现出强烈的学习欲望。

所以，遇到自己不会的问题时，正确的做法是，"知之为知之，不知为不知"，不懂就是不懂，不会就是不会，一定要实事求是，坦然面对，最后也能给面试官留下诚实、坦率的好印象。

经验技巧 11　如何应对面试官的"激将法"语言

"激将法"是面试官用以淘汰求职者的一种惯用方法，它是指面试官采用怀疑、尖锐或咄咄逼人的交流方式来对求职者进行提问的方法。例如，"我觉得你比较缺乏工作经验""我们需要活泼开朗的人，你恐怕不合适""你的教育背景与我们的需求不太适合""你的成绩太差""你的英语没过六级""你的专业和我们不对口""为什么你还没找到工作"或"你竟然有好多门课不及格"等。很多求职者遇到这样的问题时，会很快产生我是来面试而不是来受侮辱的想法，往往会被"激怒"，于是奋起反抗。千万要记住，面试的目的是获得工作，而不是与面试官争高低，也许争辩取胜了，却失去了一次工作机会，这种做法也是得不偿失。所以对于此类问题求职者应该巧妙地去回答，一方面化解不友好的气氛，另一方面得到面试官的认可。

具体而言，受到这种"激将法"时，求职者首先应该保持清醒的头脑，企业让求职者来参加面试，说明已经通过了他们第一轮的筛选，至少从简历上看，已经表明求职者符合求职岗位的需要，企业对求职者还是感兴趣的。其次，做到不卑不亢，不要被面试官的思路带走，要时刻保持自己的思路和步调。此时可以换一种方式，如介绍自己的经历、工作和优势，来表现自己的抗压能力。

针对面试官提出的非名校毕业的问题，比较巧妙的回答是：马云也并非毕业于世界名校，但他一样成为了举世瞩目的人物。针对缺乏工作经验的问题，可以回答：每个人都是从没经验变为有经验的，如果有幸最终能够成为贵公司的一员，我将很快成为一个经验丰富的人。针对专业不对口的问题，可以回答：专业人才难得，复合型人才更难得，在某些方面，外行的灵感往往超过内行，他们一般没有思维定式，没有条条框框。面试官还可能提问：你的学历对我们来讲太高了。此时也可以很巧妙地回答：今天我带来的三张学历证书，您可以从中挑选一张您认为合适的，其他两张，您就不用管了。针对性格内向的问题，可以回答：内向的人往往具有专心致志、锲而不舍的品质，而且我善于倾听，我觉得应该把发言机会更多地留给别人。

面对面试官的"挑衅"行为，如果求职者回答得结结巴巴，或者无言以对，抑或怒形于色、据理力争，那就掉进了对方所设的陷阱。所以当求职者碰到此种情况时，最重要的一点就是保持头脑冷静,不要过分较真,以一颗平常心对待。

经验技巧 12　如何处理与面试官持不同观点这个问题

　　在面试的过程中,求职者所持有的观点不可能与面试官一模一样,在对某个问题的看法上,很有可能两个人相去甚远。当与面试官持不同观点时,有的求职者自作聪明,立马就反驳面试官,例如,"不见得吧!""我看未必""不会""完全不是这么回事!"或"这样的说法未必全对"等。其实,虽然也许确实不像面试官所说的,但是太过直接的反驳往往会导致面试官心理的不悦,最终的结果很可能是"逞一时之快,失一份工作"。

　　就算与面试官持不一样的观点,也应该委婉地表达自己的真实想法,因为我们不清楚面试官的度量,碰到心胸宽广的面试官还好,万一碰到了"小心眼"的面试官,他和你较真起来,吃亏的还是自己。

　　所以回答此类问题的最好方法往往是应该先赞同面试官的观点,给对方一个台阶下,然后再说明自己的观点,用"同时""而且"过渡,千万不要说"但是",一旦说了"但是""却"就容易把自己放在面试官的对立面去。

经验技巧 13　什么是职场暗语

　　随着求职市场的变迁发展,以往常规的面试套路因为过于单调、简明,已经被众多"面试达人"们挖掘出了各种"破解秘诀",形成了类似"求职宝典"的各类"面经"。面试官们也纷纷升级面试模式,为求职者们制作了更为隐蔽、间接、含混的面试题目,让那些早已流传开来的"面试攻略"毫无用武之地,一些蕴涵丰富信息但以更新面目出现的问话屡屡"秒杀"求职者,让求职者一头雾水,掉进了陷阱里面还以为"吃到肉"了。例如,"面试官从头到尾都表现出对我很感兴趣的样子,营造出马上就要录用我的氛围,为什么我最后还是落选?""为什么 HR 会问我一些与专业、能力根本无关的奇怪问题,我感觉回答得也还行,为什么最后还是被拒绝了?"其实,这都是没有听懂面试"暗语",没有听出面试官"弦外之音"的表现。"暗语"已经成为一种测试求职者心理素质、挖掘求职者内心真实想法的有效手段。理解这些面试中的暗语,对于求职者而言,不可或缺。

　　以下是一些常见的面试暗语,求职者一定要弄清楚其中蕴涵的深意,不然可能"躺着也中枪",最后只能铩羽而归。

　　(1)请把简历先放在这,有消息我们会通知你的

　　面试官说出这句话,则表明他对你已经"兴趣不大",为什么一定要等到有消息了再通知呢?难道现在不可以吗?所以,作为求职者,此时一定不要自作聪明、一厢情愿地等待着他们有消息通知你。

　　(2)我不是人力资源的,你别拘束,咱们就当是聊天,随便聊聊

　　一般来说,能当面试官的人都是久经沙场的老将,都不太好对付。表面上彬彬有礼,看上去很和气的样子,说起话来可能偶尔还带点小结巴,但没准儿心里巴不得想下个套把面试者套进去。所以,作为求职者,千万不能被眼前的这种"假象"所迷惑,而应该时刻保持高度警觉,面试官不经意间问出来的问题,看似随意,很可能是他最想知道的。所以千万不要

把面试过程当作聊天,当作朋友之间的侃大山,不要把面试官提出的问题当作是普通问题,而应该对每一个问题都仔细思考,认真回答,切忌不经过大脑的随意接话和回答。

(3) 是否可以谈谈你的要求和打算

面试官在翻阅了求职者的简历后,说出这句话,很有可能是对求职者有兴趣,此时求职者应该尽量全方位地表现个人水平与才能,但也不能引起对方的反感。

(4) 面试时只是"例行公事"式的问答

如果面试时只是"例行公事"式的问答,没有什么激情或者主观性的赞许,此时希望就很渺茫了。但如果面试官对你的专长问得很细,而且表现出一种极大的关注与热情,那么此时希望会很大。作为求职者,一定要抓住机会,将自己最好的一面展示在面试官面前。

(5) 你好,请坐

简单的一句话,从面试官口中说出来其含义就大不同了。一般而言,面试官说出此话,求职者回答"你好"或"您好"不重要,重要的是求职者是否"礼貌回应"和"坐不坐"。有的求职者的回应是"你好"或"您好"后直接落座,也有求职者回答"你好,谢谢"或"您好,谢谢"后落座,还有求职者一声不吭就坐下去,极个别求职者回答"谢谢"但不坐下来。前两种方法都可接受,后两者都不可接受。通过问候语,可以体现一个人的基本修养,直接影响在面试官心目中的第一印象。

(6) 面试官向求职者探过身去

在面试的过程中,面试官会有一些肢体语言,了解这些肢体语言对于了解面试官的心理情况以及面试的进展情况非常重要。例如,当面试官向求职者探过身去时,一般表明面试官对求职者很感兴趣;当面试官打呵欠或者目光呆滞、游移不定,甚至打开手机看时间或打电话、接电话时,一般表明面试官此时有了厌烦的情绪;而当面试官收拾文件或从椅子上站起来,一般表明此时面试官打算结束面试。针对面试官的肢体语言,求职者也应该迎合他们:当面试官很感兴趣时,应该继续陈述自己的观点;当面试官厌烦时,此时最好停下来,询问面试官是否愿意再继续听下去;当面试官打算结束面试时,应领会其用意,并准备好收场白,尽快地结束面试。

(7) 你从哪里知道我们的招聘信息的

面试官提出这种问题,一方面是在评估招聘渠道的有效性,另一方面是想知道求职者是否有熟人介绍。一般而言,熟人介绍总体上会有加分,但也不全是如此。如果是一个在单位里表现不佳或者其推荐的历史记录不良的熟人介绍,则会起到相反的效果,而大多数面试官主要是为了评估自己企业发布招聘广告的有效性。

(8) 你念书的时间还是比较富足的

表面上看,这是对他人的高学历表示赞赏,但同时也是一语双关,如果"高学历"的同时还搭配上一个"高年龄",就一定要提防面试官的质疑:比如有些人因为上学晚或者工作了以后再回校读的研究生,毕业年龄明显高出平均年龄。此时一定要向面试官解释清楚,否则面试官如果自己揣摩,往往会向不利于求职者的方向思考。例如,求职者年龄大的原因是高考复读过、考研用了两年甚至更长时间或者是先工作后读研等,如果面试官有了这种想法,最终的求职结果也就很难说了。

(9) 你有男/女朋友吗?对异地恋爱怎么看待

一般而言,面试官都会询问求职者的婚恋状况,一方面是对求职者个人问题的关心,另一方面，对于女性而言，绝大多数面试官不是看中求职者的美貌性感、温柔贤惠，很有可能是在试探求职者是否近期要结婚生子，将会给企业带来什么程度的负担。"能不能接受异地恋"，很有可能是考察求职者是否能够安心在一个地方工作，或者是暗示该岗位可能需要长期出差，试探求职者如何在感情和工作上做出抉择。与此类似的问题还有：如果求职者已婚，面试官会问是否生育，如果已育可能还会问小孩谁带。所以，如果面试官有这一层面的意思，尽量要当场表态，避免将来的麻烦。

（10）你还应聘过什么企业

面试官提出这种问题是在考核求职者的职业生涯规划，同时评估下被其他企业录用或淘汰的可能性。当面试官对求职者提出此种问题，表明面试官对求职者是基本肯定的，只是还不能下决定是否最终录用。如果求职者还应聘过其他企业，请最好选择相关联的岗位或行业回答。一般而言，如果应聘过其他企业，一定要说自己拿到了其他企业的录用通知，如果其他企业的行业影响力高于现在面试的企业，无疑可以加大求职者自身的筹码，有时甚至可以因此拿到该企业的顶级录用通知，如果其行业影响力低于现在面试的企业，如果回答没有拿到录用通知，则会给面试官一种误导：连这家企业都没有给录用通知，我们如果给录用通知了，岂不是说明不如这家企业。

（11）这是我的名片，你随时可以联系我

在面试结束时，面试官起身将求职者送到门口，并主动与求职者握手，提供给求职者名片或者自己的个人电话，希望日后多加联系。此时，求职者一定要明白，面试官已经对自己非常肯定了，这是被录用的信息，因为很少有面试官会放下身段，对一个已经没有录用可能的求职者还如此"厚爱"。很多面试官在整个面试过程中会一直塑造出一种即将录用求职者的假象。例如，"你如果来到我们公司，有可能会比较忙"等模棱两可的表述，但如果面试官亲手将名片呈交，言谈中也流露出兴奋、积极的意向和表情，一般是表明了一种接纳求职者的态度。

（12）你担任职务很多，时间安排得过来吗

对于有些职位，如销售岗位等，学校的积极分子往往更具优势，但在应聘研发类岗位时，却并不一定占优势。面试官提出此类问题，其实就是对一些在学校当"领导"的学生的一种反感，大量的社交活动很有可能占据学业时间，从而导致专业基础不牢固。所以，针对上述问题，求职者在回答时，一定要告诉面试官，自己参与组织的"课外活动"并没有影响到自己的专业技能。

（13）面试结束后，面试官说"我们有消息会通知你的"

一般而言，面试官让求职者等通知，有多种可能性：①无录取意向；②面试官不是负责人，还需要请示领导；③公司对求职者不是特别满意，希望再多面试一些人，如果有比求职者更好的就不用求职者了，没有的话则会录取；④公司需要对面试过并留下来的人进行重新选择，可能会安排二次面试。所以，当面试官说出这句话时，表明此时成功的可能性不大，至少这一次不能给予肯定的回复，相反如果对方热情地和求职者握手言别，再加一句"欢迎你应聘本公司"，此时一般就有被录用的可能了。

（14）我们会在几天后联系你

一般而言，面试官说出这句话，表明了面试官对求职者还是很感兴趣的，尤其是当面试官仔细询问求职者所能接受的薪资等相关情况后，否则他们会尽快结束面谈，而不是多此一举。

（15）面试官认为该结束面试时的暗语

一般而言，求职者自我介绍之后，面试官会相应地提出各类问题，然后转向谈工作。面试官先会把工作内容和职责介绍一番，接着让求职者谈谈今后工作的打算和设想，然后双方会谈及福利待遇问题，这些都是高潮话题，谈完之后求职者就应该主动做出告辞的姿态，不要盲目拖延时间。

面试官认为该结束面试时，往往会说以下暗示的话语来提醒求职者。

1）我很感激你对我们公司这项工作的关注。

2）真难为你了，跑了这么多路，多谢了。

3）谢谢你对我们招聘工作的关心，我们一旦做出决定就会立即通知你。

4）你的情况我们已经了解。你知道，在做出最后决定之前我们还要面试几位申请人。

此时，求职者应该主动站起身来，露出微笑，和面试官握手告辞，并且谢谢他，然后有礼貌地退出面试室。适时离场还包括不要在面试官结束谈话之前表现出浮躁不安、急欲离去或另去赴约的样子，过早地想离场会使面试官认为求职者应聘没有诚意或做事情没有耐心。

（16）如果让你调到其他岗位，你愿意吗

有些企业招收岗位和人员较多，在面试中，当听到面试官说出此话时，言外之意是该岗位也许已经"人满为患"或"名花有主"了，但企业对求职者兴趣不减，还是很希望求职者能成为企业的一员。面对这种提问，求职者应该迅速做出反应，如果认为对方是个不错的企业，求职者对新的岗位又有一定的把握，也可以先进单位再选岗位；如果对方企业情况一般，新岗位又不太适合自己，最好当面回答不行。

（17）你能来实习吗

对于实习这种敏感的问题，面试官一般是不会轻易提及的，除非是确实对求职者很感兴趣，相中求职者了。当求职者遇到这种情况时，一定要清楚面试官的意图，他希望求职者能够表态，如果确实可以去实习，一定要及时地在面试官面前表达出来，这无疑可以给予自己更多的机会。

（18）你什么时候能到岗

当面试官问及到岗的时间时，表明面试官已经同意给录用通知了，此时只是为了确定求职者是否能够及时到岗并开始工作。如果确有难题千万不要遮遮掩掩，含糊其辞，说清楚情况，诚实守信。

针对面试中存在的这些暗语，求职者在面试过程中，一定不要"很傻很天真"，要多留心，多推敲面试官的深意，仔细想想其中的"潜台词"，从而将面试官的那点"小伎俩"看透。

面试笔试技术攻克篇

　　面试笔试技术攻克篇主要针对近 3 年以来近百家顶级 IT 企业关于 Kotlin 考察的知识点而设计,这些企业涉及业务包括系统软件、搜索引擎、电子商务、手机 APP 及安全关键软件等,面试笔试真题难易适中,覆盖知识面广,非常具有代表性与参考性。本篇对这些真题所涉及的知识点进行了合理地划分与归类,并且对其进行了庖丁解牛式地分析与讲解,针对真题中涉及的部分重难点问题,本篇都进行了适当地扩展与延伸,力求对知识点的讲解清晰而不紊乱,全面而不啰嗦,使得读者能够通过本书不仅获取到求职的知识,同时更有针对性地进行求职准备,最终能够收获一份满意的工作。

第1章 Kotlin 是什么

与 Java 相比，Kotlin 是一门非常新的语言。这一节将重点介绍 Kotlin 的发展历程以及一些基本的特性，从而帮助读者对 Kotlin 有个初步的了解。

1.1 关于 Kotlin

Koltin 是一门在 Java 虚拟机(JVM)上运行的编程语言，它于 2011 年 7 月推出，2016 年 2 月 16 日正式发布了 1.0 版本，在 2017 年的 Google 开发者大会上，Kotlin 成为官方支持的 Android 开发语言。Kotlin 除了可以用于 Java 虚拟机相关的项目的开发外，它的代码还可以编译为 JavaScript，同时，Kotlin 的开发者也致力于将 Kotlin 应用于 iOS 的开发。

Kotlin 的设计受到了 Java、C#、JavaScript、Scala、Groovy 等多种语言的影响，虽然它和 Java 语言的语法不兼容，但是 Kotlin 代码和 Java 代码可以互相调用。Kotlin 的版本更新速度很快，从 1.0 开始，高版本会兼容低版本，而且它可以编译生成指定 JDK 版本的字节码，这就意味着开发者可以使用最新版的语言特性而不用考虑兼容的问题。因为 Kotlin 语言的开发者是大名鼎鼎的 JetBrains 公司,同时它也是 Intelli IDEA、WebStorm 等开发工具的开发者，所以 Kotlin 从诞生之初就有了强大的配套支持。新的特性，良好的兼容性，优秀的配套支持，这些都让 Kotlin 备受好评，相信会有越来越多的人开始使用 Kotlin。

对于 Java 开发者来说，心理肯定有一个困惑：是否需要开始学习 Kotlin？答案是肯定的。虽然 Kotlin 是一门全新的语言，和 Java 的语法差别也很大，但是它的学习曲线是很平缓的，普通的 Java 开发者只需要两周就能入门 Kotlin，而 Kotlin 的一些高级特性是可以在后续的学习中逐步使用的。学习 Kotlin 的好处特别多，除了能掌握一门新的开发语言，在工作和求职中有了一个新的技能外，在学习 Kotlin 的过程中也能扩展知识面，由于历史原因，Java 语言更新缓慢，许多新的特性在 Java8 之后才能使用，而 Kotlin 没有这个限制，开发人员可以立即开始在项目中使用 Lambda、高阶函数、DSL 等令人激动的功能，了解了 Kotlin 的语法，对开发人员学习 JavaScript、Scala、Groovy 等语言也大有帮助。

事实上，还有很多人对在现有项目中使用 Kotlin 有顾虑，而这个顾虑也是可以打消的，因为 Kotlin 是可以和 Java 代码互相调用的。当配置好开发环境后，开发人员在开发新功能的时候可以使用 Kotlin 代码，原有的代码不用修改，Kotlin 代码可以调用 Java 的代码，而原有的 Java 代码也可以调用 Kotlin 代码。对于 Android 开发，现在可以说对 Kotlin 提供了全面的支持，新建项目默认提供 Kotlin 支持，官方的支持库开始提供 Kotlin 的版本，Android SDK 也开始完善非空注解，用于兼容 Kotlin 的空安全。

所以，现在就让我们开始使用 Kotlin 吧！

1.2 Kotlin 的特性

Kotlin 提供了很多非常有用的特性，这些特性能大大提高程序员的编程效率，这一节重点介绍 3 个比较重要的特性。

1.2.1 空安全

空安全是 Kotlin 被提到最多的一个特性。一直以来，空指针错误是开发者遇到的最多的错误，被称为"百万美元错误"。其实空指针是非常容易避免的，它产生的原因一般是由于开发者的疏忽，在 Kotlin 出现之前，Java 开发中已经能够通过编译器检查和后期的代码扫描发现一些空指针错误，但是只有在 Kotlin 中，将空安全集成到了语言特性当中。Kotlin 会在编译阶段进行空指针的检测，这样在程序运行的时候就不会出现空指针错误。Kotlin 的空安全也是和 Java 兼容的，Java 通过 @Nullable 和 @NotNull 注解来标识引用或参数是否可以为空，例如使用 @NotNull 注解的变量是不能为空的，如果执行 a = null 这样的操作，那么编译器会给出警告。Kotlin 标识变量是否可以为空的方法是在变量类型后面加 "?"，例如 String?，只有在类型后面添加了 "?" 的变量才能赋值为空，相应的，这样的变量在使用的时候也会强制进行空检查。为了更方便地进行空检查，Kotlin 引入了安全调用，在 Java 中要安全使用一个引用只能通过 if 判断是否为空，如下例所示：

```
if (user != null && user.name != null) {
    return user.name.length();
} else {
    return 0;
}
```

在 Kotlin 中使用安全调用就方便多了，示例代码如下：

```
// ?: 是 Kotlin 中的操作符，如果 ?: 左边的值为 null，那么使用 ?: 右边的值作为表达式的值
return user?.name?.length ?: 0
```

Kotlin 的空安全机制不仅能够避免空指针错误，而且也能减少不必要的空检查，对于一个不确定是否为空的引用，通常会首先进行空检查，然后再使用，但在 Kotlin 中默认的类型是不能赋值为空的，也就是说，如果变量类型后没有添加 "?"，那么编译器是不允许执行 a = null 这样的操作的，不可空类型在任何地方都是非空的，因此不用进行空检查。

1.2.2 简洁

Kotlin 的代码十分简洁，而在程序开发中简洁是非常重要的，更少的代码意味着更少的犯错机会和更好的可读性。Kotlin 通过两个方面让代码更加简洁：一方面将简单重复的工作交给编译器，另一方面则是语言的设计。在 Kotlin 开发中，编译器其实在背后做了大量的工作，空检查就是其中一项，除此之外，它还帮助开发人员省去了大量的代码，例如下面 Kotlin 中的 data class：

```
data class User(val name: String, val age: Int)
```

以上代码虽然只有一行，但是实际上编译器帮助开发人员生成了 copy()、toString()、hashCode() 等方法。在设计上，Kotlin 也是追求极致的简洁，首先是变量的声明，其类型是可以省略的：

```
val text = "Hello" // 能够通过自动推断判断出 text 的类型，所有可以省略
```

虽然 text 没有显式地声明类型，但是编译器可以通过它的初始值推断出类型为 String，Kotlin 中的 Lambda 表达式也是非常简洁的，对于只有一个参数的 Lambda 表达式，参数名和类型可以完全省略，可以使用隐含的 it 来代替，如下例所示：

```
view.setOnClickListener {
    it.visibility = View.GONE // 这里的 it 就是 Lambda 表达式的唯一参数
}
```

Kotlin 支持函数式编程，可以将函数作为一个参数来传递，这样就避免了 Java 语言中传递一个操作需要声明一个接口的复杂操作。

```
var click: (() -> Unit)? = null // 声明一个没有参数，返回值为 Unit 的函数
fun clickView() {
    click?.invoke() // 执行函数
}
```

上面的例子使用高阶函数实现了传递点击操作的功能，在 Java 语言中实现相同的功能需要首先声明一个接口，示例代码如下：

```
interface OnClickListener {
    void onClick();
}
private OnClickListener onClickListener;
public void onClick() {
    if (onClickListener != null)
        onClickListener.onClick();
}
```

另外一个能体现 Kotlin 设计简洁性的是扩展函数，如果想对一个类进行扩展，而又不想使用继承，那么一般的做法是声明一个全局的函数，示例代码如下：

```
public static class Utils {
    public static boolean isAdult(User user) {
        return user.getAge() > 18;
    }
}
User user = new User("Jack", 19);
boolean isAudlt = Utils.isAdult(user);
```

在 Kotlin 中，可以将这个函数声明为扩展函数，在使用的时候可以像成员函数一样来使用：

```
// 声明扩展函数
```

```
fun User.isAdult(): Boolean {
    return age > 18
}
val user = User("Jack", 19)
val isAudlt = user.isAdult() // 使用扩展函数
```

除此之外，Kotlin 中没有了 new，创建对象的时候会直接调用构造函数，每行代码的结尾也不用添加 ";"，对于开发人员而言，或许一开始不太习惯，但时间一长，开发人员肯定会喜欢上 Kotlin 的简洁。

1.2.3 兼容性

作为一个全新的语言，Kotlin 做到了和 Java 语言的完全兼容。这个兼容不是单向的，而是双向的，不但 Kotlin 可以使用丰富的 Java 类库，而且在 Java 代码中也可以调用 Kotlin 的代码。同时，Kotlin 代码可以编译成指定 JDK 版本的字节码，这样就不会遇到为了兼容性而一直使用 JDK7、甚至 JDK6 进行开发。这对 Android 开发者而言是一个非常大的福音，在此之前，如果不使用 Kotlin，甚至都不能使用 Lambda。Kotlin 提供了不亚于 Java 的编译速度，而且在 IDE 中支持代码提示、重构等功能，可以轻松实现从现有项目迁移到 Kotlin。

1.3 Kotlin 的前景

现在已经有越来越多的人开始使用 Kotlin，对于 Android 开发而言，全面转向 Kotlin 应该只是时间问题，而官方也开始对 Kotlin 提供越来越多的支持，新的示例代码也更多地使用了 Kotlin。对于正在使用 Java 进行开发的人员和希望学习 Java 的人来说，Kotlin 也是必须要了解的开发语言。Kotlin 是完全可以替代 Java 的，不仅仅 JetBrains 和 Google 在不遗余力地推行 Kotlin，许多开源项目也添加了对 Kotlin 的支持，不仅仅是 Android 开发，许多服务端开发的框架也支持 Kotlin。是否掌握 Kotlin 开发，在求职时也会变得更加重要。

1.4 学习 Kotlin

Kotlin 虽然是一门优秀的语言，但是不管是在服务端还是客户端的开发中，它的使用场景还是离不开 Java 语言，在项目开发中需要引用 Java 语言编写的类库，Kotlin 代码的运行机制现阶段也需要结合 Java 代码来理解。毕竟 Java 已经诞生这么多年，不管是类库还是文档，都是十分健全的，可以说 Kotlin 是站在巨人 Java 的肩膀上。学习 Kotlin 最好要有 Java 的基础，但凡事不是绝对的，先学习 Kotlin，之后再了解 Java 也不是不可以，现在 Android 官方的文档和示例已经越来越多的使用 Kotlin，对学习 Android 开发来说，最好是从 Kotlin 开始。

第 2 章　Kotlin 工具介绍

工欲善其事，必先利其器，对于编程来说，更是如此，好的开发工具不仅能够提高开发效率，也能帮助开发人员更好地理解开发语言。

2.1　使用 Web IDE 快速体验 Kotlin

Kotlin 官方提供了非常丰富的开发工具，如果想快速体验一下 Kotlin，那么最简单的方式是使用 Web IDE：https://try.kotlinlang.org/。它可以让开发人员在浏览器中直接编写和运行 Kotlin 代码，不用安装任何的 SDK，同时提供将 Java 代码转换为 Kotlin 代码的功能，还有很多代码实例可以直接运行。

2.2　使用 IntelliJ IDEA 进行 Kotlin 开发

对于任何的开发语言而言，IDE 都是非常重要的，因为 IDE 提供了非常智能化的功能，能帮助开发者提高开发效率，调试程序。这一节重点介绍在 Kotlin 开发过程中经常使用的 IDE。

2.2.1　运行 Hello World

开发 Kotlin 最好的选择还是 IntelliJ IDEA，现在 IntelliJ IDEA 已经集成了 Kotlin 的开发环境，安装后无需配置就可直接进行 Kotlin 开发，开发人员可以直接去官网下载，IntelliJ IDEA 社区版是免费的，下载地址为 https://www.jetbrains.com/idea/download/index.html。

安装好 IntelliJ IDEA 后，打开 IntelliJ IDEA，创建一个新的工程，如下图所示。

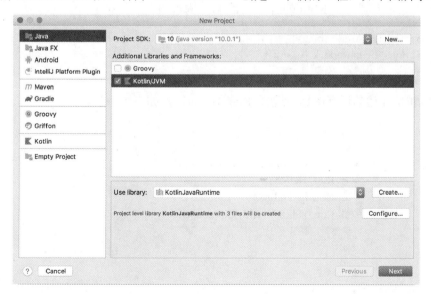

然后选择 Java→Kotlin/JVM，如下图所示。

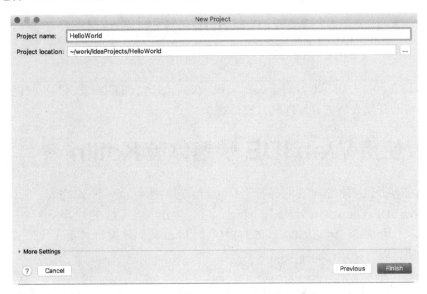

接着输入项目名称，完成创建，一个空白项目的结构如下图所示。

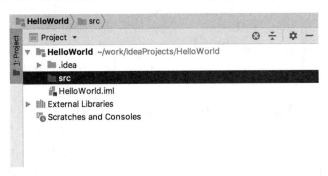

在 src 目录下新建一个 Kotlin 文件 Hello.kt，输入如下代码：

```
fun main(args: Array<String>) {
    print("Hello world")
}
```

单击编辑器左边的运行图标，选择 Run 'HelloKt'，如下图所示。

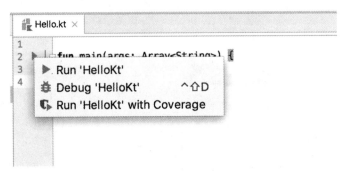

输出结果如下图所示。

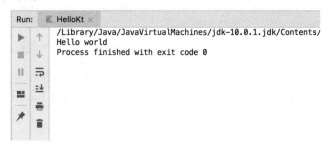

2.2.2 配置 Kotlin

为现有的项目配置 Kotlin 也是非常简单的，可以使用菜单里面的 Tools→Kotlin→ConfigureKotlinIn Project，之后会弹出一个提示框，如下图所示。

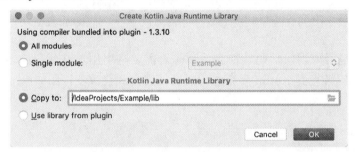

开发人员可以为工程目录下所有的 module 配置 Kotlin，也可以为单独的 module 配置 Kotlin。如果觉得 Tools 菜单里面不好找，那么也可以按两下〈Shift〉键，在弹出的搜索框搜索 Configure KotlinIn Project。还有一个简单的办法，开发人员可以直接在 IDEA 的项目中新建 Kotlin 文件，如果项目中没有配置 Kotlin，那么 IDE 会提示开发人员进行配置，如下图所示。

单击 Configure 就能弹出配置 Kotlin 的提示框。以上的配置方法在 Android 开发中同样适用，如果是比较复杂的项目，那么可能需要自己手动写一些配置文件。

2.2.3 将 Java 代码转换为 Kotlin 代码

从 Java 项目迁移到 Kotlin 项目是一件非常容易的事，通过上面的配置，开发人员就已经可以在现有的 Java 项目中添加 Kotlin 文件了，之前写的 Java 代码同样能够正常使用。如果想把 Java 代码转换为 Kotlin 代码，其实也是一件非常容易的事情。如果开发人员直接复制 Java 的代码块到 Kotlin 文件中，那么 IDE 会提示开发人员是否需要将 Java 代码转换为 Kotlin 代码，如下图所示。

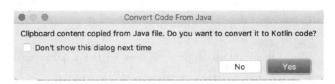

如果选择 Yes，那么 IDE 会自动将开发人员复制的代码转换为 Kotlin 代码，如果希望将一整个 Java 文件转换为 Kotlin 文件，那么可以使用 Code 菜单中的 Convert Java To Kotlin 命令，选择转换操作后会显示一个对话框，如下图所示。

这个对话框是用来询问代码转换完成后是否需要将引用这些代码的地方进行修正，这是因为将 Java 代码转换到 Kotlin 后有些代码的使用方式会改变，例如原来的 Java 代码是这样的：

```
public class Utils {
    public static void getName() {
        // ...
    }
}
```

在 Java 中是这样调用的：Utils.getName();，由于 Kotlin 中没有 static 函数，因此自动转换后的 Kotlin 代码如下：

```
object Utils {
    fun getName() {
        // ...
    }
}
```

而在 Java 中的调用变成了：Utils.INSTANCE.getName();。

如果选择了 OK，那么 IDE 会自动修正代码。在平时的开发过程中，开发人员是不能完全依赖自动转换的，虽然大部分情况下自动转换后的代码都能直接运行，并且不会出错，但是自动转换的代码一般只是 Java 到 Kotlin 一对一的翻译，不能完整地使用 Kotlin 的特性，例如自动转换后的代码会出现大量的!!，!!是强制编译器忽略空检查，而这不是一个安全的操作，所以对于转换后的代码，还需要进一步的修改和优化。

既然能够将 Java 代码转换为 Kotlin 代码，那么很多人可能也希望将 Kotlin 代码转换成 Java 代码，但是 IDE 是没有这个功能的，不过在开发过程中，也不需要这个功能，如果希望参考 Kotlin 代码对应的 Java 代码，那么可以使用反编译工具将 Kotlin 的字节码反编译为 Java 代码，过程如下：可以通过菜单中的 Tools→Kotlin→Show Kotlin Bytecode 查看字节码，然后单击 Decompile 按钮查看反编译后的 Java 代码。如下图所示。

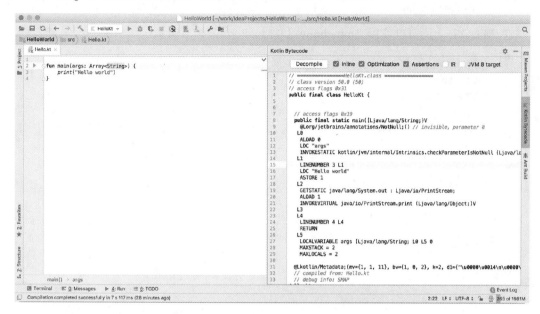

对于下面的代码进行反编译。

```
// file Hello.kt
fun main(args: Array<String>) {
    print("Hello world")
}
```

反编译后的结果如下所示：

```
import kotlin.Metadata;
import kotlin.jvm.internal.Intrinsics;
import org.jetbrains.annotations.NotNull;

// ...
public final class HelloKt {
    public static final void main(@NotNull String[] args) {
        Intrinsics.checkParameterIsNotNull(args, "args");
        String var1 = "Hello world";
        System.out.print(var1);
    }
}
```

反编译后的代码是不能直接使用的，只能作为参考。

2.2.4　Kotlin 命令行编译工具

Kotlin 提供命令行编译工具，开发人员可以在 Github 上进行下载，下载地址为 https://github.com/JetBrains/kotlin/releases/latest。下载解压后将 bin 目录添加到系统环境变量中，然后就可以使用了。如果是 Linux 系统或者 MacOS 系统，那么可以使用如下命令进行安装：

```
$ curl -s https://get.sdkman.io | bash
$ sdk install kotlin
```

在 MacOS 上还可以使用 Homebrew 和 MacPosts，如下所示：

```
Homebrew:
$ brew update
$ brew install kotlin
MacPorts:
$ sudo port install kotlin
```

如果使用的是 Ubuntu 16.04 以上版本，那么可以使用以下命令：

```
$ sudo snap install --classic kotlin
```

安装完成后，在命令行输入如下命令：

```
$ kotlinc -version
```

如果能看到如下对应的版本号，那么说明命令行工具安装完成。

```
info: kotlinc-jvm 1.2.61 (JRE 1.8.0_171-b11)
```

新建一个文本文件，命名为 Hello.kt，输入以下内容并保存：

```kotlin
fun main(args: Array<String>) {
    println("Hello, World!")
}
```

与 Java 一样，main()函数为程序的入口，在命令行通过 kotlinc 命令将文件编译为 jar：

```
kotlinc hello.kt -include-runtime -d hello.jar
```

然后运行：

```
$ java -jar hello.jar
```

以上代码的输出结果为：

```
Hello, World!
```

开发人员可以通过输入 kotlinc 命令进入 Kotlin 的交互式命令环境，直接输入 Kotlin 代码，按回车后会直接执行代码，如下图所示。

```
→ ~ kotlinc
Welcome to Kotlin version 1.2.61 (JRE 1.8.0_171-b11)
Type :help for help, :quit for quit
>>> 1 + 1
2
>>> println("Hello, World")
Hello, World
>>> var a = "Hello"
>>> println(a)
Hello
>>>
```

可以输入命令 quit 退出交互式编译环境。

第 3 章　Kotlin 语法基础

在介绍完 Kotlin 开发可以使用的工具后，本章将重点介绍 Kotlin 中的一些基本概念，从而帮助读者快速地回忆相关的知识点，为后面的学习打下一个良好的基础。

3.1　Kotlin 开发基本知识

这一节将会简单地介绍 Kotlin 的语法、代码风格和程序入口等。

3.1.1　项目结构

之前写的 Hello World 程序的目录结构如下所示:

```
HelloWorld
├── HelloWorld.iml
└── src
    └── Hello.kt
1 directory, 2 files
```

程序的入口为 fun main(args: Array<String>)，Kotlin 的入口函数和 Java 签名是一样的，由于 Kotlin 没有 static 关键字，因此 main 函数只能直接声明在代码文件中或者在 object 中，以下是 main 函数的三种声明方式:

```kotlin
fun main(args: Array<String>) {
}

class Hello {
    companion object {
        @JvmStatic
        fun main(args: Array<String>) {
        }
    }
}

object Main {
    @JvmStatic
    fun main(args: Array<String>) {
    }
}
```

上面的三个 main 函数都是程序的入口，对应到 Java 中签名都是 public static void main(@NotNull String[] args)。

Kotlin 的代码文件以包声明开头，如下所示:

```
package com.example
// ...
```

如果文件没有写包名，那么会使用默认包名，从 Java 1.4 开始，编译器不允许引入使用默认包名的代码。Kotlin 中包名和文件路径不强制对应，这个文件也可以声明包名为 package com.example.test，这样做在 Java 中是会报错的，但是在 Kotlin 中只会给出一个警告。包名的一个作用就是用来引入（import），例如：import com.example.Test，这样就引入了 Test.kt 这个文件里面的所有内容，或者使用 import com.example.*，引入包里面的所有文件，如果引入的名字相同，那么可以使用 as 关键字重命名引入的名称，如下所示：

```
import com.example.Test
import foo.bar.Test as FBTest
```

Java 中一个文件只能有一个 public 的类，Kotlin 的代码文件非常灵活，包里面可以有多个类、接口、函数及属性，而且默认情况下都是 public 的，示例代码如下：

```
package com.example
class Test {}

class TestB {}

fun sayHello() {
    print("hello")
}

val text: String = "Hello World"
```

3.1.2 代码编写习惯

Kotlin 中使用 "{}" 来包裹代码块，使用 ";" 来分割代码，每行结尾的 ";" 可以省略。示例代码如下：

```
val a = 1;
val b = 2
val c = 3
```

Kotlin 没有 new 关键字，新建对象的时候直接调用构造函数。示例代码如下：

```
val a = String("hello")
```

在 Kotlin 中，可以使用关键字作为变量的名称，不过要使用 "`" 符号包裹起来，这样可以解决在调用 Java 的时候 Java 变量占用 kotlin 关键字的问题，示例代码如下：

```
// Java 类
class Foo {
    public int var = 0;
}

// 在 Kotlin 中调用 Java 代码
```

```kotlin
val foo = Foo()
print(foo.`var`)
```

3.1.3 相等性

Kotlin 与 Java 的相等性很容易混淆，通常在 Java 中对象的比较有两种情况，使用 equals() 比较对象的内容，使用 "==" 比较对象的引用，例如 String 的比较：

```java
String foo = new String("hello");
String bar = new String("hello");
System.out.println(foo == bar);         // 引用地址不同，比较结果为 false
System.out.println(foo.equals(bar));    // 字符串内容相同，比较结果为 true
```

上述代码的运行结果如下所示：

```
false
true
```

在 Kotlin 中，"==" 和 equals() 一样，都是用来比较对象内容，Kotlin 添加了一个新的符号 "===" 来比较对象引用，示例代码如下：

```kotlin
fun main(args: Array<String>) {
    var foo = StringBuilder("hello").toString()
    var bar = StringBuilder("hello").toString()
    println(foo == bar)     // 输出结果为：true
    println(foo === bar)    // 输出结果为：false
}
```

另外，还有 "!=" 和 "!==" 来比较不相等性。

3.1.4 字符串模板

在 Kotlin 中，可以直接在字符串中调用变量或者表达式，示例代码如下：

```kotlin
fun sum(a: Int, b: Int): String {
    return "$a + $b = ${a + b}"
}

fun main(args: Array<String>) {
    print(sum(10, 11))
}

// 输出：10 + 11 = 21
```

如果需要在字符串中使用 $，那么可以使用转义字符 \$。

3.2 名词定义

Kotlin 相对于 Java 而言引入了许多新的特性，要了解这些特性，必须掌握一些简单的名词，这样对本书之后内容的阅读会大有裨益。

3.2.1 属性

把这个问题切换到 Java 会比较好理解，在一个类中，如果有以下声明：

```java
class Test {
    private int a = 1;
}
```

那么称 Test 类拥有一个类成员 a，如果给 a 加上了 getter 和 setter 方法：

```java
class Test {
    private int a = 1;
    public void setA(int value) {
        a = value;
    }

    public int getA() {
        return a;
    }
}
```

那么这个类就拥有了一个 a 的属性，如果去掉 setter 方法，那么 a 是可读属性。

3.2.2 表达式

表达式和代码块的区别在于表达式是有值的，例如 if 语句，在 Java 中是一个条件分支，整个 if 语句是没有值的，但是在 Kotlin 中，if 语句是表达式，可以把 if 语句的值赋给一个变量，如下所示：

```kotlin
a = if (1 > 2) {
    1
} else {
    2
}
```

表达式的值通常是代码可达的分支最后一行代码的值。

3.2.3 高阶函数

高阶函数是指可以接收函数作为参数，并且可以把函数作为返回值的函数。这在 Java 中是比较陌生的，但是在一些高级语言中是非常常见的操作，例如在 Kotlin 中：

```kotlin
fun add(a: Int, b: Int): Int {
    return a + b
}

fun foo(a: Int, b: Int, f: (Int, Int) -> Int): (Int) -> String {
    val value = f(a, b)
```

```
        return {
            (value + it).toString()
        }
    }

    fun main(args: Array<String>) {
        val f = foo(1, 2, ::add)
        val value = f(3)
        println(value)
    }
```

foo 函数的第三个参数就是一个函数，同时它的返回类型也是函数。

3.2.4 字面值和函数字面值

给字面值下定义是比较困难的，在 Java 和 Kotlin 中，可以这样区分字面值：书写时的内容和实际内容相同的值，可以称为字面值。字面值在赋值的时候，开发人员书写的值就是传递给变量的值。即字符串类型和基本数据类型的值可以称为字面值，如下例所示：

```
a = "abc"    // abc 就是字面值
b = 1        // 1 是字面值
```

如果是 new 出来的对象，例如 a = new String("abc");，那么 abc 仍然是字面值，但是 new String("abc")不是字面值，因为它的实际值是一个引用，和书写的内容不一致。在 Kotlin 中，匿名函数和 Lambda 表达式是一个函数字面值，因为书写的内容就是函数和表达式的实际内容。例如 var sum = { a: Int, b: Int -> a + b }，其中 { a: Int, b: Int -> a + b } 就是一个函数字面值。

3.3 变量

变量是编程语言中非常核心的内容，任何的程序都离不开变量的声明、变量的赋值以及变量的使用。这章将重点介绍变量的声明以及非常重要的一个特性：类型推断。

3.3.1 变量声明

Kotlin 彻底实现了 "一切皆对象" 这一目标，它没有基本数据类型，虽然这一节在说变量，但其实 Kotlin 中更加突出的是属性这个概念，后面的章节会着重介绍，现在还是使用以往的概念——变量。

下面是一个完整的变量声明的例子：

```
val value: Int? = null
```

一个变量声明是以关键字 val 或者 var 开始，对于变量，通常需要注意以下两点。
1) val 声明不可变变量，类似于 Java 中的 final。
2) var 声明可变变量。
val 或者 var 后面紧跟着的是变量名称，变量类型在变量名称之后，使用 ":" 和变量名区分，变量可以在声明的时候进行初始化，初始化的形式与其他语言相同，使用赋值操作符"="进行赋值。上面这个 Kotlin 的变量让人疑惑的就是变量类型后面的问号，这个问号的作用是什么呢？其实这是空检查功能的一个注解，类型后面添加 "？"，说明这个变量或者属性可以赋值为 null，在实例中，value 之所以能够初始化为 null，是因为 value 的类型是 Int?，如果将"？"去掉：

```
val value: Int = null    // 错误示例
```

那么这个时候编译器会直接报错，因为在 Kotlin 中，默认的类型是非空的，只有添加了问号的类型才能赋值为空，同时，可空类型的变量不能赋值给非空类型的变量：

```
var name: String = ""
var nickName: String? = ""
name = nickName // 这里编译器会报错
```

Kotlin 这种变量声明方式与 C/C++、Java 差别很大，但是能在 Java 中找到对应的声明方式的，例如例子中 value 在 Java 中对应的完整声明如下：

```
@Nullable Integer value = null;
```

"？"对应 @Nullable，因为 value 可以赋值为 null，所有 Kotlin 里的 Int 应该对应 Java 的装箱类型 Integer。代码虽然只有一行，但是涉及了 Kotlin 和 Java 中的空检查、类型装箱等问题，这些内容在后面的章节会详细介绍。

3.3.2 类型推断

Kotlin 与 Java 一样，变量的类型是不能改变的，如果声明了一个 Int 类型的变量，那么它是永远不可能变成 String 类型的，基于这一点，变量在声明的时候必须确定类型，可以显式地指定类型，例如：val name: String = ""，开发人员在声明的时候明确地指定了 name 的类型为 String，但是如果拿掉类型，那么同样能够知道 name 是一个 String 类型：val name = ""。基于变量类型不能改变的原则，String 类型只能复制给 String 类型的变量，如果给 name 的初始值为 String，那么 name 只能是 String 类型，这就是 Kotlin 的类型自动推断功能。

除了通过字面值，将一个变量赋值给一个变量的时候也能使用自动推断，示例代码如下：

```
val name = ""
val nickName = name
```

上面的示例中，name 和 nickName 都是 String 类型，在声明的时候类型都是可以推断出来的，所有类型都可以省略。

使用自动推断的时候有一种特殊的情况：var foo = null，这样声明是没有问题的，变量 foo 是一种特殊的类型 Nothing。

```
public class Nothing private constructor()
```

因为这个类的构造函数是私有的，不能实例化，所以上面的声明方式没有实际的意义。

3.4 函数

任何一个软件项目都是由大量的函数组成的,函数能够把一个非常复杂的逻辑分解成多个小的相对容易的逻辑块。这一方面增加了代码的重用性,另一方面增强了代码的可读性和可维护性。本节将重点介绍函数相关的知识点,从而让读者在面试笔试的过程中做到游刃有余。

3.4.1 声明函数

在 Kotlin 中,函数使用关键字 fun 来声明,关键字 return 返回结果,函数定义的结构为:

```
fun 函数名(<参数 1>: <参数 1 类型>, <参数 2>: <参数 2 类型> ...): <返回类型> {
    ....
    return <返回值>
}
```

例如定义一个有两个 Int 类型参数,返回值为 String 类型的函数:

```
fun sum(param1: Int, param2: Int): String {
    return "$param1 + $param2 = ${param1 + param2}"
}
```

函数在调用的时候可以使用参数名,例如 sum 函数,可以使用下面的方法来调用:

```
fun main(args: Array<String>) {
    println(sum(1, 2)) // 输出结果: 1 + 2 = 3
    println(sum(1, param2 = 2)) // 输出结果: 1 + 2 = 3
    println(sum(param2 = 2, param1 = 1)) // 输出结果: 1 + 2 = 3
}
```

函数调用的时候如果使用了参数名,那么不用考虑函数的参数的定义顺序(将会在后面的章节中详细介绍这种使用方法)。Kotlin 中没有 void 返回类型,当不需要返回值的时候,使用 Unit,代表无意义,示例代码如下:

```
fun sayHello(): Unit {
    println("Hello")
}
```

当返回类型为 Unit 时,可以在声明的时候省略。如果返回类型可以为 null,那么同样需要在类型后面添加"?"。示例代码如下:

```
fun getName(): String? {
    ....
}

// getName() 返回值可能为 null,在使用的时候需要进行空检查
val nameLength: Int? = getName()?.length
```

Kotlin 的函数可以指定一个默认值，示例代码如下：

```
fun sum2(param1: Int = 1, param2: Int = 2): String {
    return "$param1 + $param2 = ${param1 + param2}"
}
```

上面的函数有两个 Int 类型的参数，而且都指定了默认值，那么如何使用呢？

```
println(sum2())              //两个参数都使用默认值，输出结果：1 + 2 = 3
println(sum2(1))             //参数 2 使用默认值，输出结果：1 + 2 = 3
println(sum2(param2 = 3))    //参数 1 使用默认值，输出结果：1 + 3 = 4
```

如果函数体是一个表达式，那么可以省略 return ，返回类型使用自动推断，示例代码如下：

```
fun sum(param1: Int, param2: Int) = param1 + param2
```

Kotlin 中所有的函数参数都是 val 类型的，也就是说，不能在函数体中修改函数参数的值，示例代码如下：

```
var value = 1
fun foo(v: Int) {
    v = 2 // v 是 val 类型，不允许改变它的值，这句会报编译错误
}
```

如果需要使用参数的值，那么一般是将参数赋值给一个 var 类型的变量，示例代码如下：

```
var value = 1
fun foo(v: Int) {
    var tempValue = v
    // tempValue 的值可以改变
}
```

如果要理解函数参数在函数体内的情况，那么需要分为以下两种情况来处理。
1）基本类型和 String。
2）引用。

对于基本类型和 String，参数值是不能改变的，将参数赋值给一个 var 类型的临时变量，只是参数值的一个副本：

```
var paramInt = 1
var paramString = "foo"

fun foo(param1: Int, param2: String) {
    // param1 = 2
    // param2 = "bar"
    // 函数参数是 val 类型，是不允许修改的
    var p1 = param1
    p1 = 2
    var p2 = param2
    p2 = "bar"
```

```
    }
    println("函数调用前：paramInt = $paramInt, paramString = $paramString")
    foo(paramInt, paramString)
    println("函数调用后：paramInt = $paramInt, paramString = $paramString")
```

程序的运行结果为：

```
函数调用前：paramInt = 1, paramString = foo
函数调用后：paramInt = 1, paramString = foo
```

对于函数参数是引用的情况，可以在函数内部修改引用执行的对象的内容，但是引用本身的值是不能被修改的：

```
class Person(var name: String) {
}

val person = Person("Tom")
val person2 = Person("Danny")

fun changeName(person: Person) {
    person.name = "Jack"
}

fun changePerson(person: Person) {
    var p = person
    p = person2
}

println("函数调用前：person = $person}")
changePerson(person)
println("函数调用后：person = $person}")
changeName(person)
println("函数调用后：person = $person}")
```

程序的运行结果为：

```
函数调用前：person = ...$Person@75412c2f, person.name = Tom}
函数调用后：person = ...$Person@75412c2f, person.name = Tom}
函数调用后：person = ...$Person@75412c2f, person.name = Jack}
```

在 changePerson() 函数内，因为变量 p 只是参数的一个副本，修改 p 不会影响参数的值，所以输出的结果为 person 指向的地址没有改变，changeName() 函数参数为引用，函数内修改的是引用指向的对象的内容，输出的结果 person 指向对象的内容改变了。

3.4.2 函数参数

在 Kotlin 中，函数也是对象，可以作为变量使用，也可以作为函数的参数和返回值。Kotlin 的函数类型描述方式如下所示：

```
(<参数 1>:<参数 1 类型> = <参数 1 默认值>, <参数 2>:<参数 2 类型> = <参数 2 默认值>) -> <返回值类型>
```

例如如下函数:

```
fun sum(a: Int, b: Int): Int {
    return a + b
}
```

它的类型就是 (Int, Int) -> Int,那么怎么获取这个函数的引用呢?或者说怎么把这个函数当作变量来使用呢?此时可以使用 "::" 操作符,如下:

```
val f: (Int, Int) -> Int = ::sum
// 或者使用自动推断
// val f = ::sum
```

f 就是一个函数引用,可以直接用来执行函数,或者将 f 作为参数传递给另外一个函数,示例代码如下:

```
fun sum(a: Int, b: Int): Int {
    return a + b
}

fun execFunction(foo: (Int, Int) -> Int) {
    println(foo.invoke(4, 5))
}

fun main(args: Array<String>) {
    val f = ::sum
    println(f(1, 2))            // 输出结果: 3
    println(f.invoke(1, 3))     // 输出结果: 4
    execFunction(f)             // 输出结果: 9
}
```

上面的例子中展示了函数变量的两种调用方式,使用 invkeo()方法和使用()操作符,"()" 是 invoke() 方法的运算符重载。函数之所以能够赋值给一个变量,这是因为在 Kotlin 中函数也是一个对象,函数变量 f 在 Java 中是作为一个匿名类的引用处理的,如果需要在 Java 中执行 execFunction(),那么函数参数类型是 Function2:

```
execFunction(new Function2<Integer, Integer, Integer>() {
    @Override
    public Integer invoke(Integer integer, Integer integer2) {
        return null;
    }
});
```

除了使用函数声明,也可以使用 Lambda 表达式来初始化一个函数变量,示例代码如下:

```
val f2 = { a: Int, b: Int -> a * b }
f2.invoke(3, 4) // 结果为 12
```

3.4.3 可变数量的参数

有时候函数参数的数量是不确定的,例如 String.format(),示例代码如下:

```
String.format("%s%s%s%s", "1", "2", "3", "4");
```

这时可以使用 vararg 修饰符标记,示例代码如下:

```
fun <T> asList(vararg ts: T): List<T> {
    val result = ArrayList<T>()
    for (t in ts) // ts 是一个数组
        result.add(t)
    return result
}
```

这样就可以传入多个相同类型的参数,使用方式如下:

```
val list = asList(1, 2, 3)
```

在函数内部,类型 T 的 vararg 参数的可见方式是作为 T 数组,在上面的例子中,ts 在函数内部的类型是 Array。通常情况下,vararg 类型的参数是函数的最后一个参数,如果不是这种情况,那么调用函数的时候需要使用命名参数和伸展(spread)操作符(在数组前面加*),示例代码如下:

```
fun foo(param1: String, param2: String, vararg param3: String, param4: String) {
    // ..
}
foo("1", "2", param3 = *arrayOf("a", "b"), param4 = "4")
```

伸展操作符还有一种使用场景是将一个现成的数组添加到可变数量的参数中,示例代码如下:

```
val a = arrayOf(1, 2, 3)
val list = asList(-1, 0, *a, 4)
```

上面例子中,asList 的实际参数是 (-1, 0, 1, 2, 3, 4)。

3.4.4 命名参数

在调用函数的时候参数可以被命名,函数会通过名字来使用参数,而不是通过参数的声明顺序,示例代码如下:

```
fun foo(param1: String, param2: String) {
    // ...
}
foo("bar", "boz") // 不使用命名参数
foo(param2 = "boz", param1 = "bar") // 使用命名参数
```

当一个函数有很多参数的时候,使用命名函数可以帮助开发人员区分每个参数的意义,

特别是当函数参数有默认值的时候，命名参数可以直接指定哪些参数不使用默认值，例如下面的函数：

```kotlin
fun reformat(str: String,
             normalizeCase: Boolean = true,
             upperCaseFirstLetter: Boolean = true,
             divideByCamelHumps: Boolean = false,
             wordSeparator: Char = ' ') {
    //..
}
```

在调用的时候，所有默认值的参数都可以使用默认值，示例代码如下：

```kotlin
reformat(str)
```

或者都不使用默认值，示例代码如下：

```kotlin
reformat(str, true, true, false, '_')
```

对于这样的函数，如果不去看文档或者源码，那么是无法知道每个参数是做什么的，但是如果使用命名参数，那么可读性就会提高许多，示例代码如下：

```kotlin
reformat(str,
    normalizeCase = true,
    upperCaseFirstLetter = true,
    divideByCamelHumps = false,
    wordSeparator = '_'
)
```

也可以指定哪个参数不使用默认值，示例代码如下：

```kotlin
reformat(str, wordSeparator = '_')
```

需要注意的是，在调用的时候命名参数需要在非命名参数之后，例如下面的调用是不允许的：

```kotlin
foo(param1 = "foo", "bar")
```

3.4.5 中缀函数

如果有这样一个需求，将下面的语句用代码实现：

```
I eat fish
```

也许首先想到的是这样的：I.eat(fish)。如果使用 Kotlin 的中缀函数，就可以用和自然语法一样的方式来实现，中缀函数只能是类的成员函数或者扩展函数，有且只能有一个参数，函数使用 infix 注解，调用的时候函数名放中间，调用对象在左边，函数参数在右边，如果函数名为 eat，那么这个函数调用就可以写成 I eat fish，完整的实现如下所示：

```kotlin
class Person {
```

```
        private var fish: Fish? = null
        infix fun eat(fish: Fish) {
            this.fish = fish
        }
    }

    class Fish {
    }

    fun main(args: Array<String>) {
        val I = Person()
        val fish = Fish()
        I eat fish
    }
```

3.5 基本类型

Kotlin 中所有东西都是对象，但是有些类型是比较特殊的，例如数字、布尔值、字符串以及它们的数组，这是 Kotlin 的基本类型，它们看起来是普通的类，但是使用起来和普通的类是有区别的，例如这些类型都可以使用字面值，这些类型是 Kotlin 的基本类型，也是面试笔试重点考察的知识点。

3.5.1 数字类型

Kotlin 提供了下表的内置类型来表示数字：

类型	名称	位宽
Double	双精度浮点类型	64
Float	单精度浮点类型	32
Long	长整型	64
Int	整型	32
Short	短整型	16
Byte	字节类型	8

在声明基本数据类型的时候，可以使用字面值，例如在 Kotlin 中声明数字，可以使用如下方式：

```
var a: Int = 1
var b = 2
var c: Long = 1L
var d: Float = 1.1f
var e: Double = 0.0
```

在使用数字字面值的时候，有些地方需要注意，如下所示。
1）Long 类型的字面值必须使用 L 后缀，Float 类型的字面值必须使用 f 或 F 后缀。
2）十六进制使用 0x 开头，例如：0xFF。

3）二进制使用 0b 开头，例如：0b101。

4）Kotlin 不支持八进制。

另外，Kotlin 不支持数字类型的隐式转换，例如下面的声明：

```
var a: Int = 1
var b: Long = a
```

以上操作在 Java 或者 C/C++ 中是常见的操作，但是在 Kotlin 中是错误的，虽然将 Int 变量直接赋值给 Long 类型的变量的操作是安全的，但是这是一个隐式的转换操作，Kotlin 的编译器是不允许的，只能将 a 显式地转换为 Long 类型后赋值给 b，示例代码如下：

```
var a: Int = 1
var b: Long = a.toLong()
```

可以使用以下的函数进行数字间的互转。

1）toByte(): Byte。

2）toShort(): Short。

3）toInt(): Int。

4）toLong(): Long。

5）toFloat(): Float。

6）toDouble(): Double。

7）toChar(): Char。

虽然在 Kotlin 中数字也是对象，但是不能使用 as 关键字进行类型间的转换。Kotlin 浮点类型的字面常量默认是 Double 类型，如果要指定 Float 类型，那么需要使用 f 或者 F 标记，示例代码如下：

```
var a = 0.0 // a 为 Double 类型
var b = 0.0f // b 为 Float 类型
```

从 Kotlin 1.1 开始字面值可以使用下画线，如下所示：

```
val oneMillion = 1_000_000
val creditCardNumber = 1234_5678_9012_3456L
val socialSecurityNumber = 999_99_9999L
val hexBytes = 0xFF_EC_DE_5E
val bytes = 0b11010010_01101001_10010100_10010010
```

3.5.2 比较

数字的比较有两种，比较大小和比较相等，在 Kotlin 中，数字也是对象，可以为 null，所以在比较的时候要考虑是否为空的情况。可以使用 "=="比较数字是否相等，考虑数字对象可能为 null 的情况，数字对象的比较原则如下。

1）如果两个都为 null，那么结果为 true。

2）如果一个为 null，一个不为 null，那么结果为 false。

3）如果两个都不为 null，那么比较数值。

Kotlin 中的"=="是运算符重载，实际执行的是 equals()方法，用来比较内容，如果类没有重写 equals()方法，那么默认比较的就是对象的引用地址，Kotlin 中还有一个运算符"==="，它是用来比较内存地址的。对于一般的对象来说，"=="与"==="的区别很简单，"=="是 equals() 的结果，"==="比较引用地址，但是对于数字来说，一个对象可能是一个实例，也可能是一个 JVM 的原生类型，这是因为 Kotlin 中的数字对象包含了自动装箱和拆箱的操作，以 Int 类型为例，当把 Int 当作一个普通的数字来使用的时候，它是 JVM 的原生类型，存放在栈内存中，当把 Int 用在 List、Map 等集合中时，它是一个类的对象，存放在堆内存中。那么使用"==="进行比较的时候就会出现多种情况，如下所示。

1）如果"==="两边都是数字，那么比较的是数字的值。
2）如果"==="两边都是装箱的对象，那么比较的是引用地址。
3）如果"==="两边的类型不同，那么结果一定是 false。

为了更好地说明以上规则，下面使用一个例子加以分析：

```
val a = 1000
val b: Int = a
val c: Int = a

println(b == c)     // 输出结果：true
println(b === c)    // 输出结果：true

val e: Int? = a
val f: Int? = a

println(e == f)     // 输出结果：true
println(e === f)    // 输出结果：false
```

a、b 和 c 会使用 JVM 原生类型，使用"=="和"==="比较的结果都是 true，e 和 f 会进行装箱，生成新的对象，使用"=="比较的是 e 和 f 的数值，结果是 true，使用"==="比较的是 e 和 f 的引用，由于 e 和 f 指向不同对象，其引用地址也不同，结果为 false。

不过有一种特殊的情况需要注意，如下所示：

```
val a = 1
val e: Int? = a
val f: Int? = a

println(e == f)     // 输出结果：true
println(e === f)    // 输出结果：true
```

上述代码中，只是修改了 a 的值，输出的结果就不同了，这是因为 JVM 会缓存[-127, 127]这个区间的值，虽然代码进行了装箱，但是引用指向的是同一个地址。针对这种情况，使用"==="的时候需要稍加注意。

Kotlin 中比较数值的大小可以使用以下的操作符。

1）>：大于。
2）<：小于。
3）>=：大于等于。

4）<=：小于等于。

需要注意的是，非空的数字类型与可空的数字类型之间是不能比较大小的，示例代码如下：

```
val a: Int = 1
val b: Int? = 10
```

上述代码中，a 和 b 是不能用来比较大小的，因为 b 有可能为 null，而数字是不能和 null 比较大小的。

3.5.3 运算

Kotlin 支持数据运算的标准集，加减乘除使用对应的运算符，对于位运行，没有特殊字符来表示，可以使用中缀函数，例如：val x = (1 shl 2) and 0x000FF000。

Kotlin 的位运算符有如下几种类型。

1）shl(bits)：有符号左移，对应 Java 的 <<。
2）shr(bits)：有符号右移，对应 Java 的 >>。
3）ushr(bits)：无符号右移，对应 Java 的 >>>。
4）and(bits)：位与，对应 Java 的 &。
5）or(bits)：位或，对应 Java 的 |。
6）xor(bits)：位异或，对应 Java 的 ^。
7）inv(bits)：位非，对应 Java 的 ~。

3.6 空安全

空安全是 Kotlin 引入的一个非常好的特性，这个特性一方面能够避免程序崩溃，另一方面也解放了程序员，使得程序员不用去花大量的精力来判断变量是否为空。这一节将会重点介绍空安全的相关特性。

3.6.1 可空变量

通过之前的章节可知，Kotlin 的变量有可空变量和非空变量两种，默认情况下，Kotlin 的变量是非空的，例如下面的声明：

```
var text = "hello"
print(text.length)
```

变量 text 是一个非空变量，可以直接使用，但是对于可空变量就不行了，例如下面的声明：

```
var text: String? = "hello"
print(text.length)
// 编译错误：Only safe (?.) or non-null asserted (!!.) calls are allowed on a nullable receiver of type String?
```

可空变量不允许直接使用，要使用可空变量有三种方式：安全调用，非安全调用，进行空检查后调用。以下将分别对这三种方式加以说明。

1）安全调用。安全调用是通过在变量后添加"?"来实现的，示例代码如下：

```kotlin
class Param {
    val value: String
}

class ClassA {
    val param: Param
}

val item : ClassA?
// ..
val result = item?.param?.value
```

这个表达式在调用过程中如果出现空指针，那么这个表达式为 null，看到这个表达式，是不是感觉省略掉了一堆 if 语句？需要说明的是，这种级联类型的表达式在"?."之后的所有调用都必须使用安全调用。

2）非安全调用。非安全调用是通过在变量后添加"!!"来实现的，示例代码如下：

```kotlin
val item : ClassA?
// ...
val result = item!!.param!!.value!!.name
```

在变量后添加"!!"只是一种折中的办法，也许 Kotlin 的设计者也不想添加"!!"，但是有一些特殊情况编译器是无法处理的，必须人工进行干预，告诉编译器确保这个变量的这次调用不为空。例如下面的情况：

```kotlin
fun isEmpty(text: String?): Boolean {
    if (text != null && text.length > 0) {
        return false
    }
    return true
}

fun main(args: Array<String>) {
    var text: String? = null
    if (!isEmpty(text)) {
        print(text.length) // 这一句编译器是会报错的
    }
}
```

通过 isEmpty() 方法，能判断出 text 肯定不为空，但是仍然会报错，编译器不会去执行 isEmpty() 方法，这时候开发人员可以通过添加"!!"来对编译器进行手动干预：

```kotlin
fun main(args: Array<String>) {
    var text: String? = null
    if (!isEmpty(text)) {
```

```kotlin
        print(text!!.length) // 添加 !! 后编译器不会报错
    }
}
```

3）空检查。最简单的空检查就是在使用前通过 if 语句来检查变量是否为空，示例代码如下：

```kotlin
var text: String? = null
if (text != null) {
    // 现在可以安全的使用 text
    print(text.length)
}

// 或者在 else 语句中使用
if (text == null) {
    // ..
} else {
    text.length
}
```

结合 return，同样适用。示例代码如下：

```kotlin
var text: String? = null
if (text == null) {
    return
}
// 现在可以安全的使用 text
print(text.length)
```

空检查可以在 && 或者 || 使用。示例代码如下：

```kotlin
if (text != null && text.length > 0) {
    // && 左边成立的情况下才会执行右边的代码
}

if (text == null || text.length == 0) {
    // || 左边不成立的情况下才会执行右边的代码
}
```

3.6.2　let 和 apply

如果不喜欢使用 if 语句进行空检查，又不想在块状代码中每次使用安全调用，那么可以使用 Kotlin 标准方法，最常用的标准方法要数 let 和 apply 了。示例代码如下：

```kotlin
var text: String? = "Hello world"
text?.let {
    print(it)
}

text?.apply {
```

```
            print(this)
    }
```

以上这两个方法的区别是，当使用 let 时，"{}"内隐含一个指向变量的引用 it，而当使用 apply 时，"{}"内可以使用变量的 this 指针。let 表达式的值为 return 返回的值或者最后一行代码的值，apply 表达式的值为这个变量的 this 指针。示例代码如下：

```
fun main(args: Array<String>) {
    val text: String? = "Hello world"
    val result1 = text?.let {
        it.length > 100
    }
    println(result1)
    val result2 = text?.apply {
        this.length > 100
    }
    println(result2)
}
```

程序的运行结果为：

```
false
Hello world
```

3.6.3 Elvis

Elvis 操作符是一个二目操作符，是三目条件运算符的简略写法，Elvis 操作符的书写形式如下所示：

```
val text: String?
// ..
val value = text ?: "empty"
```

以上代码等同于如下形式：

```
val text: String?
// ..
val value = if (text != null) text else "empty"
```

将以上代码改写成 Java 形式，可以使用三目条件运算符，如下所示：

```
String text = null;
// ...
String value = text != null ? text : "empty";
```

讲到这里不难发现，Elvis 操作符的功能已经很明确了，当 "?:" 左边的值不为 null 的时候，使用 "?:" 左边的值，否则使用 "?:" 右边的值。编译器可以识别 Elvis 操作符，例如：

val value = text ?: ""，value 的类型是 String，是非空的，之后的代码就可以直接使用 value，不必判断是否为空。Elvis 结合 return 同样可以实现空检查的功能，示例代码如下：

```
fun foo(text: String?) {
    val value = text ?: return
    // value 是非空的，可以安全地使用
    println(value.length)
}
```

3.6.4 空安全机制

空指针是开发人员又爱又恨的错误，爱是因为它非常好解决，恨是因为出现这个错误往往会引起程序崩溃。几乎全部的空指针错误都是可以避免的，因为它的产生基本上是因为开发人员的疏忽，而人总是会犯错的，避免空指针最好的方法还是通过机器检查来避免这些错误。在 Java 的 IDE 中，已经集成了简单的空指针错误检查，例如，如果在 IntelliJ 的编辑器中输入以下的代码：

```
String text = null;
System.out.print(text.length());
```

那么很明显，第二行代码会产生空指针异常，此时 IDE 会贴心地提醒开发人员，这儿可能会产生空指针异常。也许有人会说，这么明显的错误，编译器应该直接显示一个错误，中断编译，但是编译器没有那么聪明，它不能判断这是不是有意为之，也许在外面进行了捕获异常的操作。

空指针的产生是因为使用了未初始化的操作，避免空指针错误需要开发人员自己来判断引用的对象是否为空，但是很多时候开发人员无法确定这个判断是否是多余的，例如下面一个普通的函数：

```
public static String foo(String param) {
    // ...
}
```

在外界调用的时候，无法确定 param 能不能传入空，也无法确定返回值是否为空，所以传参和使用返回值的时候都要判空。而在函数内部，也不能确定 param 是否为空，当使用的时候也要判空。在 IntelliJ 和 Android 开发中，都引入了注解和静态代码检查来解决这个问题，使用 IntelliJ 中内置的@Nullable 和@NotNull 来举例，上面的函数此时加上注解：

```
@Nullable
public static String foo(@NotNull String param) {
    // ...
}
```

通过注解，为这个函数添加了约束，这个函数只能接受非空的参数，函数的返回值可能为空，使用的时候必须进行空检查。不仅如此，静态代码检查工具会检查这个函数以及这个函数的返回值的使用，如果传入的参数为 null 或者使用返回值的时候没有进行空检查，那么

都会给出警告。

Kotlin 的空检查机制和 Java 中使用注解的方式一样，是通过代码检查来实现的，上面的函数转换成 Kotlin 如下：

```
fun fun1(param: String): String? {
    // ..
}
```

不过在 Kotlin 中，对非空变量的空检查是强制的，不进行空检查会产生错误，导致无法通过编译。

3.7 控制语句

与其他编程语言一样，Kotlin 也提供了最基本的流程控制语句，这一节将重点介绍这些流程控制语句在 Kotlin 中的使用方法。

3.7.1 if

Kotlin 中 if 的使用和 Java 基本一致，例如求比较大的值，示例代码如下：

```
var max = a
if (a < b) {
    max = b
}

// 使用 else
val max: Int
if (a < b) {
    max = b
} else {
    max = a
}
```

以上的使用方法被称为 if 表达式，而不是 if 语句，或者 if 声明，声明和表达式的区别就是表达式是有值的，也就是说，整个 if 代码块是有值的，上面的代码还可以写成：

```
var max = if (a < b) b else a
```

在表达式中，最后一行代码的值就是整个表达式的值，如果多个 if 嵌套，那么令分支条件成立的表达式的值为整个表达式的值，例如下面的函数可找出 3 个数中的最大数：

```
fun findMax(a: Int, b: Int, c: Int): Int {
    return if (a >= b) {
        if (a >= c) {
            c
        } else {
            c
        }
```

```
        } else {
            if (b >= c) {
                b
            } else {
                c
            }
        }
    }
```

3.7.2 when

Kotlin 中没有 switch，它使用 when 来代替 switch，使用方法如下：

```
val value = 2
when (value) {
    1 -> {
        // do something..
    }
    2 -> {
        // do something...
    }
    else -> {
    }
}

// 或者使用字符串
val str = "hello"
when(str) {
    "hello" -> {
    }
    "world" -> {
    }
    else -> {
    }
}
```

when 的分支条件除了使用常量外，还可以使用 in 表达式和 is 表达式，在 Koltin 中，in 用来表示在指定范围内，is 表示是指定的类型。示例代码如下：

```
val value = 1
when (value) {
    in 1..2 -> {
    }
    in 2..10 -> {
    }
    else -> {
    }
}

when (value) {
```

```
            is Int -> {
            }
            else -> {
            }
        }
```

或者不使用 value，直接使用 Boolean 类型的表达式，示例代码如下：

```
when {
    1 + 1 == 2 -> {
    }
    1 + 1 != 2 -> {
    }
    else -> {
    }
}
```

同样，when 是一个表达式，它是有值的，示例代码如下：

```
val foo = when (text) {
    "bar" -> 1
    "boz" -> 2
    else -> 0
}
```

3.7.3 for

for 循环可以对任何提供迭代器的对象进行遍历，for 循环的格式如下：

```
for (item in collection) {
    print(item)
}
```

collection 可以是区间、数组或集合，示例代码如下：

```
for (i in 1..10) {
    print(i)
}
```

1..10 是一个 Int 类型的区间 IntRange，因为 IntRange 实现了 Iterable，所以可以使用 for 循环对区间 1..10 进行遍历。可以通过 step 指定每次循环增加的范围，示例代码如下：

```
for (i in 1..10 step 2) {
    println(i)
}
```

在对数组进行遍历的时候，可以通过 indices 获取数组的下标，示例代码如下：

```
val a: Array<Int> = arrayOf(1, 2)
for (i in a.indices) {
    println(a[i])
```

        }

3.7.4　while 和 do…while

while 循环的结构如下所示：

```
while(布尔表达式) {
    // 循环内容
}
```

do…while 循环的结构如下所示：

```
do {
    // 循环内容
} while (布尔表达式)
```

do…while 和 while 的区别是：while 循环首先判断条件是否成立，只有条件成立时才能进入循环；do…while 循环会先执行一次循环，也就是说，不管条件是否成立，循环至少会执行一次。

3.7.5　break 和 continue

可以使用 break 终止本次循环，或者使用 continue 跳到下一次循环，默认情况下，break 和 continue 只作用于直接包围它们的循环，如果有多层循环，那么可以使用标签的方式 break 或 continue 作用的循环，示例代码如下：

```
loop@ for (i in 0..10) {
    for (j in 11..20) {
        if (j == 15)
            break @loop
    }
}
```

3.8　数组和区间

数组是大部分编程语言都有的特性，而 Kotlin 在此基础上提供了另外一个非常有用的类型：区间。这一节将重点介绍如何使用数组与区间。

3.8.1　数组

在 Kotlin 中，数组也是作为一个对象而存在的，而且使用了泛型进行封装，例如声明一个 Int 数组 **val** a: Array<**Int**> = arrayOf(1, 3, 5)，如果使用类型推断这个特性，那么上面的代码可以简写为 **val** a = arrayOf(1, 3, 5)，Array 的源码如下所示：

```
public class Array<T> {
    public inline constructor(size: Int, init: (Int) -> T)
    public operator fun get(index: Int): T
    public operator fun set(index: Int, value: T): Unit
    public val size: Int
```

```
public operator fun iterator(): Iterator<T>
}
```

Array 对象有 get、set 方法，有 size 属性，同时实现了迭代器。get、set 和 iterator 方法都进行了操作符重载，在获取数组的元素时，可以使用下标的形式来实现，示例代码如下：

```
a[0] = 2
println(a[0])
```

3.8.2 区间

区间是一个数学概念，例如 1～5 就是一个区间，区间又分为开区间、闭区间和半开区间，示例代码如下：

```
(1, 3) // 开区间，x > 1 && x < 3
[1, 3] // 闭区间，x >=1 && x <= 3
(1, 3] // 半开区间，x > 1 && x <= 3
[1, 3) // 半开区间，x >= 1 && x < 3
```

Kotlin 提供了几种区间的表示方法，如下所示：

```
1..10        // x >= 1 && x <= 10
1 until 10   // x >= 1 && x < 10
10 downTo 1  // x <= 11 && x >= 1
```

除了 Int 类型的区间，Char 和浮点类型也可以使用区间，示例代码如下：

```
'a'..'e'
1.0..10.0
```

整型和 Char 类型的区间可以用 for 语句进行遍历，示例代码如下：

```
fun main(args: Array<String>) {
    for (i in 1..10) {
        print("$i ")
    }
    println()
    for (i in 1 until 10) {
        print("$i ")
    }
    println()
    for (i in 10 downTo 1) {
        print("$i ")
    }
    println()
    for (c in 'a'..'e') {
        print("$c ")
    }
}
```

程序的运行结果为:

```
1 2 3 4 5 6 7 8 9 10
1 2 3 4 5 6 7 8 9
10 9 8 7 6 5 4 3 2 1
a b c d e
```

可以用 step 来指定步长,示例代码如下:

```
for (i in 10 downTo 1 step 2) {
    print("$i ")
}
println()
for (c in 'a'..'e' step 2) {
    print("$c ")
}
```

程序的运行结果为:

```
10 8 6 4 2
a c e
```

浮点类型的区间是不能通过 for 语句进行遍历的,这是因为浮点类型区间对应的类是 ClosedFloatingPointRange,这个类没有实现 Iterable 的接口。

第 4 章　Kotlin 基础功能

之前的章节重点介绍了 Kotlin 的基本语法、数据类型和特性，算是对 Kotlin 进行了简单的入门，这一章将重点介绍 Kotlin 开发的基础知识，包括类和对象，以及泛型等。

4.1 类的声明和构造

Kotlin 是面向对象的编程语言，它身上有很多 Java 的影子，例如都有接口，每个类只允许继承一个基类，但是可以实现多个接口，都有 public、private 和 protected 可见性修饰，而且功能一样。其实 Kotlin 在面向对象的部分与 Java 大的框架是一致的，没有冲突的地方，所以更像是一种对 Java 的扩展和补充。

4.1.1　声明类

和大部分语言一样，Kotlin 使用 class 作为声明类的关键字，示例代码如下：

```
class Persion {
}
```

类的声明包含类名、类头，以及用大括号包裹的类主体，示例代码如下：

```
class <类名> <类头> {
    <类主体>
}
```

类头包含指定类型参数和主构造函数等，类头和类主体都是可选的，如果类头和类主体都是空的，那么在声明类的时候是可以省略的，如下所示：

```
class Person
```

4.1.2　构造函数

在 Java 和 C++ 中，类的构造函数和类名一样，在 Kotlin 中，使用 constructor 声明构造函数。Kotlin 包含一个主构造函数和多个二级构造函数。主构造函数是类头的一部分，跟在类名后面，也就是在类头中，主构造函数可以含有多个参数，示例代码如下：

```
class Person constructor(name: String){
}
```

如果类头中的构造函数没有其他的修饰，例如注解或者 public、private、protected 这些可见性修饰，那么可以把 constructor 关键字省略，直接将参数写在类名后面，示例代码如下：

```
class Person(name: String) {
```

}

主构造函数不能包含任何代码，它只有 constructor 关键字和参数声明，那么这些参数怎么读取呢？有两种方法，首先在初始化代码块，也就是属性声明的时候可以直接使用主构造函数参数：

```
class Person(name: String){
    val myName: String = name
    // 或者使用类型推断，省略属性类型
    // val myName = name
}
```

另一种方法就是使用 init 代码块，init 代码块专门用于类的构造，示例代码如下：

```
class Person(name: String) {
    val myName: String
    init {
        myName = name
        print(name)
    }
}
```

例如上面的代码，myName 属性是不可变属性，需要在类构造的时候进行初始化，一旦初始化就不允许改变，就像 Java 中 final 成员变量一样。类的 val 属性要么在声明的时候初始化，要么在类的构造函数中初始化，init 代码块是在类构造的时候执行，所以 val 属性可以在 init 代码块内初始化。

上面的例子声明了一个 myName 属性，使用构造函数的 name 参数来初始化 myName，可以把属性声明和初始化都写在主构造函数里面：class Person(val name: String)。

代码是不是十分简单？而且一目了然，我们仅仅通过类的声明就知道了这个类的构造方法和必须要初始化的属性。

4.1.3 二级构造函数

Kotlin 类有二级构造函数，同样是使用 constructor 关键字声明，二级构造函数的声明在类主体内，示例代码如下：

```
class Person {
    constructor(name: String) {
        //...
    }
}
```

每个二级构造函数都需要调用主构造函数，或者准确地说，代理主构造函数。如果有多个二级构造函数，那么可以间接通过二级构造函数来代理主构造函数，代理的方法是通过 this 关键字来实现的，如下所示：

```
class Person constructor(name: String) {
    // 在二级构造函数中代理主构造函数
```

```kotlin
    constructor(name: String, gender: String) : this(name) {
    }

    // 通过另一个二级构造函数来代理主构造函数
    constructor(name: String, gender: String, age: Int) : this(name, gender) {
    }
}
```

4.1.4 类的实例

因为 Kotlin 没有 new 关键字，所以直接调用类构造函数就可以创建实例，如下所示：

```kotlin
val person1 = Person("Jack")
val person2 = Person("Tom", "male", 21)
```

4.1.5 类的构造

由于 Kotlin 的代码写法灵活，一行代码和十几行代码有可能实现的是同样的功能，本来很简单的概念也可能会让人费解，开发人员需要首先把 Kotlin 类的构造过程弄清楚。首先，Kotlin 和 Java 一样都是运行在 JVM 上，所以它们的类的构造大同小异，编译成字节码后，运行机制更是完全一样。Java 的语法没有 Kotlin 灵活，所以理解起来比较容易，下面的例子对同一个类、同样的功能，分别用 Java 和 Kotlin 来实现，首先是用 Java 代码来实现，如下所示：

```java
public class Person {
    String name;
    String gender;
    int age;

    public Person(String name) {
        this.name = name;
    }

    public Person(String name, String gender) {
        this(name);
        this.gender = gender;
        this.age = age;
    }

    public Person(String name, String gender, int age) {
        this(name, gender);
        this.age = age;
    }
}
```

然后是用 Kotlin 代码来实现，示例代码如下：

```kotlin
data class Person(var name: String, var gender: String? = null, var age: Int = 0)
```

仅一行代码，就包含了上面用 Java 实现的 Person 类的所有功能。实际上，这一行 Kotlin 代码还包含了 setter 方法和 getter 方法、equals()方法、hashCode()方法和 copy()方法，这些方法会由编译器自动生成。对比一下 Java 的构造函数，Java 是没有主构造函数和二级构造函数这一说法的，但是 Java 有默认构造函数和构造函数的区别，如果没有声明任何构造函数，那么系统会自动生成一个无参的默认构造函数，如果声明了构造函数，那么系统就不会生成了。同样在 Kotlin 中，如果没有声明主构造函数和二级构造函数，那么系统会生成一个无参的主构造函数，反之编译器就不会提供这个类的主构造函数。Kotlin 中的 init 的代码块和 Java 中的构造代码功能一致，都是进行初始化。示例代码如下：

```java
// Java 构造代码块示例
public class Student {
    final int age;
    {
        age = 1;
    }
    public Student() {
    }
}
```

Java 中的代码是在变量声明之后，构造函数之前执行，Kotlin 的 init 代码块是在主构造函数之后，二级构造函数之前执行。综上所述，可以简单地认为 Kotlin 中种种的代码简写、省略都是语法糖，只是为了让代码更加简单，容易阅读。就像上面 Person 类的例子，都是一些非常程式化的代码，不应该让开发人员耗费时间去编写这些重复的代码。由于 Java 更新缓慢，衍生出一批代码自动生成工具，现在使用 Kotlin 这些痛点就都解决了。

4.2 属性和字段

与 Java 类似，Kotlin 中也有属性与字段的概念，但是它与 Java 中的属性和特性却不是完全等价的，由于这个知识点也是面试笔试中的热点问题，因此这一节将会详细介绍 Kotlin 中的属性与字段的概念，以及与 Java 的区别。

4.2.1 属性

首先来看下面的代码：

```kotlin
class Person {
    var name = "Tom"
}
```

name 是 Person 类的什么呢？也许第一反应是成员变量，但是在 Kotlin 中，类是没有成员变量的，name 应该叫作 Person 的属性。属性和成员变量的区别是：属性包含了字段和访问器，而成员变量只有字段的部分。对应到代码上，Kotlin 的属性等于 Java 中的成员变量和 getter、setter 方法。

4.2.2 属性声明

Kotlin 属性的声明方法和 Java 成员变量一样，使用 val 声明不可变属性，使用 var 声明可变属性。示例代码如下：

```
class Address {
    var state: String? = null
    var city: String? = null
    val street: String = ""
    // ...
}
```

属性的使用方法也和 Java 的成员一样，示例代码如下：

```
val address = Address()
address.state = "Beijing"
print(address.state)
```

4.2.3 访问器

Kotlin 属性的完整声明如下所示：

```
var <PropertyName>: <PropertyType> [ = <property_initializer>]
    <getter>
    <setter>
```

Kotlin 的属性必须初始化，可以在声明的时候初始化，也可以在构造函数中初始化，Kotlin 中是不允许使用未初始化的属性的，当然，如果能通过初始值推断出属性类型，那么类型也是可以省略的。示例代码如下：

```
class Address {
    var country: String = "China"

    // 通过初始值能推断出属性类型，此时类型可以省略
    val city = "Beijing"

    // 声明属性，然后在 init 代码块中进行初始化
    val postCode: String
    init {
        postCode = ""
    }
}
```

属性的访问器包含 setter 方法和 getter 方法，因为 val 属性不允许修改，所以没有 setter 方法。可以自定义属性的 setter 方法和 getter 方法，来实现不同的功能，示例代码如下：

```
// 通过 size 判断是否为空
val isEmpty: Boolean get() = this.size()== 0
var nowDateString: String? = null
```

```
        // 获取当前日期
        get() = nowDateString()
        set(value) {
            // 解析日期字符串,设置当前日期
            changeNowDateFromString(value)
        }
```

　　setter 方法和 getter 方法的参数是不需要参数类型的,因为它们的参数类型是固定的,和属性类型一致,参数的名字推荐是 value,但是也可以使用其他的名字。从 Kotlin1.1 开始,当能够通过 getter 方法推断出属性类型时,属性的类型可以省略,示例代码如下:

```
        val isEmpty get() = this.size()==0
```

4.2.4　属性的探究

　　Kotlin 的属性对应到 Java 中就是一个成员变量和它的 setter、getter 方法,把它们作为属性更符合面向对象的思想,例如一个对象有一个 name 属性,我们应该用只读属性或者可读写属性来表述它是否可修改,而不是用有没有 setter 方法来表述它是否可修改。Kotlin 的属性让人困扰的地方是它和 Java 的成员变量的声明形式是完全一样的,使用方法也和 Java 的 public 类型的成员变量一样,要更好地理解属性,我们可以认为在 Kotlin 代码中无法直接声明成员变量,只能声明属性,虽然 Kotlin 的代码看着像在直接操作成员变量,其实是在调用 setter 方法和 getter 方法。在 Kotlin 中使用 Java 代码的时候会自动将成对的 setter、getter 方法识别为一个可读写属性,如果只有 setter 方法,会识别成一个只读属性。这种做法在 Groovy 中也有,Gradle 的构建脚本就是使用 Groovy 编写的,在 Groovy 代码中可以直接使用 Java 代码,感觉像是 Java 中的私有成员变量被直接赋值,其实那只是 Groovy 把 setter 方法和 getter 方法识别成了一个可读写的属性,然后调用 setter 方法赋值。语言都是有共性的,理解了 Kotlin 的特性,对理解其他语言也是有帮助的。

　　Kotlin 的编译器为开发人员做了很多工作,例如类型自动推断,并非在运行的时候 JVM 推断出了类型,而是在编译阶段 Kotlin 编译器就推断出了类型,并且为开发人员的代码自动补上了类型声明,同理属性也是,当声明属性的时候,编译器会自动判断,并且根据情况为开发人员生成访问器和字段(field)。例如声明一个 String 属性:

```
        class DataItem {
            var name: String? = null
        }
```

　　通过 Kotlin 字节码反编译成 Java 代码,示例代码如下:

```
        // 通过 Kotlin 字节码反编译成的 Java 代码
        public final class DataItem {
            @Nullable
            private String name;

            @Nullable
            public final String getName() {
```

```
            return this.name;
        }

        public final void setName(@Nullable String var1) {
            this.name = var1;
        }
    }
```

可以清楚地看到编译器生成了成员变量和 setter、getter 方法，Kotlin 一行属性声明对应了 Java 代码的一个成员变量声明，以及这个成员变量的 setter、getter 方法的声明，那么到底应该怎么理解属性呢？

理解困难往往是因为开发人员的思维惯性，在 C++和 Java 中，可以直接把变量对应到内存中，它是内存中的一段空间，可以根据变量类型得出变量占用多少内存空间，setter 方法和 getter 方法也可以当作针对内存的操作，把一段内存空间和针对这段内存空间的操作封装成了一个对象的属性。在 Kotlin 中，一个属性就是字段和访问器的代码组合，也就是 Java 代码中成员变量和它的 getter、setter 方法。在使用属性的时候，赋值和读取操作不是对字段的直接操作，而是通过访问器进行操作的。示例代码如下：

```
val dataItem = DataItem()

//虽然和 Java 中直接给成员变量赋值一样,但这行代码实际是通过 setter 方法给属性 id 的字段赋值
dataItem.id = "001"

// 这行代码也是通过属性 id 的 getter 方法获取字段的值，然后进行打印
print(dataItem.id)
```

可以通过设置访问器的可见性来控制属性操作，例如，将属性的 setter 方法设置为 private，那么就不能给属性赋值了。示例代码如下：

```
class DataItem {
    var id: String? = null
        private set
}

fun main(args: Array<String>) {
    val dataItem = DataItem()
    // 这行代码会报错，编译器会告诉开发人员
    // Kotlin: Cannot assign to 'id': the setter is private in 'DataItem'
    dataItem.id = "001"
}
```

开发人员可以通过自定义 setter 和 getter 来控制属性访问器的行为，也可以通过可见性修饰来控制访问器的可见性，如果想直接改变字段的值，那么在 setter 方法和 getter 方法中，Kotlin 提供了一个备用字段 field，field 只能在 setter 方法和 getter 方法中使用。示例代码如下：

```
class DataItem {
    var id: String? = null
        set(value) {
```

```
            field = "id_$value"
        }
        get() {
            return field?.substring(3)
        }
}
```

这个备用字段并不是每个属性都有,只有在访问器中使用了 field 或者使用了默认的访问器时,编译器才会生成备用字段,例如下面的例子就不会有备用字段:

```
val isEmpty = get()== this.size()== 0
```

转换为 Java 代码后,只有一个函数。示例代码如下:

```
public final boolean isEmpty() {
    return this.size()== 0;
}
```

4.3 继承和接口

继承与接口都能实现代码重用,从而提高开发效率。这一节将会重点介绍这两个重要特性。

4.3.1 继承

继承是面向对象语言的一个基本特征,如果一个类 A 继承了一个类 B,那么就称 A 是 B 的子类,或者派生类,称 B 为 A 的父类,或者超类。类的继承关系就像父子一样,子类会继承父类的属性和方法,同时子类可以有自己的属性和方法。

在 Kotlin 中,继承默认是被关闭的,是不是很奇怪?类默认不允许被继承,其次父类中的属性和方法在默认情况下是不允许被覆盖的。在 Java 中,把不希望被继承的类和属性使用 final 修饰,来阻止继承。而 Kotlin 则相反,需要把希望被继承的类和属性使用 open 来修饰,来打开继承。示例代码如下:

```
open class Button { // Button 是开放的类,可以被继承
    // id 的属性不是 open 的,在子类中不能重写 id 的 setter 方法和 getter 方法
    var id: String? = null

    // backgroundUrl 的属性是 open 的,可以在子类中覆盖 backgroundUrl 的 setter 方法和 getter 方法
    open var backgroundUrl: String? = null

    // 没有使用 open 声明的方法,不能在子类中覆盖
    fun disable() {}

    // 使用 open 声明的方法,可以在子类中覆盖
    open fun click() {}
}
```

在 Java 中，经常继承 Library 或者 SDK 中的一个类，稍加修改，就能实现对现有功能的扩展。就像在 Android 开发中，继承一个 Button，然后重写 Button 的绘制方法，就能在 Button 上面添加一个未读消息的提示，重写触屏方法，就能添加一些按下的效果，但是 Button 的开发人员在编写代码的时候，并没有把这些方法设计为专门用来继承的，如果在后续版本中对 Button 的绘制方法和触屏方法进行了修改，那么现有代码就会出现问题。Kotlin 的这种设计与其说是为了避免出现错误，倒不如说是"坚持自己"的哲学，因为继承在面向对象中使用得太普遍了，开发人员往往忽略了它的存在，而只有使用 open 才能继承的设计，可以提醒开发人员认真考虑哪些类、哪些属性需要被继承，而不是让继承被滥用。

如果需要继承一个类，那么只需要在类头后加冒号，后面跟父类，示例代码如下：

```
class ImageButton: Button() {
}
```

父类 Button 声明的时候加"()"，执行 Button 的构造，如果子类提供了主构造函数，那么父类的构造必须紧跟子类的主构造函数，格式如下：

```
class CustomView(context: Context) : View(context) {
}
```

如果子类没有提供主构造函数，只有二级构造函数，那么父类必须在每个二级构造函数中初始化，初始化的方法是在二级构造函数后面写一个冒号，然后使用 super 关键字初始化父类。示例代码如下：

```
class CustomView : View {
    constructor(context: Context) : super(context) {
    }

    constructor(context: Context, attrs: AttributeSet) : super(context, attrs) {
    }
}
```

父类初始化的原则就是每当执行子类构造的时候，必须先执行父类的构造，所以每当构造一个子类的时候，必须能够通过子类的构造函数找到父类的构造函数。因为构造函数有显式和隐式的声明，所以有时候父类的构造函数也可以变成隐式的，例如 Button 类的构造函数没有参数，在子类的二级构造函数中就不用显式地声明父类的构造了，可以这样写：

```
class ImageButton : Button {
    constructor()
}
```

完整的写法应该是这样的：

```
class ImageButton: Button {
    constructor(): super()
}
```

但是 super 没有参数，这个编译器是能知道的，之前一直在说，Kotlin 的编译器能帮开发人员做很多事情，例如，编译器可以帮开发人员自动加上无参数的 super，就不用开发人员自己动手了。这个类最简洁的写法如下所示：

```
class ImageButton: Button() {
}
```

Any 是 Kotlin 中所有类的基类，如果一个类没有声明自己的父类，那么该类默认继承自 Any。Any 并不是 Java 中的 Object，它只有 equals、hashCode 和 toString 三个方法，类的内容如下所示：

```
public open class Any {
    public open operator fun equals(other: Any?): Boolean
    public open fun hashCode(): Int
    public open fun toString(): String
}
```

4.3.2 重写方法

在 Kotlin 中，只有用 open 声明的方法和属性才能被重写，子类中重写的方法必须使用 override 声明。示例代码如下：

```
open class View {
    open fun onDraw() {}
    fun draw() {}
}

class Button : View() {
    override fun onDraw() {}
}
```

Kotlin 中 override 的注解是必须的，在 Java 中也有 @Override 的注解，但不是强制的。子类中 override 的方法是 open 的，可以被下一级的子类重写，如果不希望被重写，那么可以使用 final 来这样声明：

```
open class Button: View() {
    final override fun onDraw() {}
}
```

4.3.3 重写属性

属性由字段（field）和 getter、setter 方法组成，字段是不能被覆盖的，所以重写属性可以被认为只是重写属性中的 getter 方法和 setter 方法。属性的重写要注意以下几点：

1）只有 open 的属性可以重写，重写的属性必须和被重写的属性类型相同。

2）val 属性可以被重写为 var 属性，但是 var 属性不允许被重写为 val 属性，这是因为 val 属性只有 getter 方法，使用 var 属性重写 val 属性相当于为 val 属性添加了一个 setter 方法，反之则是把 var 属性的 setter 方法屏蔽了，这是不允许的。示例代码如下：

```
open class Foo {
    open val x: Int = 1
    open var y: Int = 2
}

class Bar1 : Foo() {
    // 虽然重写了属性，但是只是重写了初始值
    override val x: Int = 2
    override var y: Int = 3
}

class Bar2 : Foo() {
    // 将 val 属性重写为 var 属性，重写了 getter、setter 方法
    override var x: Int = 1
        get() {
            return field * 2
        }
        set(value) {
            field = value + 1
        }

    // 重写了 y 的 getter、setter 方法
    override var y: Int = 3
        set(value) {
            field = value + 1
        }
        get() {
            return field – 1
        }
}
```

也可以直接在主构造函数中声明重写的属性：

```
class Bar3(override var x: Int) : Foo() {
}
```

4.3.4 抽象类

类的属性和方法可以被声明为 abstract（抽象），抽象成员不能在本类中实现，只要是含有抽象成员的类，就是抽象类，必须用 abstract 声明。抽象类不能实例化，简单来说，不能被构造出来。抽象类是专门用来被继承的，所以所有的抽象类都一定是 open 的，不必再用 open 声明，如果一个类继承了抽象类，那么它必须实现该抽象类的所有抽象方法和属性，否则，这个类也必须声明为抽象类。示例代码如下：

```
abstract class Foo {
    abstract fun test(): Int
    abstract fun test2(): Int
}
```

```kotlin
// 因为 Foo2 实现了 test2 方法但是没有实现 test 方法，所以 Foo2 仍然是抽象类
abstract class Foo2 : Foo1() {
    override fun test2(): Int {
        return 2
    }
}

/*
 * Bar 实现了 test 方法，同时从 Foo2 继承了 test2 方法，Bar 本身没有声明抽象方法，
 * class 之前也没有 abstract，所以 Bar 不是抽象类。
 */
class Bar : Foo2() {
    override fun test(): Int {
        return 1
    }
}
```

4.3.5 接口

（1）接口声明

接口和抽象类一样，也是专门用于被继承的，它和抽象类最大的不同就是一个类可以实现多个接口。如果说抽象类是专门实现类功能的扩展，那么接口就像协议一样，它不实现任何功能，也不保存任何状态，只要一个类实现了一个接口，那么就可以认为这个类遵守了协议，不用去查看类的内容，只管调用就可以了。Kotlin 使用 interface 关键字类定义接口，接口中的抽象方法是可以有默认实现的。示例代码如下：

```kotlin
interface MyInterface {
    fun foo()

    // 有默认实现的接口方法
    fun bar() {
        print("hello")
    }
}

class ClassA : MyInterface {
    // foo 方法没有默认实现，必须在子类中实现
    override fun foo() {
    }
}
```

如果一个类实现了接口但是没有实现其中的抽象方法，那么这个类只能是抽象类。示例代码如下：

```kotlin
abstract class ClassB : MyInterface {
}
```

以上的代码在声明接口继承的时候并没有在接口名字后面加"()"，这是因为接口不需要

构造，也没有构造函数。

（2）接口的属性

在 Kotlin 中接口可以有属性，但是接口中的属性不能有幕后字段（backing field）。之前提到过，接口是一种协议，不能保持状态，所以接口不会在内存中拥有一块区域来保存数据。属性其实在 Java 中对应的就是一个成员变量和它的 getter、setter 方法。在类中，属性可以有成员变量，但在接口中，属性只能有 getter、setter 方法。在 Kotlin 代码中，声明接口属性的时候，只能声明抽象属性，或者有默认访问器实现的属性，当然，访问器中是不允许有 field 关键字的。示例代码如下：

```
interface MyInterface {
    // 抽象属性
    val foo: Int

    // 带有访问器默认实现的属性
    val bar: Int
        get() = 1
}
```

当然，在 Kotlin 中声明了一个抽象属性，可以简单地认为是声明了抽象的 setter、getter 方法，例如把最简单的一个接口转换为 Java 代码。示例代码如下：

```
// Kotlin 接口，转换前的代码
interface MyInterface {
    var foo: Int
    val bar: Int
}
// Java 接口，转换后的代码
public interface MyInterface {
    int getFoo();
    void setFoo(int var1);
    int getBar();
}
```

（3）接口的冲突问题

既然能继承多个接口，那么可能会遇到不同接口有相同的抽象方法的问题，更复杂的情况就是方法名字相同，但是默认实现不同，例如下面的情况：

```
interface A {
    fun foo() {
        print("foo A")
    }
    fun bar() {
        print("bar B")
    }
    fun baz()
}

interface B {
```

```
        fun foo() {
            print("foo B")
        }
        fun bar()
        fun baz()
    }

    class D : A, B {
        // ...
    }
```

如果相同名字的方法在多个接口中出现了，那么必须在类中实现这个接口，这是为什么呢？

首先，如果这个方法在所有的接口中都没有默认实现，那么基于接口中的抽象方法必须在类中实现的原则，像上面的 baz() 方法必须在类 D 中实现。

第二种情况，bar() 方法在 A 中有默认实现，在 B 中没有默认实现，如果把这个对象作为接口 B 来调用，如下所示：

```
val b: B = D()
b.bar() //如果 D 没有实现 bar() 方法，那么这行代码该怎么执行呢？
```

那么这时候 B 的 bar() 方法是没有实现的，所以类 D 必须实现 bar() 方法。

最后一种情况，foo() 在 A 和 B 中都有默认实现，但是如果不在 D 中实现这个方法，那么当调用 foo() 的时候就无法区分是使用了 A 的默认实现还是使用了 B 的默认实现，所以 foo() 方法也必须在 D 中实现。

对于有多个默认实现的抽象方法，可以使用 super<>来调用指定的默认实现。示例代码如下：

```
class D : A, B {
    override fun foo() {
        // 调用 A 的默认实现
        super<A>.foo()
        // 调用 B 的默认实现
        super<B>.foo()
    }

    override fun bar() {
        // bar()方法只有 A 有默认实现，直接使用 super 调用
        super.bar()
    }

    override fun baz() {
    }
}
```

4.4 可见性修饰

所谓可见性修饰，也就是 Java 中的 private、public 等这些属性，Kotlin 中有四种可见性

修饰词：private、protected、internal、public。

类、对象、接口、构造函数、方法、属性以及属性的 setter 都可以有可见性修饰符（getter 方法总是和属性的可见性相同）。可见性修饰符被添加在声明之前，用来控制相关内容的可见范围。

4.4.1 顶层声明的可见性

在 Java 中一个文件只能有一个 public class，在 Kotlin 中一个 kt 文件可以有属性、函数、对象、类和接口，这些都可以在文件顶层声明。示例代码如下：

```
package com.example.kotlin
fun foo() {}
var bar: Int = 1
class Baz() {}
```

对于这些顶层声明：如果没有指定可见性修饰符，那么默认可见性为 public，也就是在任何地方都是可见的。如果可见性修饰为 private，那么只有在 kt 文件内是可见的。如果可见性修饰为 internal，那么在相同的模块内是可见的。

官方文档对于模块是这样定义的：一个模块是编译在一起的 Kotlin 文件，包括：

1）一个 Intelli IDEA 模块。
2）一个 Maven 或者 Gradle 项目。
3）Ant 任务执行所编译的一套文件。

这个描述比较难以理解，下面通过 Java 到 Kotlin 的转换工具来做个测试。
转换前的类如下所示：

```
class Foo {
    int bar = 1;
}
```

转换为 Kotlin 后如下所示：

```
internal class Foo {
    var bar = 1
}
```

通过转换的结果可以看出，internal 对应的就是 Java class 声明的默认可见修饰符，也就是包范围内可见。在 Kotlin 中，使用 internal 修饰的顶层声明，在所有 package 声明相同的文件内可见。示例代码如下：

```
// 文件：test.kt
package com.example.kotlin
private fun foo() {}          // 在文件 test.kt 中可见
public var bar: Int = 1  // 该属性在任何地方可见，可访问该属性的 getter 方法
    private set               // setter 只在 test.kt 中可见，只有在该文件中能访问 setter 方法
internal class Baz() {} // 在所有包声明为 package com.example.kotlin 的文件中可见
```

4.4.2 类成员的可见性

对于类的内部成员，可见性修饰符对应的可见范围如下。
1）private：可见范围为这个类。
2）protected：可见范围为这个类和它的子类。
3）internal：同一模块内的类可见。
4）public：任何地方都是可见的。

示例代码如下：

```kotlin
// 文件 simple1.kt
package com.example.kotlin

open class Base {
    private val a = 1
    protected open val b = 2
    internal val c = 3
    val d = 4

    protected class InnerClass {
        val e = 5

        fun foo(base: Base) {
            // InnerClass 在 Base 内，可以访问 Base 的所有属性
            print(base.a + base.b + base.c + base.d)
        }
    }
}

class SubClass : Base() {
    fun bar() {
        // Base 类的属性 a 为 private，只在 Base 类内可见，在此处不可见
        val inner = InnerClass() // InnerClass 为 protected，对 Base 的子类可见
        print(inner.e)      // e 为 public，只要能访问 InnerClass，就能访问 e
        print(b)            // b 在 Base 的子类中可见
        print(c)            // c 在同模块下可见，可以认为是在相同包声明的文件下可见
        print(d)            // d 在任何地方都是可见的
    }
}

class ThirdClass {
    fun bar(base: Base) {
        // InnerClass 为 protected，只有在 Base 类和 Base 的子类中是可见的
        // Base 类的 a 属性只有在 Base 类内是可见的
        // Base 类的 b 属性只有在 Base 类和 Base 类的子类中是可见的
        print(base.c)       // ThirdClass 和 Base 在同一个包声明下，c 属性是可见的
        print(base.d)       // d 属性在任何地方都是可见的
    }
}
// simple2.kt
```

```
package com.example.kotlin
class Foo {
    fun bar(base: Base) {
        // Foo 和 Base 虽然在不同的文件，但是在同一个包声明下，Base 的属性 c 对 Foo 是可见的
        print(base.c)
    }
}
```

4.4.3 构造函数的可见性

如果要指定一个类的构造函数的可见性，那么必须要使用 constructor 关键字显式地声明一个构造函数，然后在 constructor 前面添加可见性修饰符。构造函数属于类成员的范畴，所以添加可见性修饰符后的可见范围和普通函数是一致的，如果把主构造函数声明为 private，那么就只能在类内进行调用了。示例代码如下：

```
// 文件 simple_3_4_3.kt
package com.example.chapter3
// Foo 的主构造函数为私有的，只有在类内可以执行构造
class Foo private constructor(val value: Int) {
    class Builder {
        var value: Int = 0
        fun withValue(value: Int): Builder {
            this.value = value
            return this
        }

        fun build(): Foo {
            // Builder 在类 Foo 内部，可以访问 Foo 的私有构造函数
            return Foo(value)
        }
    }
}

// Foo 的构造函数为 private，即使在同一个文件内，也不能构造一个 Foo，下面的代码是错误的
// val foo = Foo(1)
```

4.5 单例和伴生对象

单例（object）是一个设计模式的概念，Java 中的单例模式是通过 static 关键字来实现的，由于 Kotlin 中没有 static 方法，因此只能通过伴生对象来实现，下面将会详细介绍如何在 Kotlin 中实现单例模式。

4.5.1 单例

因为 Kotlin 移除了 static，所以在 Kotlin 中没有静态变量或者全局变量的概念了，也许有人说 static 是 Java 的东西，Kotlin 是一门全新的语言，可以忽略掉 static，这样虽然不影响使

用 Kotlin 进行开发，但是不利于理解 Kotlin。要理解 Kotlin 的单例和伴随对象(companion object)，还是要借助 Java 的 static。

单例模式可以说是 Java 中最常见的设计模式了，也可以说是最容易实现的设计模式，Java 开发人员应该随手就能写出一个最简单的单例。示例代码如下：

```java
// java 单例的实现
public class Singleton {
    private static Singleton instance;

    private Singleton() {
    }

    public static Singleton getInstance() {
        if (instance == null) {
            instance = new Singleton();
        }
        return instance;
    }
}
```

单例模式的实现就是依赖 static 变量的特性，在进程中只有一份。只要保证仅在这个变量为空的时候构造对象，并给这个 static 变量赋值，就能保证构造的对象在进程中只有一份。

既然单例模式使用得这么频繁，Kotlin 就直接在语言层面支持了单例模式。在 Kotlin 中使用单例模式的时候，不用写那么多代码，直接使用 object 关键字就可以了。示例代码如下：

```kotlin
// kotlin 单例的实现
object Singleton {
}
```

把上面的 Kotlin 代码转换为 Java：

```java
public final class Singleton {
    public static final Singleton INSTANCE;
    private Singleton() {
        INSTANCE = (Singleton)this;
    }
    static {
        new Singleton();
    }
}
```

转换后的代码就是标准的 Java 单例模式的实现，和上面 Java 的单例实现的区别就是，上面 Java 的单例是懒加载的形式，在使用的时候才会初始化，Kotlin object 声明的单例则是在类加载的时候初始化。懒加载的好处是使用时才加载，不使用就不加载，不会造成浪费，但是需要考虑线程安全，因为两个线程同时 getInstance 的时候可能会初始化两次。object 单例在类加载的时候就会初始化，不会有线程同步的问题，但是不管有没有使用到单例，都会初始化，会造成浪费，作为严谨的开发人员，不能简单地只使用 object 来声明单例。Kotlin 中懒加载的单例模式，要用到 companion object，这个会在之后的章节介绍。

object 除了单例的使用场景外，还有就是公共方法集，在 Java 中经常会封装一个类为公共方法，像下面这样：

```
public class CommonUtils {
    public static final String LOG_TAG = "log_tag";
    public static void log(String message) {
        //...
    }

    public static String getAppName() {
        return "";
    }
}
```

因为 Java 中的 static 函数是在类加载的时候就初始化了，所有 static 函数不用构造类而在任何地方都可以使用，这个和 Kotlin 的 object 一样，所以在 Kotlin 中只要公共方法声明在 object 内就可以了。示例代码如下：

```
object CommonUtils {
    const val LOG_TAG = "log_tag"
    val appName: String
        get() = ""

    fun log(message: String) {
        //...
    }
}
```

上面的代码有个小细节，出现了 const 关键字，const 只能在以下的条件下使用。
1）顶层声明中或者在一个 object 中。
2）只能声明 String 类型或者基本数据类型。
3）没有自定义的 getter。
使用 const 声明的属性是编译时的常量，不允许修改，可以把在程序运行期间不会被修改的变量声明为 const，这将提高编译和运行效率。
object 也可继承一个父类，示例代码如下：

```
object DataManager: Manager() {
}
```

但是一个 object 是不能继承另一个 object 的。

4.5.2 伴生对象

使用 object 声明的是一个单例对象，如果想在类中声明 static 类型的变量，那么需要使用 companion object，声明方式如下：

```
class Foo private constructor(val bar: String) {
    // companion object 必须声明在类内
```

```kotlin
    companion object {
        // companion object 的属性和方法都是 static 的
        const val LOG_TAG = "Foo"

        fun print(foo: Foo) {
            print(LOG_TAG + ":" + foo.bar) // 可以直接访问类的私有属性
        }

        fun createFoo(bar: String): Foo {
            return Foo(bar) // 可以访问类的私有构造
        }
    }
}
```

对于 companion object，有以下几点需要注意的。
1）从名字就能推断出，companion object 只能声明在类内，和一个类伴生。
2）companion object 在加载类的时候进行初始化，使用的时候不需要类的实例。
3）在 companion object 内可以直接使用类的私有属性和方法。
4）companion object 内的属性和方法可以加可见性修饰符，作用和类内的可见性修饰符一致。

类的全局变量是 companion object 的一个使用场景，例如 Person 类的性别，示例代码如下：

```kotlin
class Person constructor(val gender: String) {
    // companion object 可以有名字
    companion object Common {
        const val MALE = "male"
        const val FEMALE = "female"
    }
}

val person = Person(Person.FEMALE) // 可以通过类名直接访问 companion object 的属性
val person2 = Person(Person.Common.MALE) // 通过类名和 companion object 的名字访问其属性
```

回到上面说到的单例的问题，使用 object 声明的单例是在类加载的时候初始化的，开发人员若需要一个在使用时初始化的单例，并且不需要线程同步，在 Java 中可以使用静态内部类的方式实现，如下所示：

```java
public class Singleton {
    private static class SingletonHolder {
        private static final Singleton INSTANCE = new Singleton();
    }

    public static Singleton getInstance() {
        return SingletonHolder.INSTANCE;
    }

    private Singleton() {
```

}

下面解释一下为什么这样是安全的。

1）首先 Java 虚拟机在类加载的时候能保证是线程安全的。

2）把 Singleton 的构造函数声明为 private，在外部是不能访问的，这样能保证 Singleton 只有一个初始化的地方。

3）静态内部类只有在使用的时候才会加载类，只有在加载的时候才会初始化 INSTANCE，所以只有当 getInstance()调用的时候，才会执行 Singleton 构造。

我们只要把上面的 Java 代码转换为 Kotlin 就可以实现一个线程安全的懒加载的单例，示例代码如下：

```
class Singleton private constructor() {
    companion object {
        fun getInstance(): Singleton {
            return Inner.INSTANCE
        }
    }

    private object Inner {
        val INSTANCE = Singleton()
    }
}
```

4.6 嵌套类和内部类

在 Kotlin 中，类可以被声明在另外一个类的内部，这样的类被称为内部类或者嵌套类。二者的区别也是面试笔试中的一个热点问题。下面将分别介绍嵌套类与内部类。

4.6.1 嵌套类

一个类可以声明在另一个类的内部，称这样的类为嵌套类。示例代码如下：

```
class Outer {
    private val bar: Int = 1

    class Nested { // Nested 为一个嵌套类
        fun foo() = 2

        fun getBarFromOuter(outer: Outer): Int {
            return outer.bar
        }
    }
}

fun main(args: Array<String>) {
    val outer = Outer()
    val nested = Outer.Nested()
```

```kotlin
            println(nested.foo()) // 输出结果为 2
            println(nested.getBarFromOuter(outer)) // 输出结果为 1
}
```

上面的代码中，Nested 是一个嵌套类，我们可以称 Outer 为 Nested 的外部类。嵌套类有一个特性，那就是外部类的所有属性对嵌套类都是可见的，上面的示例中，bar 的可见性是 private，是不能直接访问的，但是我们可以通过 Nested 对象获取到 bar 的值。这个特性最常见的应用就是 Builder，示例代码如下：

```kotlin
class Data private constructor(id: String, num: Int) {
    var id: String = id
        private set
    var num: Int = num
        private set

    class Builder {
        private lateinit var id: String
        private var num: Int = 0

        fun id(id: String): Builder {
            this.id = id
            return this
        }

        fun num(num: Int): Builder {
            this.num = num
            return this
        }

        fun build(): Data {
            return Data(id, num)
        }
    }
}

fun main(args: Array<String>) {
    val data = Data.Builder()
        .id("1")
        .num(2)
        .build()
}
```

上面的例子中，Data 类的构造方法是私有的，我们只能通过它的嵌套类 Builder 来创建一个 Data 类，这样就保证了 Data 类创建后不可修改。Kotlin 的嵌套类其实对应的是 Java 中的静态内部类。

4.6.2 内部类

内部类也是声明在其他类的内部，属于嵌套类的一种，声明内部类的时候需要添加 inner。

示例代码如下：

```kotlin
class Outer {
    private val bar: Int = 1

    inner class Inner {
        fun foo() = bar  // 内部类可以直接使用外部类的成员
    }

    fun createInner(): Inner {
        return Inner()
    }
}

fun main(args: Array<String>) {
    val outer = Outer()
    val value = outer.Inner().foo()  // 内部类必须有一个外部类的对象来初始化
}
```

内部类和普通的嵌套类是有很大区别的，首先内部类隐含有外部类的 this 引用，可以直接使用外部类的属性和方法。其次，内部类不能直接创建，要创建内部类必须有一个外部类的对象，上面的示例中展示了创建内部类的两种方法，一是直接在外部类中创建，二是通过一个外部类对象来创建。

4.7 对象表达式

这里说的对象表达式和对象声明其实都是对应 Java 中的匿名内部类，Java 中的匿名内部类使用非常频繁，如果把所有的匿名内部类都变成"实名"的，那么也许会比项目中所有的类声明都多。Java 中匿名内部类的使用方式主要有以下两种。

（1）继承一个抽象类或者实现一个接口。示例代码如下：

```java
public interface OnClickListener {
    void onClick(View v);
}

//...
View.OnClickListener listener = new View.OnClickListener() {
    @Override
    public void onClick(View v) {
        //...
    }
};
```

继承一个类，重写类的某个方法。示例代码如下：

```java
public class Baz {
    public void foo() {
        System.out.println("foo");
```

```java
        }
    }
    // ...
    Baz baz = new Baz() {
            @Override
            public void foo() {
                super.foo();
                // ...
            }
    };
```

这些类没有名字，只会使用一次，让开发人员不必为了一个小的改动而重新声明一个类，同时在 Java8 之前，匿名内部类还承担了函数参数传递"操作"的功能。使用匿名内部类最终的结果是创建了一个对象，所以在 Kotlin 中，使用 object 这个关键字来声明匿名类的对象。示例代码如下：

```kotlin
val listener: OnClickListener = object : OnClickListener {
    override fun onClick(view: View) {
        // ...
    }
}
```

当然也可以直接在函数中使用匿名对象，示例代码如下：

```kotlin
view.setOnClickListener(object : OnClickListener{
    override fun onClick(view: View) {
        // ...
    }
})
```

声明匿名对象时，必须指定一个父类，并且只能指定一个父类，如果父类有构造参数，那么必须传递相应的构造参数。有一点和 Java 的匿名内部类不同，Kotlin 的匿名对象在声明的时候可以继承接口。示例代码如下：

```kotlin
abstract class A(value: Int, name: String) {
    // ...
}

interface B {
    // ...
}

fun main(args: Array<String>) {
    // 匿名对象必须为父类传递对应的构造参数，可以继承多个接口
    val foo  = object : A(1, "hello"), B {
        // ...
    }
}
```

除了实现抽象方法和重写现有方法外，还可以为匿名对象添加新的属性和方法。示例代码如下：

```kotlin
val clickListener = object : OnClickListener {
    var isClicked = false
    override fun onClick(view: View) {
    }

    fun performClick(view: View) {
        onClick(view)
    }
}

// 匿名对象新添加的属性和方法可以直接使用
clickListener.isClicked
clickListener.performClick(view)
```

在匿名内部类中，也可以声明新的成员变量和方法，但是新添加的类成员只能在匿名内部的类内部使用，Kotlin 的匿名对象新添加的成员可以在外层的代码块中直接使用，既然这样，声明一个 Any 类型的匿名对象也就有意义了。示例代码如下：

```kotlin
val foo = object {
    val bar = "hello"
}

print(foo.bar) // 输出：hello
```

声明匿名对象 foo 的时候没有显式的指定父类，默认继承 Any，由于新添加的成员可以在外层直接访问，相当于完整的类声明，也省去了给一个只使用一次的类起名字的烦恼，如果在 Java 中声明一个继承自 Object 的匿名内部类，就有些画蛇添足了。示例代码如下：

```java
Object object = new Object() {
    public int foo = 1;
    public void bar() {
        // ...
    }
};

// object.foo 和 object.bar() 都不能直接调用，由于 Object 是所有类的基类，本身没有实质的功能，
//所以继承自 Object 的匿名内部类基本没有什么作用。
```

对象表达式可以访问闭合范围内的变量，Java 的匿名内部类中只能访问 final 类型的变量，Kotlin 则没有这个限制。示例代码如下：

```kotlin
var foo = ""
val clickListener = object : OnClickListener {
    override fun onClick(view: View) {
        print(foo)
    }
}
```

object 关键字除了声明匿名对象外，还使用在了声明单例上，在 Java 中，这两个功能并不相干，Java 语言甚至都没有专门的单例功能。Kotlin 的 object 关键字把两个看似不相干的功能结合在了一起，但是仔细一想，不管是单例对象还是匿名对象，都是有且只有一个对象，每个 object 关键字都对应一个对象，这也许是 Kotlin 设计者的初衷。

4.8 枚举类

Kotlin 声明枚举类型的方式是使用 enum class，枚举最简单的使用方式是列出集合的所有成员，让程序安全地使用。示例代码如下：

```kotlin
enum class Gener {
    MALE,
    FEMALE
}
```

每个枚举都是枚举类的一个实例，既然是类的实例，初始化的时候必须要使用类的构造函数，如果构造函数有参数，那么枚举成员声明的时候必须传入指定参数。示例代码如下：

```kotlin
enum class Color(val rgb: Int) {
    RED(0x00FF0000),
    GREEN(0x0000FF00),
    BLUE(0x000000FF)
}

print(Color.RED.rgb)
```

开发人员可以在枚举类中声明属性和方法，作为枚举类的实例，所有枚举成员都有这些属性和方法。示例代码如下：

```kotlin
enum class Foo {
    A,
    B;

    val boz = ""
    fun bar() {
    }

}

// ...
Foo.A.boz
Foo.B.bar()
```

当然，开发人员可以通过对象表达式重写枚举类的属性和方法。示例代码如下：

```kotlin
enum class Foo {
    A {
```

```kotlin
        override var boz = "a"
        override fun bar() {}
    },
    B;

    open val boz = "boz"
    open fun bar() {
    }
}

//...

print(Foo.A.boz) // 输出：a
```

枚举类提供了通过名字获取枚举常量和列举所有枚举常量的方法。示例代码如下：

```kotlin
enum class Gender {
    MALE,
    FEMALE
}

fun main(args: Array<String>) {
    println(Gender.valueOf("MALE"))
    Gender.values().forEach {
        println(it)
    }
}
```

输出结果：

```
true
MALE
FEMALE
```

所有枚举常量都有两个比较有用的方法：name() 和 orindal()，它们分别可以获取枚举的名字和序号，序号从 0 开始，是枚举常量声明时的顺序，同时枚举类实现了 Comparable 接口，可以进行比较和排序，对比的依据就是声明时的序号。

4.9 泛型

Kotlin 和 Java 都支持多态，多态是一种泛化的设计，如果一个方法的参数类型为 A，那么该方法可以接受所有 A 的子类或者 A 作为参数,这样设计的好处是如果之后子类有了修改，或者有新的子类，那么开发人员不用对方法进行修改。一个常见的例子就是 Java 中的 List，开发人员在使用列表的时候，应该尽量使用 List 作为方法的参数类型，以后如果代码有修改，只要这个方法传入的列表类型是继承自 List，那么这个方法就不用修改。示例代码如下：

```java
public static void foo(List<String> list) {
    //...
```

```
        foo(new ArrayList<>());        //一开始使用的是 ArrayList
        foo(new LinkedList<>());       // 如果之后使用 LinkedList, 那么方法不用做任何修改
    //...

        class CustomList implements List<String> {
            //...
        }

        foo(new CustomList());        // 如果使用新类, 那么只要实现了 List 接口, 就可以直接使用该方法
```

继承和多态在这里有两个作用：

1）功能的通用性。同一个方法，可以被不同的子类使用。

2）功能的扩展性。如果以后有新的实现，那么可以不必修改方法的内容，开发人员可以预先定义抽象类或接口，之后根据需要来实现不同的功能，相当于为"未来"进行编码设计。

但是通过继承，只能实现单一的功能，开发人员希望的是编写更加通用的代码，可以适用于所有类型，这就是泛型解决的问题。

泛型绝对是一个很难掌握的东西，List、Map、Set 等这些都用到了泛型，每个开发人员也都会用到，但是有时泛型真是让人抓狂，就像下面的 Java 代码：

```
        public class Foo<M, N> {
            public <T extends Comparable<N>> List<Map<M, T>> getEntry(N key) {
                //...
            }
        }
```

这样写是完全没有问题的，编译器不会报错，不过使用这段代码的人肯定会摸不着头脑。对于泛型，如果理解不够，那么很难知道泛型能够做什么，也不知道泛型不能够做什么。

泛型允许开发人员在强类型程序设计语言中编写代码时使用一些以后才指定的类型，在实例化时作为参数指明这些类型。简单地说，就是为之后的编码预留位置，同时为这些位置添加约束，确保不会出错。Kotlin 和 Java 一样支持泛型，使用方法类似，但是结合 Kotlin 的 lambda 表达式和类型自动推断，泛型的使用方法更为灵活，理解起来也就稍微困难一些。

4.9.1 泛型的使用方法

泛型可以用在类、方法和接口，使用的时候，在"<>"内声明泛型参数，类的泛型参数声明紧跟在类名后面。示例代码如下：

```
        class Foo<T>(t: T) {
            val bar: T = t
        }
```

在创建有类型参数的类的实例的时候，必须提供类型参数，示例代码如下：

```
        val foo1 = Foo<String>("foo")
        print(foo1.bar) // 输出: foo
```

```
val foo2 = Foo<Int>(1)
print(foo2.bar) // 输出: 1
```

如果类型参数是可以被推断出来的,那么可以忽略构造时的类型参数,例如上面的代码,使用自动推断后变为:

```
val foo1 = Foo("foo")
print(foo1.bar) // 输出: foo

val foo2 = Foo(1)
print(foo2.bar) // 输出: 1
```

对于类型 T,在使用的时候,可以为一个类指定多个类型参数,使用","分割。示例代码如下:

```
class Foo<T, M>(t: T, m: M) {
    val bar = t
    val boz = m
}

val foo = Foo("foo", 1)
print("${foo.bar}, ${foo.boz}") // 输出: foo, 1
```

方法也可以使用泛型,为方法添加类型参数时,声明放在 fun 关键字和名之间,泛型方法在调用的时候需要指定类型参数,如果能够自动推断出类型,那么参数也可以省略。示例代码如下:

```
fun <T> func(t: T) {
    print(t)
}

func<String>("boz") // 输出: boz
func(1) // 自动推断出类型参数, 输出: 1
```

4.9.2 协变和逆变

协变和逆变是两个很难理解的概念,它们是用来描述类型转换后的继承关系的,如果 A 和 B 表示类型,f()表示类型转换,那么协变和逆变的定义如下。

1)当 A 继承 B 时,如果 f(A)继承 f(B),那么 f 是协变的(covariant)。
2)当 A 继承 B 时,如果 f(B)继承 f(A),那么 f 是逆变的(contravariant)。
3)如果上面两点都不成立,那么 f 是不变的(invariant)。

只看定义很明白,抽象一下,有两个类型,苹果和水果,苹果和水果在面向对象编程中是继承关系,苹果继承自水果,可以说苹果是水果,因此:

1)如果一车苹果是一车水果,那么这就是协变。
2)如果一车水果是一车苹果,那么这就是逆变。

3）如果一车水果不是一车苹果，那么这是不变。

Java 数组的设计是协变的，即 String[]是继承自 Object[]，可以把 String[]作为 Object[]的子类来使用，但是 Java 数组的这种设计是有缺陷的，例如下面的例子：

```java
public class Test {
    static class Fruit {
    }

    static class Apple extends Fruit {
    }

    static class Orange extends Fruit{
    }

    public static void main(String[] args) {
        Fruit[] fruit = new Apple[2];
        fruit[0] = new Apple();
        fruit[1] = new Orange(); //将 Orange 对象赋值给了 Apple 数组，会产生 ArrayStoreException 异常
    }
}
```

在上面的例子中，因为 Apple[]是 Fruit[]的子类，所以可以使用父类的引用 fruit 指向子类 Apple[]，由于 Orange 是 Fruit 的子类，将一个 Orange 对象放到 Fruit 数组中应该是没问题的，代码可以通过编译，但真正运行的时候，是将一个 Orange 对象放置到 Apple 数组中，Orange 不是 Apple 的子类，这是不允许的。

如果泛型是协变的，那么也会出现类似的错误。示例代码如下：

```java
List<String> strings = new ArrayList<>();
List<Object> objects = strings; // Java 泛型是不变的，这行代码是错误的，类型不匹配

//假设上面的代码可以通过编译
objects.add(1); // objects 可以接收 Object 和 Object 的子类，也就相当于可以接收所有类型的对象

/*
 *   List<String> 的 get 方法返回类型是 String，但是上面一行代码，
 * 在列表放入的第一个元素是 Integer 类型，运行时会出现错误
 */
String s = strings.get(0);
```

为了避免这样的错误，Java 和 Kotlin 的泛型是不变的，也就是说一个 List<String>和 List<Object>没有继承关系，对于一个是泛型的类 Foo 来说，Foo<String>不是继承自 Foo<Object>的，Foo<String>是不能向上转型为 Foo<Object>的，因此，下面的调用是不允许的：

```kotlin
open class A {}
class B : A() {}
class C<T> {}

fun foo(foo: C<A>) {
```

```
        // ...
    }

    val c = C<B>()
    foo(c) // C<B>不是C<A>的子类，所以这样的调用是不允许的
```

4.9.3 泛型的 out 和 in

Java 和 Kotlin 泛型的实现是基于类型擦除的，开发人员编写的代码在实际运行的时候是没有类型参数的，也就是说 List<String>对象在实际运行的时候是 List 对象，并没有泛型参数，如果通过一些 Hack 的方法在运行的时候往这个 List 对象插入其他类型到实例，那么也是可以的。那么泛型的作用是什么呢？泛型其实是用在编译阶段，可以说是一种约束，一个 List<String>对象，编译器会检查开发人员对该对象使用是否符合约束，如果向 List<String>对象插入了 Object，那么编译器就会告诉开发人员这是错误的。

泛型的不变性保证了运行时的安全，但是也缺乏灵活性，既然泛型是在编译阶段实现的，那么可以扩展一下编译器的规则，令其既能在需要的时候实现协变和逆变，又能保证安全。在 Java 中使用到的是通配符 <? extends T> 和 <? super T>，在声明泛型参数的时候使用通配符替换 T 的位置。示例代码如下：

```
List<? extends Object> list;
List<? super String> list1;
```

<? extends T>表示该类型可以接收 T 以及 T 的子类型，这个被称为上界限制通配符。<?super T>表示该类型可以接收 T 以及 T 的父类型，这个被称为下界通配符。示例代码如下：

```
public class Fruit {}
public class Apple extends Fruit {}
public class Orange extends Fruit {}
public class SweetOrange extends Orange {}
// ...

List<Fruit> fruits = new ArrayList<>();
List<Apple> apples = new ArrayList<>();
List<Orange> oranges = new ArrayList<>();

List<? extends Fruit> list;
list = fruits;
list = apples;
list = oranges;

List<? super Orange> list1;
list1 = fruits;
// list1 = apples; Apple 和 Orange 没有继承关系，逆变条件不成立
list1 = oranges;
```

可以用"生产者"和"消费者"来形容这两种关系。

1）上界通配符对应"生产者"，只能输出，不能输入，对应到代码上，只能用作返回类

型，不能用作参数类型。

2）下界通配符对应"消费者"，只能输入，不能输出，对应到代码上，只能用作参数类型，不能用作返回类型。

以 List 为例，作为"生产者"的时候，能使用 get 方法，但不能使用 add 方法；作为"消费者"的时候，能使用 add 方法，不能使用 get 方法。示例代码如下：

```java
List<? extends Fruit> fruits;
List<Apple> apples = new ArrayList<>();
apples.add(new Apple());
fruits = apples;

// ...
Fruit fruit = fruits.get(0); // 通过 get 方法，只能获取 Fruit 类型对象

/*
 * 由于 fruits 可能指向 List<Apple>、List<Orange>等类型，添加操作是不安全的，
 * 这行代码编译器会报错
 */
fruits.add(new Fruit());

// ...
List<? super Orange> list;
List<Object> objects = new ArrayList<>();
objects.add(new Object());
list = objects;
list.add(new Orange());
list.add(new SweetOrange());
/*
 *可以用 list 指向 ArrayList<Object>，所以 get 方法返回的类型不是 Orange，
 *只能是 Object，这行代码有编译错误
 */
Orange orange = list.get(2);
```

在 Kotlin 对应的是 in 和 out 修饰符，in 是"消费者"，对应 Java 中的 super，out 是"生产者"，对应 Java 中的 extends。示例代码如下：

```kotlin
open class Fruit
class Apple : Fruit()
class Orange : Fruit()

class Source<T> {
    // ...
}

fun main(args: Array<String>) {
    val source: Source<out Fruit> = Source<Orange>()
    val source2: Source<in Apple> = Source<Fruit>()
}
```

以上这种在变量声明处使用的方式可以称为是使用处变型。当使用通配符声明泛型变量的时候,这个变量就是"生产者"或者"消费者",如果有这样一个泛型类,那么它只有一个使用 T 作为返回类型的方法。示例代码如下:

```
class Source<T> {
    fun nextT(): T {
        // ...
    }
}
```

这时将一个 Source 引用指向一个 Source 对象是十分安全的,因为 Source 本身就符合作为"生产者"的条件,但这是编译器不允许的,为了能接收 Source 对象,需要使用 out 修饰符:

```
val source: Source<out Any> = Source<String>()
```

对于这种情况,在 Kotlin 中可以通过在类声明的时候添加 out 修饰符来解决,这个泛型类的所有实例都是协变的,这种方式叫做声明处变型。添加 out 修饰符后,编译器会为开发人员保证类是一个"生产者",任何以 T 作为参数的方法都是不被允许的。示例代码如下:

```
class Source<out T> {
    fun nextT(): T {
        // ...
    }

    // fun set(t: T) {} 如果使用 T 作为参数,那么编译器会报错
}
```

与 out 修饰符对应的是 in 修饰符,用 in 修饰的泛型类是"消费者",只能输入,不可以输出。示例代码如下:

```
interface Destination<in T> {
    fun set(t: T)

    // fun nextT(): T
    // T 不可以作为返回类型
}
```

4.9.4 类型投影

对于有些类,它需要同时拥有输入和输出方法,就像 Array。示例代码如下:

```
// Kotlin Array 类声明的片段
public class Array<T> {
    // ...
    public operator fun get(index: Int): T
    public operator fun set(index: Int, value: T): Unit
    // ...
}
```

这样的类声明的时候不能使用 in 和 out 来修饰，这样就会在一定程度上降低灵活性，如果有一个 copy 数组的函数，示例代码如下：

```kotlin
fun copy(from: Array<Any>, to: Array<Any>) {
    assert(from.size == to.size)
    for (i in from.indices) {
        to[i] = from[i]
    }
}
```

那么对于下面两个数组：

```kotlin
val ints: Array<Int> = arrayOf(1, 2, 3)
val anys: Array<Any> = arrayOf(1, "2", "foo")
```

虽然数组 ints 可以安全地复制到数组 anys，但是由于泛型的不变性，Array 不是 Array 的子类型，所以对这两个数组不能使用 copy 函数。这个问题和 Java 数组因为协变的设计出现的问题一样，如果 Array 是协变的，那么就出现写入不同类型数据的问题，这时通常的做法是为声明 from 参数的时候添加 out 修饰。示例代码如下：

```kotlin
fun copy(from: Array<out Any>, to: Array<Any>) {
}
```

这样 from 参数是"生产者"，只能输出 Any 类型，不能写入，这样就能安全的使用 copy 函数了。示例代码如下：

```kotlin
copy(ints, anys)
```

这就是使用处变型，在 Kotlin 中叫做类型投影。在 copy 函数内 from 不是一个完整的 Array 类型，只是它的一个投影，只能调用返回类型参数 T 的方法，不能调用 T 作为参数的方法。同样也可以使用 in 做投影。示例代码如下：

```kotlin
fun fill(dest: Array<in String>, value: String) {
}
```

在 fill 方法内 dest 只能调用 set 方法，不能调用 get 方法。

Kotlin 提供了一种星投影类型，当不确定泛型实例的类型参数是什么时，可以将实例投影为星投影。示例代码如下：

```kotlin
class Foo<T>
// ...
var foo: Foo<*>
val foo1 = Foo<String>()
val foo2 = Foo<Any>()

foo = foo1
foo = foo2
```

在上面的例子中，Foo<*> 的引用可以指向所有 Foo 对象的引用，在使用的时候：

1）对于 Foo<out T>，如果 TUpper 是 T 的上界，那么 Foo <*> 等价于 Foo<out TUpper>。这意味着当 T 未知时，你可以安全地从 Foo <*> 读取 TUpper 的值。

2）对于 Foo <in T>，其中 T 是一个逆变类型参数，Foo <*> 等价于 Foo<in Nothing>。这意味着当 T 未知时，没有什么可以以安全的方式写入 Foo <*>。

3）对于 Foo <T>，其中 T 是一个具有上界 TUpper 的不变类参数，Foo<*> 对于读取值时等价于 Foo<out TUpper>，而对于写值时等价于 Foo<in Nothing>。

由于 TUpper 要作为所有类型的上界，在 Kotlin 中就是 Any，而所有类型的下界是不存在的，所以对于"消费者"，使用星投影不能修改任何东西，简单来说，星投影不能调用使用 T 作为参数的方法，对于所有返回类型为 T 的方法，使用星投影的返回类型都是 Any。示例代码如下：

```kotlin
class Foo<T> {
    fun get(): T {
        // ...
    }

    fun set(t: T) {
        // ...
    }
}
fun bar(foo: Foo<*>) {
    val any = foo.get() // 返回类型为 any
    // foo.set("") 不允许写入
}
```

星投影可以用于有多个泛型参数的类，如果只关心其中一个类型，那么使用的时候可以把其他类型用*代替，示例代码如下：

```kotlin
class Foo<T, M, N> {
    // ...
}

fun bar(foo: Foo<String, Int, Float>) {
    val f: Foo<*, *, Float> = foo
}
```

需要注意的是，在使用星投影的时候，Kotlin 有时候会结合上下文进行智能转换，如下面的代码：

```kotlin
var array: Array<*>
val stringArray = arrayOf("11", "22", "33")
array = stringArray      // array 智能转换为了 Array<String>类型

array.set(1, "hello")
println(array.get(0))    // 输出：11
println(array.get(1))    // 输出：hello
```

array 为 Array<*>类型，是不能使用 set 方法的，get 方法返回的为 Any 类型，但是编译器通过分析上下文的代码，在 array = stringArray 时智能地将 array 转换为 Array 类型，所以在后面才能直接使用 set 方法和 get 方法。

4.9.5 泛型约束

正常情况下，T 可以是任何类型，可以为泛型添加约束，将泛型的类型限制在一定范围内，最常见的约束类型是上界。示例代码如下：

```kotlin
open class A {
    fun foo() {
        // ...
    }
}

class B : A() {
}

class C : A() {
}

fun <T : A> bar(t: T) {
    t.foo()
}
```

":" 之后指定的类型为上界，只有 A 或者 A 的子类可以替代 T，所有 T 的实例都可以无须进行类型检查直接使用 A 的方法和属性。

Kotlin 的泛型约束可以指定多个上界，其中最多只能有一个 class，其他的为 interface，这和类的继承一样。指定多个上界需要使用 where 语句。示例代码如下：

```kotlin
open class A {
    fun foo() {
    }
}

interface B {
    fun bar()
}

interface C {
    fun boz()
}

fun <T> bar(t: T) where T : A,
                       T : B,
                       T : C {
    t.foo()
    t.bar()
    t.boz()
}
```

}
```

## 4.10 数据类

开发人员经常需要创建这样的类，它只负责保存数据，内部没有逻辑处理，Kotlin 中有专门实现这样的功能的类，称为数据类，在声明的时候在 class 前面添加 data。

```
data class User(val name: String, val age: Int)
```

编译器会解析主构造函数中的属性，为开发人员生成以下的成员。

1）equasl()/hashCode()。
2）toString()，格式是"User(name=Jonh, age=21)"。
3）copy()方法。
4）componentN()方法。

上面的 Data 类 User 对应的 Java 代码为：

```java
public final class User {
    @NotNull
    private final String name;
    private final int age;

    @NotNull
    public final String getName() {
        return this.name;
    }

    public final int getAge() {
        return this.age;
    }

    public User(@NotNull String name, int age) {
        Intrinsics.checkParameterIsNotNull(name, "name");
        super();
        this.name = name;
        this.age = age;
    }

    @NotNull
    public final String component1() {
        return this.name;
    }

    public final int component2() {
        return this.age;
    }

    @NotNull
```
```

```
    public final User copy(@NotNull String name, int age) {
        Intrinsics.checkParameterIsNotNull(name, "name");
        return new User(name, age);
    }

    @NotNull
    public static User copy$default(User var0, String var1, int var2, int var3, Object var4) {
        if ((var3 & 1) != 0) {
            var1 = var0.name;
        }

        if ((var3 & 2) != 0) {
            var2 = var0.age;
        }
        return var0.copy(var1, var2);
    }

    public String toString() {
        return "User(name=" + this.name + ", age=" + this.age + ")";
    }
    public int hashCode() {
        return (this.name != null ? this.name.hashCode() : 0) * 31 + this.age;
    }
    public boolean equals(Object var1) {
        if (this != var1) {
            if (var1 instanceof User) {
                User var2 = (User)var1;
                if (Intrinsics.areEqual(this.name, var2.name) && this.age == var2.age) {
                    return true;
                }
            }
            return false;
        } else {
            return true;
        }
    }
}
```

componentN()为 Kotlin 中的解构方法，使用解构方法，开发人员可以这样来使用数据类：

```
val (age, name) = User(20, "Jack")
```

可以说 Kotlin 的一行代码实现了 Java 中需要几十行代码才能实现的功能，因为有了这些功能，数据类可以直接进行比较和复制。示例代码如下：

```
val user = User("Tom", 32)
val user2 = User("Tom", 32)
```

```
println(user == user2) // 输出：true
val user3 = user2.copy("Jack")
println(user3) // 输出：User(name=Jack, age=32)
```

声明数据类的时候有以下限制。

1）必须要有主构造函数，主构造函数至少要有一个参数。
2）主构造函数的所有参数必须用 val 或 var 标记。
3）数据类不能是抽象（abstract）、开放（open）、密封（sealed）或内部的。
4）在 1.1 之前，数据类只能实现接口，不能继承类。

对于编译器自动生成的代码，需要注意以下几点内容。

1）如果自己实现 equals()、hashCode()、toString()，或者这些方法在父类中是 final 的，那么编译器不会生成这些方法，而是会使用现有的方法。
2）不允许为 componentN() 和 copy() 提供显式实现，所以不能在数据类声明这些方法。
3）如果超类有 open 的 componentN() 方法，并且返回兼容的类型，那么会为数据类生成对应的方法，反之编译器会报错。

在 Java 中调用 Kotlin 的数据类的时候，如果需要使用类的默认构造函数，那么 Kotlin 的数据类的所有属性必须指定默认值。示例代码如下：

```
data class User(val name: String = "", val age: Int = 0)
```

Kotlin 中有两个标准的数据类，Pair 和 Triple，类的实现很简单，如下所示：

```
public data class Pair<out A, out B>(
        public val first: A,
        public val second: B
                                    ) : Serializable {

    /**
     * Returns string representation of the [Pair] including its [first] and [second] values.
     */
    public override fun toString(): String = "($first, $second)"
}

// ...
public data class Triple<out A, out B, out C>(
        public val first: A,
        public val second: B,
        public val third: C
                                               ) : Serializable {

    /**
     * Returns string representation of the [Triple] including its [first], [second] and [third] values.
     */
    public override fun toString(): String = "($first, $second, $third)"
}
```

结合自动推荐,代码也非常简洁,示例代码如下:

```
val pair = Pair("key", "value")
val triple = Triple("one","two","three")
```

4.11 密封类

密封类和数据类一样,也是个特殊的类,声明的时候需要在 class 前加 sealed:

```
sealed class Expr {}
```

密封类用来表示受限的继承结构,对于普通的 open 类来说,它的子类可以是无限的,但是对于密封类,它的子类数量是有限的,是可以被全部列举出来的。为了保证这一点,密封类和它的子类必须声明在同一个文件中(在 Kotlin 1.1 之前,密封类的子类必须嵌套在密封类内部),示例代码如下:

```
sealed class Expr
data class Const(val number: Double) : Expr()
data class Sum(val e1: Expr, val e2: Expr) : Expr()
object NotANumber : Expr()
```

密封类本身是抽象的,不能被实例化,它的默认构造函数定义为 private,不允许有非 private 的构造函数,在 Kotlin 1.1 中,数据类可以继承密封类。因为密封类的子类是有限的,可以认为密封类是枚举类型的扩展,可以在 when 表达式中使用密封类。示例代码如下:

```
fun eval(expr: Expr): Double = when(expr) {
    is Const -> expr.number
    is Sum -> eval(expr.e1) + eval(expr.e2)
    NotANumber -> Double.NaN
    // 不再需要 else 子句,因为已经覆盖了所有的情况
}
```

这个用法和枚举类一样,密封类和枚举类都可以列出所有的情况,区别就是枚举类中的每个成员都是一个单例,但是密封类既可以是单例,也可以是一种类型。

4.12 扩展

Kotlin 可以对一个类的属性或方法进行扩展,且不需要使用继承或 Decorator 模式。它是一种静态行为,对被扩展的类代码本身不会造成任何影响。

4.12.1 扩展函数

Kotlin 提供了一种扩展声明,开发人员可以在不使用继承的情况下为类添加方法和属性,添加的方法是在 Kotlin 代码文件的顶层声明一个函数,和普通函数的区别是需要在函数名前面指定接收类型,也就是需要扩展的类,例如为 MutableList 添加一个 swap 函数:

```kotlin
// 文件 Utils.kt
fun MutableList<Int>.swap(index1: Int, index2: Int) {
    val tmp = this[index1] // "this"对应该列表
    this[index1] = this[index2]
    this[index2] = tmp
}
```

只要在任何文件中定义了扩展函数，就可以像普通函数一样使用了：

```kotlin
val l = mutableListOf(1, 2, 3)
l.swap(0, 2)
println(l) // 输出：[3, 2, 1]
```

声明扩展函数的时候基本和类的普通函数一样，在扩展函数体内可以直接使用类的函数，或者使用 this 引用。

4.12.2 扩展函数是静态解析的

为了了解扩展函数是怎么实现的，可以将上面的 Kotlin 代码转换为 Java 代码：

```java
public final class UtilsKt {
    public static final void swap(@NotNull List $receiver, int index1, int index2) {
        Intrinsics.checkParameterIsNotNull($receiver, "$receiver");
        int tmp = ((Number)$receiver.get(index1)).intValue();
        $receiver.set(index1, $receiver.get(index2));
        $receiver.set(index2, tmp);
    }
}
```

转换后的代码为一个 UtilsKt 类，类的内容为一个静态函数，这种形式就是 Java 中的工具类，例如在 Java 中逆转列表一般会使用 Collections 工具类：

```java
List<String> list = new ArrayList<>();
Collections.reverse(list);
```

在 Kotlin 标准库声明了扩展函数，就可以这样使用：

```kotlin
val list = mutableListOf<String>()
list.reverse()
```

标准库中对应的实现如下：

```kotlin
public fun <T> MutableList<T>.reverse(): Unit {
    java.util.Collections.reverse(this)
}
```

其实这也是使用了 Collections，但在使用的时候方便了很多，在 IDE 中输入 "." 后一般会有代码提示，能最大限度地发挥 IDE 的优势，这样的写法也更加的清晰，便于阅读，在 Java 中需要这样写：

```java
String md5String = Utils.toMd5(Utils.parseName(Utils.urlDecode(url)));
```

在 Kotlin 中可以这样写：

```
val md5String = url.urlEdcode().parseName().toMd5()
```

扩展函数是静态分发的，也就是说应该调用哪个扩展函数在声明的时候已经决定了，不会在运行的时候改变：

```
open class C
class D: C()
fun C.foo() = "c"
fun D.foo() = "d"
fun printFoo(c: C) {
    println(c.foo())
}

printFoo(D())
```

上面的代码输出结果为 c，如果 foo() 是类的成员函数，那么在 printFoo() 函数中使用的时候会根据参数的实际类型执行对应的函数。但扩展函数是静态解析的，应该在声明的时候决定调用哪个扩展函数，上面例子中声明的是 C 的扩展函数，那么在实际运行的时候也会执行 C 的扩展函数。

如果一个类定义有一个成员函数和一个扩展函数，而这两个函数又有相同的接收者类型、相同的名字并且都使用给定的参数，那么这种情况总是取成员函数。例如：

```
class C {
    fun foo() { println("member") }
}

fun C.foo() { println("extension") }
```

当调用 c.foo() 的时候，总是会执行 C 的成员函数，输出"member"。如果名字相同，但是参数不同，那么通过参数是可以区分成员函数和扩展函数的。

4.12.3 扩展属性

Kotlin 中可以为类扩展属性，示例代码如下：

```
val <T> List<T>.lastIndex: Int
    get() = size - 1
```

扩展的属性不能拥有幕后字段，但能拥有 setter 方法和 getter 方法，不过不能在内存中保存状态，所以扩展属性是不能有初始化器的。

```
val Foo.bar = 1
```

上面的代码是不被允许的，因为在 Kotlin 中，声明属性的时候如果有初始化器，那么会生成幕后字段。

4.12.4 对象和伴生对象的扩展

Kotlin 中可以为对象添加扩展，对于普通对象，使用方法和类一致，示例代码如下：

```
object A {
    // ...
}

fun A.foo() {
    // ...
}
```

如果使用伴生对象，那么需要添加类名作为限定符，示例代码如下：

```
class MyClass {
    companion object { }    // 将被称为 "Companion"
}

fun MyClass.Companion.foo() {
    // ……
}
```

如果伴生对象没有名字，那么默认名字为"Companion"，如果伴生对象有名字，那么使用伴生对象的名字。示例代码如下：

```
class MyClass {
    companion object Boz {}
}

fun MyClass.Boz.foo() {
    // ...
}
```

4.12.5 类中的扩展方法

扩展可以添加可见性修饰符，扩展的可见性修饰符和普通的可见性修饰符的作用一样。在大多数情况下，将扩展声明在文件的顶层。示例代码如下：

```
// 任何地方可见
fun String.foo() {
    // ...
}

// 代码文件内可见
private fun String.bar() {
    // ...
}

// 相同的包下可见
internal fun String.boz() {
```

```
            // ...
        }
```

在文件顶层声明的扩展函数在 Java 中对应的是静态方法,也可以在类中声明扩展函数。示例代码如下:

```
class A {
    fun bar() {
        // ...
    }
}

class B {
    fun boz() {
    }

    fun A.foo() {
        boz() // 调用 B.boz()
        bar() // 调用 A.bar()
    }

    fun call() {
        val a = A()
        a.foo()
    }
}
```

上面的例子,foo() 为扩展函数,A 为扩展函数接收者,foo() 函数在 B 内进行分发,为分发接收者。foo() 内可以调用 B 的方法,也可以调用 A 的方法,如果方法名字没有冲突,那么可以直接调用,如果名字有冲突,那么默认使用的是扩展接收者的方法,如果要使用分发接收者,那么需要使用限定的 this 语法,示例代码如下:

```
class C {
    fun D.foo() {
        toString() // 调用 D.toString()
        this@C.toString() // 调用 C.toString()
    }
}
```

把上面的代码转换为 Java:

```
public final class C {
    public final void foo(@NotNull D $receiver) {
        Intrinsics.checkParameterIsNotNull($receiver, "$receiver");
        $receiver.toString();
        this.toString();
    }
}

public final class D {
```

}

扩展函数 foo()转换为 Java 后成了 C 的方法，参数类型为 D，既然是方法，那么就可以被重写，下面通过一个复杂的例子来更进一步理解这个特性：

```kotlin
open class D {
}

class D1 : D() {
}
open class C {
    open fun D.foo() {
        println("D.foo in C")
    }

    open fun D1.foo() {
        println("D1.foo in C")
    }

    fun caller(d: D) {
        d.foo()    // 调用扩展函数
    }
}

class C1 : C() {
    override fun D.foo() {
        println("D.foo in C1")
    }

    override fun D1.foo() {
        println("D1.foo in C1")
    }
}

fun main(args: Array<String>) {
    C().caller(D())      // 输出："D.foo in C"
    C().caller(D1())     // 输出："D.foo in C"
    C1().caller(D1())    // 输出："D.foo in C1"
    C1().caller(D())     // 输出："D.foo in C1"
}
```

对于输出的结果，可以得到以下分析结果。

1）扩展函数是静态分发的，对于 caller() 函数，无论传入的对象是什么类型，都是调用声明处的类型的扩展函数，也就是 D 的扩展函数。

2）声明在类中的扩展函数是类的成员函数，foo() 函数是 C 的成员函数，在 C1 中被重写，同样都是调用 D.foo()，C1 调用的是重写后的函数。

4.12.6 扩展函数在 Java 中的调用

Kotlin 和 Java 的代码是可以相互调用的，但是 Java 中是没有扩展函数的，在这种情况下要如何调用呢？

扩展函数只能声明在两个地方，即代码文件顶层和类内，如果扩展函数声明在文件顶层，那么在 Java 代码中对应的是静态函数。示例代码如下：

```kotlin
// 文件 Utils.kt
fun String.foo() {
    // ...
}
```

转换为 Java：

```java
public final class UtilsKt {
    public static final void foo(@NotNull String $receiver) {
        Intrinsics.checkParameterIsNotNull($receiver, "$receiver");
    }
}
```

对于扩展函数 foo()，在 Java 中需要这样使用：

```java
String text = "hello";
UtilsKt.foo(text);
```

如果在 Kotlin 中的文件名为 Utils，那么在 Java 中对应有一个 UtilsKt 的类，所有声明在文件顶层的扩展函数都是 UtilsKt 类内的静态函数，扩展函数的扩展接收者会作为静态函数的第一个参数。

如果扩展函数声明在类内，那么扩展函数是这个类的成员函数，扩展接收者是这个成员函数的第一个参数。

```kotlin
class A {
    fun bar() {}
}

class B {
    fun boz() {}
    fun A.foo() {}
}
```

转换为 Java 代码后如下所示：

```java
public final class A {
    public final void bar() {
    }
}

public final class B {
    public final void boz() {
    }

    public final void foo(@NotNull A $receiver) {
```

```
            Intrinsics.checkParameterIsNotNull($receiver, "$receiver");
        }
    }
```

在 Java 中使用的时候，扩展函数也就变成了普通的成员函数。

```
A a = new A();
B b = new B();
b.foo(a);
```

4.13 委托

委托模式又叫代理模式，代理在日常生活中随处可见，商品销售有代理商，打官司可以找律师作为代理人，代理的好处就是直接同代理打交道，不用关心背后的真实角色，大家平常买东西的时候都是去超市，而不是去工厂，如果工厂倒闭了，那么超市会找另外一家工厂进货，不会影响大家购买东西。Android 的支持包就使用了代理模式，通过代理来实现某个功能，代理会判断系统的版本，不同的版本调用不同的接口。在 Java 中代理模式一般是这样实现的：

```java
public class ImageUtils {
    interface ImageLoader {
        void loadImage(String uri);
    }

    static class RemoteImageLoader implements ImageLoader {
        @Override
        public void loadImage(String uri) {
            System.out.println("load remote image: " + uri);
        }
    }

    static class ImageLoaderDelegate implements ImageLoader {
        private RemoteImageLoader remoteImageLoader = new RemoteImageLoader();

        @Override
        public void loadImage(String uri) {
            remoteImageLoader.loadImage(uri);
        }
    }

    public static void main(String[] args) {
        ImageLoader imageLoader = new ImageLoaderDelegate();
        imageLoader.loadImage("http://www.example.com/image.jpg");
    }
}
```

输出结果：

load remote image: http://www.example.com/image.jpg

Kotlin 中提供代理模式的内置支持，可以通过 by 简化代理模式的声明：

```kotlin
interface ImageLoader {
    fun loadImage(uri: String)
}

class RemoteImageLoader : ImageLoader {
    override fun loadImage(uri: String) {
        // 从网络加载图片
        println("load remote image: " + uri)
    }
}

class ImageLoaderDelegate : ImageLoader by RemoteImageLoader()
fun main(args: Array<String>) {
    val imageLoader = ImageLoaderDelegate(RemoteImageLoader())
    imageLoader.loadImage("http://www.example.com/image.jpg")
}
```

ImageLoaderDelegate 继承了接口 ImageLoader，就必须要实现 ImageLoader 的功能，添加 by 语句后，ImageLoaderDelegate 将这些功能委托给 RemoteImageLoader() 这个对象来实现，ImageLoaderDelegate 也就不用在内部声明 loadImage() 方法了。

```
ImageLoader by RemoteImageLoader()
```

对于上面的代码，可以理解为通过 RemoteImageLoader() 来实现 ImageLoader 的功能。对于 by 有这样的限制：

1）因为只有接口可以被代理，所以只有接口后面可以添加 by。

2）by 后面只能是对象。

所以在类声明处，by 的左边是接口，右边是一个实现该接口的对象。对于上面 ImageLoader 的例子，关键字 by 的后面必须跟一个 ImageLoader 类型的对象，该对象会在 ImageLoaderDelegate 内部存储，编译器会为 ImageLoaderDelegate 生成 ImageLoader 的所有共有方法，并且在这些方法内调用 RemoteImageLoader 对象的方法。由于 by 后面是对象，所以也是一个表达式，只要该表达式的值是实现 ImageLoader 接口的对象就可以了，示例代码如下：

```kotlin
interface ImageLoader {
    fun loadImage(uri: String)
}
class RemoteImageLoader : ImageLoader {
    override fun loadImage(uri: String) {
        // 从网络加载图片
        println("load remote image: " + uri)
    }
}
class LocalImageLoader : ImageLoader {
```

```
        override fun loadImage(uri: String) {
            // 加载本地图片
            println("load local image: " + uri)
        }
    }
    class ImageLoaderDelegate(isLocalImage: Boolean) : ImageLoader by if (isLocalImage)
        LocalImageLoader() else RemoteImageLoader()
```

可以在 ImageLoaderDelegate 重写 loadImage 方法，如果这样做，那么编译器会使用重写后的方法。

4.14 委托属性

属性是 Kotlin 的基本元素，在使用的时候，很多属性是有共性的，例如，有的属性是懒加载的，只有在使用的时候才会初始化，有的属性需要添加一个监听器，在属性发生变化时需要通知监听器。为了实现上述的功能，需要写很多代码，例如懒加载的属性，判断属性是否初始化是必不可少的，除此之外，还要考虑多线程的问题。于是开发人员希望将这些代码封装成库，只用一行代码就能实现对应的功能，为此，Kotlin 提供了委托属性。

4.14.1 延迟加载属性

延迟加载也被称为懒加载，对于延迟加载属性，只有在使用的时候才会计算，在 Java 中，最简单的延迟加载方法如下所示：

```
    private String data = null;

    public String getData() {
        if (data == null) {
            data = "foo";
        }
        return data;
    }
```

而在 Kotlin 中，可以使用委托属性来实现，代码如下：

```
    val data by lazy { "foo" }
```

lazy()是 Kotlin 标准库中的一个函数，它接收一个 Lambda 表达式作为参数，返回一个 Lazy 类型的实例，这个实例可以作为一个委托，实现延迟加载属性，在第一次调用 get()时，将会调用 Lambda 表达式，并记住这次执行的结果，之后调用 get()时会返回这次执行的结果。示例代码如下：

```
    val lazyValue: String by lazy {
        println("computed!")
        "Hello"
    }
    fun main(args: Array<String>) {
```

```
            println(lazyValue)
            println(lazyValue)
    }
```

上面代码执行的结果为:

```
computed!
Hello
Hello
```

在默认情况下,延迟加载属性使用了 synchronized 进行同步,也就是说属性只会在唯一一个线程中计算,且只会计算一次,在计算的时候其他线程会等待,所有的线程将会获取相同的属性值。也可以向 lazy() 函数传入 LazyThreadSafetyMode.PUBLICATION 参数:

```
val data by lazy(LazyThreadSafetyMode.PUBLICATION) { "foo" }
```

这种情况下,lazy 属性的初始化可能会计算多次,但是只有第一次计算的值会作为这个属性的值。如果能确保属性的初始化计算只会发生在一个线程内,那么可以向 lazy() 函数传入 LazyThreadSafetyMode.NONE 参数,这样虽然不能保证线程安全,但是没有性能方面的损失。

4.14.2 可观察属性

开发人员可以通过 Delegates.observable() 来实现可观察属性的委托,这个函数有两个参数,第一个是属性的初始值,第二个是属性变化的响应器,也就是观察者。

```
class User {
    var name: String by Delegates.observable("<no name>") { property, oldValue, newValue ->
        println("$oldValue -> $newValue")
    }
}

fun main(args: Array<String>) {
    val user = User()
    user.name = "first"
    user.name = "second"
}
```

上面代码的输出结果为:

```
<no name> -> first
first -> second
```

如果希望能够对属性的赋值操作进行拦截,那么可以使用 Delegates.vetoable() 函数。示例代码如下:

```
class User {
    var name: String by Delegates.vetoable("<no name>") { property, oldValue, newValue ->
        newValue == "first"
```

```
        }
    }
    fun main(args: Array<String>) {
        val user = User()
        user.name = "first"
        println(user.name)
        user.name = "second"
        println(user.name)
    }
```

程序的运行结果为：

```
first
first
```

vetoable()的第二个参数的 Lambda 表达式的值为 Boolean 类型，当表达式的值为 false 时，不会执行属性的赋值操作。

4.14.3 将多个属性保存在一个 Map 内

开发人员经常会通过 Map 传递多个属性的值，在这个时候，可以使用 Map 实例作为属性的委托，通过 by 直接读取 Map 中对应的值作为属性的值：

```
class User(val map: Map<String, Any?>) {
    val name: String by map
    val age: Int     by map
}
```

在构造的时候，Map 的 Key 为对应的属性的名字，Value 为属性的值。示例代码如下：

```
val user = User(mapOf(
    "name" to "John Doe",
    "age"  to 25
))
println(user.name) // 打印结果为: "John Doe"
println(user.age)  // 打印结果为: 25
```

可以使用 MutableMap 作为 var 属性的委托，如果相应地改变了属性的值，那么 MutableMap 对应的值也会改变：

```
class User(val map: MutableMap<String, Any?>) {
    var name: String by map
    var age: Int     by map
}

fun main(args: Array<String>) {
    val user = User(mutableMapOf(
            "name" to "John Doe",
            "age" to 25
```

```
        ))
    println(user.name)
    println(user.age)

    user.name = "Jack"
    print(user.map)
}
```

上面代码的输出结果为：

```
John Doe
25
{name=Jack, age=25}
```

4.14.4 自定义委托

委托属性的语法如下所示：

```
val/var <property name>: <Type> by <expression>
```

by 关键字之后的表达式就是委托，这个表达式的值为一个对象，属性的 get() 和 set() 方法将被委托给这个对象的 getValue() 和 setValue() 方法。开发人员习惯了继承，但是属性的委托对象不是通过继承关系来判定的，只要一个对象有 getValue()方法（对于 var 属性，还需要有 setValue()方法），那么这个对象就可以作为属性的委托对象。示例代码如下：

```
class Example {
    var p: String by Delegate()
}

class Delegate {
    operator fun getValue(thisRef: Any?, property: KProperty<*>): String {
        return "$thisRef, thank you for delegating '${property.name}' to me!"
    }

    operator fun setValue(thisRef: Any?, property: KProperty<*>, value: String) {
        println("$value has been assigned to '${property.name} in $thisRef.'")
    }
}
```

上面的代码中，thisRef: Any?为属性所属的对象实例，property: KProperty<*>为属性本身的描述信息，可以从中得到属性的名称等信息，如果是 var 属性，那么 setValue() 的第三个参数就是要赋给属性的值。但在获取属性的值的时候，会调用 Delegate 的 getValue 方法，给属性赋值的时候，就会执行 Delegate 的 setValue 方法。Kotlin 还提供了两个用于属性委托的接口：

```
public interface ReadOnlyProperty<in R, out T> {
    public operator fun getValue(thisRef: R, property: KProperty<*>): T
}
```

```
public interface ReadWriteProperty<in R, T> {
    public operator fun getValue(thisRef: R, property: KProperty<*>): T
    public operator fun setValue(thisRef: R, property: KProperty<*>, value: T)
}
```

ReadOnlyProperty 的实例可以用于 val 属性的委托，ReadWriteProperty 接口的实例可以用于 var 属性的委托。下面来实现一个简单的委托属性，功能是只输出小写的 String。示例代码如下：

```
class Foo {
    var data by LowerCaseDelegate()
}

class LowerCaseDelegate : ReadWriteProperty<Foo, String?> {
    private var value: String? = null
    override fun setValue(thisRef: Foo, property: KProperty<*>, value: String?) {
        this.value = value
    }

    override fun getValue(thisRef: Foo, property: KProperty<*>): String? {
        return value?.toLowerCase()
    }
}

fun main(args: Array<String>) {
    val foo = Foo()
    foo.data = "Hello World"
    println(foo.data)
}
```

以上程序的输出结果为：

hell world

4.14.5 局部委托属性

从 Kotlin 1.1 开始，可以将局部变量声明为委托属性，使用方法和类属性一样，例如将一个局部属性使用懒加载。示例代码如下：

```
fun foo(flag: Boolean) {
    val bar: String by lazy { getValue() }
    if (flag) {
        println(bar)
    }
}
```

只有在 flag 为 true 的时候，geValue()才会执行。

第 5 章　Kotlin 高级功能

这一章主要介绍一些更加高级的特性，对这些特性理解得好，在开发过程中往往能达到事半功倍的效果，因此它们也是面试笔试的热点。

5.1 函数进阶

在前面的章节中已经介绍了函数的基本概念以及使用方法，这一节重点介绍函数的一些更加高级的特性。

5.1.1 局部函数和闭包

Kotlin 支持局部函数，也就是一个函数可以声明在另一个函数内部：

```kotlin
fun foo() {
    fun bar(): String {
        //...
    }

    println(bar())
}
```

局部函数的一个使用场景就是闭包，局部函数可以访问外部函数（即闭包）的局部变量，上面例子中的 bar() 函数可以访问 foo() 函数内声明在 bar() 之前的局部变量：

```kotlin
fun foo() {
    val boz = ""

    fun bar(): String {
        println(boz)
        //...
    }

    println(bar())
}
```

通常情况下，函数外层的"{}"包裹起来的区域就是这个函数所在的闭包，如果是顶层函数，那么它的闭包就是整个文件。

5.1.2 尾递归函数

理解尾递归函数首先要了解尾调用，尾调用函数的最后一步是调用另一个函数，如下代码所示：

```
fun foo(): Int {
    return bar()
}
```

尾调用函数的最后一行只能是另一个函数的调用,不能有其他的操作,包括下面的形式都不是尾调用:

```
fun foo(): Int {
    val value = bar()
    return value
}

fun foo2(): Int {
    return bar() + 1
}
```

如果最后一步调用的函数是递归调用的,那么这个调用就是尾递归调用,如下代码所示:

```
fun foo(): Int {
    // ...
    return foo()
}
```

在 JVM 中,递归的效率要远低于循环,而且还有栈溢出(Stack Overflow)的风险,而尾递归调用可以通过编译器的代码优化变成循环实现,例如计算 n 的阶乘,最直接的算法是使用递归:

```
fun factorial(n: Int): Int {
    return if (n == 1) {
        1
    } else {
        n * factorial(n - 1)
    }
}
```

可以通过算法优化为尾递归调用:

```
fun factorial(n: Int, total: Int): Int = if (n == 1) {
    total
} else {
    factorial(n - 1, n * total)
}
```

下一步的优化就可以交给编译器了,通过把函数用 tailrec 修饰符标记,编译器会自动将函数变成使用循环实现,如下代码所示:

```
tailrec fun factorial(n: Int, total: Int): Int = if (n == 1) {
    total
} else {
    factorial(n - 1, n * total)
}
```

可以通过反编译工具生成的 Java 代码来验证：

```java
public static final int factorial(int n, int total) {
   while(n != 1) {
      int var10000 = n - 1;
      total = n * total;
      n = var10000;
   }
   return total;
}
```

5.1.3 内联函数

内联函数是 C++ 的特性之一，可以在编译的时候将函数展开，使用函数体替换函数的调用，下面举例说明：

```kotlin
inline fun sum(a: Int, b: Int, action: (a: Int, b: Int) -> Unit) {
    action.invoke(a, b)
}

fun sum2(a: Int, b: Int, action: (a: Int, b: Int) -> Unit) {
    action.invoke(a, b)
}
```

函数 sum() 和 sum2() 的参数以及函数体完全一致，唯一不同的是 sum() 有 inline 声明，是内联函数，它们在调用的时候没有任何区别，示例代码如下：

```kotlin
fun main(args: Array<String>) {
    sum(1, 1) { a, b ->
        println("$a + $b = ${a + b}")
    }

    sum2(1, 1) { a, b ->
        println("$a + $b = ${a + b}")
    }
}
```

但是如果将这段代码的字节码反编译为 Java 代码，那么就会发现不同的地方：

```java
public static final void main(@NotNull String[] args) {
    Intrinsics.checkParameterIsNotNull(args, "args");
    byte a$iv = 1;
    int b$iv = 1;
    String var5 = a$iv + " + " + b$iv + " = " + (a$iv + b$iv);
    System.out.println(var5);
    sum2(1, 1, (Function2)null.INSTANCE);
}
```

sum2() 仍然是函数调用，但是已经没有 sum() 函数了，原来函数调用的地方变成了函数体的代码。虽然函数内容和最终执行结果都是一样的，但是 sum2() 函数创建了一个高阶函

数,也就是 Java 中的匿名类,现在回想一下在 Kotlin 中开发用来代替空检查的 let 函数,示例代码如下:

```kotlin
fun printStr(str: String?) {
    str?.let {
        println(str)
    }
}
```

如果每使用一次 let 函数就创建一个匿名对象,那么程序的运行效率肯定是惨不忍睹的,如果把 printStr()声明为内联,那么 printStr() 在实际执行的地方会变成:

```kotlin
if (str != null) {
    println(str)
}
```

这样既提供了书写代码的便利性,也不会影响运行时的效率。由于使用内联函数会增加程序最终打包的体积,如果没有函数参数,那么使用内联就没有意义了,所以普通函数不需要声明为内联,例如下面的函数:

```kotlin
inline fun bar(param: Int) {
    println(param)
}
```

因为 bar()并没有函数类型的参数,所以只是一个普通的函数,使用普通函数不会有效率上的损失,所以将函数展开也就没有必要,这时编译器会给出警告:

Inlining works best for functions with parameters of functional types

使用内联函数还有一个额外的功能,那就是可以在 Lambda 表达式中 return,对于一个正常有函数参数的函数:

```kotlin
fun foo(action: () -> Unit) {
    action.invoke()
    println("foo")
}
```

当参数是一个 Lambda 表达式时,return 只能返回当前的 Lambda 表达式。

```kotlin
fun main(args: Array<String>) {
    foo {
        return@foo
    }
    println("main")
}
```

输出结果:

```
foo
main
```

如果将 foo() 声明为一个 inline 函数，那么在 Lambda 表达式中可以直接 return 调用 foo 函数的函数。

```kotlin
inline fun foo(action: () -> Unit) {
    action.invoke()
    println("foo")
}

fun main(args: Array<String>) {
    foo {
        return
    }
    println("main")
}
// 输出结果为空
```

如果内联函数有多个函数参数，那么可以使用 noinline 控制那些函数参数不进行内联：

```kotlin
inline fun boz(action1: () -> Unit, noinline action2: () -> Unit) {
    // ...
}
```

5.2 Lambda 表达式和高阶函数

Lambda 表达式与高阶函数都可以被看作函数的高级特性。Java 语言从 Java8 才开始支持 Lambda 表达式。对这些高级特性的理解程度往往能考察一名程序员对一门语言的掌握程度。因此，这也是面试笔试的一个热点问题。

5.2.1 Lambda 表达式

有时候，起个名字是个挺麻烦的事情，特别是只被用到一次的函数，为了解决这个问题，于是有了 Lambda 表达式，因为 Lambda 表达式就是匿名函数。当然这是开玩笑，回到需求中来，在 Java 中，经常使用匿名内部类，在 Kotlin 中，则可以使用匿名函数，例如 IntArray 的 filter 函数使用的就是匿名函数：

```kotlin
val numbers = intArrayOf(1, 2, 3, 4)
numbers.filter(fun(x: Int): Boolean {
    return x % 2 != 1
})
```

像这种情况，函数只使用一次，也就没有必要费心思去想一个名字了，其实在 Kotlin 中基本不会使用到标准的匿名函数，因为这种情况可以使用 Lambda 表达式。

Lambda 也是函数，只不过是匿名函数，普通的函数由名字、参数和函数体组成，匿名函数没有名字，只有参数和函数体，对于 Kotlin 的 Lambda 表达式，可以概括为如下几点内容。

1）Lambda 表达总是被大括号包裹着。
2）使用"->"分隔参数和函数体，参数在左边，函数体在右边。

3）如果有多个参数，那么使用","进行分隔。
4）Lambda 没有返回语句，最后一行代码的值是整个 Lambda 表达式的值。

举一个例子，一个普通的 sum 函数是这样的：

```
fun sum(a: Int, b: Int): Int {
    return a + b
}
```

把这个函数改写成 Lambda 表达式，就变成了如下形式：

```
{ a: Int, b: Int -> a + b}
```

如果把这个 Lambda 表达式赋值为一个变量，那么有两种写法：

```
val sum = { a: Int, b: Int -> a + b }
val sum2: (Int, Int) -> Int = { a, b -> a + b }
```

上面第一种是使用类型推断，省去了变量声明时的类型；第二种是使用类型推断，省去了 Lambda 的参数类型。如果 Lambda 表达式只有一个参数，那么这个参数的声明可以省略，这个参数被隐含的声明为 it。示例代码如下：

```
val isOdd: (Int) -> Boolean = { it % 2 != 0 }
// 相当于 { it: Int -> it % 2 != 0 }
```

现在将 Lambda 表达式作为参数传递给 filter 函数，完整的写法如下所示：

```
numbers.filter({ x: Int ->
    x % 2 != 1
})
```

在能推断出 Lambda 表达式参数类型的情况下可以省略，示例代码如下：

```
numbers.filter({ x ->
    x % 2 != 1
})
```

如果 Lambda 表达式只有一个参数，那么可以使用隐含的 it 代替参数声明，示例代码如下：

```
numbers.filter({
    it % 2 != 1
})
```

如果函数的最后一个参数为 Lambda 表达式，那么可以把 Lambda 表达式放在函数外：

```
numbers.filter() { it % 2 != 1 }
```

如果函数参数只有一个 Lambda 表达式，那么"()"也可以省略，上面的函数调用就得到了最终的形态，也是最常用的形态：

```
numbers.filter { it % 2 != 1 }
```

当在 Java 中的匿名内部类和 Lambda 语句中访问闭包内的局部变量时,这个变量必须是 final 类型的,例如:

```
int value = 0;

new Thread(new Runnable() {
    @Override
    public void run() {
        // value = 1;
        // 在 Java8 中,虽然没有强制 value 必须是 final 类型,但是对 value 的修改是不被允许的
    }
});
```

在 Kotlin 中是可以修改的,如下所示:

```
var value = 0
val runnable = Runnable {
    value = 1
}

runnable.run()
println(value) // 输出结果: 1
```

从 Kotlin 1.1 开始,Lambda 语句中没有使用到的参数可以使用 "_" 来代替:

```
val foo: (Int, Int) -> Int = { _, value ->
    value
}
```

5.2.2 高阶函数

Kotlin 是函数式编程语言,在函数式编程语言中,函数是一等公民,可以赋值给变量,可以作为参数和返回值。如果一个函数能接受函数作为参数,或者能将函数作为返回值,那么这个函数就是高阶函数。要了解高阶函数,需要从以下几个问题开始。

1)如何把函数赋值给变量?
2)如何把函数作为参数?
3)如何把函数作为返回值?
4)如何调用函数?

所有变量都需要一个类型,既然要把函数赋值给变量,那么就应给函数定义一个变量类型,例如下面的函数:

```
fun foo(param1: Int, param2: Int): String {
    //...
}
```

如果把函数归纳为一个类型,那么开发人员最关心的是输入和输出,即参数和返回值,

所以需要把参数和返回值用一种方式声明，上面的函数对应的函数类型就是(Int, Int)-> String。通过类型可以知道这个函数需要两个 Int 类型的参数，返回值是 String 类型，对应的函数变量声明就是 val boz: (Int, Int) -> String。如果要把函数赋值给一个变量，那么需要获取函数的引用，Kotlin 中通过 "::" 和函数名字来获取函数的引用：val boz: (Int, Int) -> String = ::foo。如果函数是属于一个类的，那么需要在 "::" 左边添加类名或者变量名，示例代码如下：

```
class Test {
    fun foo(param1: Int, param2: Int): String {
        //...
    }

    fun foo2(param: Int): Int {
        //...
    }

    val f1 = Test::foo
    val test = Test()
    val f2 = test::foo
    val f3 = ::foo2
```

至此，函数变量的声明和初始化已经完成，接下来就可以开始调用了，函数变量的执行有以下两种方法。

1）使用 invoke 函数。
2）使用操作符 "()"。

用上面的 f1、f2、f3 举例如下：

```
val test1 = Test()
f1.invoke(test1, 1, 2)
f1(test1, 1, 2)
f2.invoke(1, 2)
f2(1, 2)

f3.invoke(1)
f3(1)
```

f1 获取的是类函数的引用，调用的时候类似 Java 中静态的方法类；f2 获取的是对象函数的引用，相当于直接调用 test 对象的 foo 函数；f3 就相当于调用静态函数。

函数变量更多的应用是作为函数的参数，在 IntArray 中有这样一个扩展函数：

```
public inline fun IntArray.filter(predicate: (Int) -> Boolean): List<Int> {
    return filterTo(ArrayList<Int>(), predicate)
}
```

这个函数的功能是通过给定的条件过滤数组，将符合条件的元素作为一个新的数组返回，函数的参数也是一个函数，通过传递不同的函数，可以定义不同的过滤条件，例如通过下面的代码滤出所有的奇数：

```kotlin
fun isOdd(x: Int) = x % 2 != 0
val numbers = intArrayOf(1, 2, 3, 4)
println(numbers.filter(::isOdd))
```

函数作为返回类型的时候和其他变量类型一样，示例代码如下：

```kotlin
fun isOdd(x: Int) = x % 2 != 0
fun isEven(x: Int) = x % 2 == 0
fun getFilter(isOdd: Boolean): (Int) -> Boolean {
    return if (isOdd) ::isOdd else ::isEven
}

val numbers = intArrayOf(1, 2, 3, 4)
println(numbers.filter(getFilter(true)))
```

当然，函数变量也可能为空，如果要添加"?"，那么需要用"()"将函数包起来：

```kotlin
fun getFilter(): ((Int) -> Boolean)? {
    // ...
}
```

5.2.3 带接收者的函数字面值

Lambda 表达式和匿名函数是"函数字面值"，它们的字面内容和实际内容一致，是一个未声明的函数，传递的时候是作为表达式传递的，示例代码如下：

```kotlin
fun max(string1: String, string2: String,
        op: (String, String) -> Boolean): Boolean {
    return op(string1, string2)
}

max("aaa", "bb", { a, b -> a.length > b.length })
```

函数的前两个参数是 String 的字面值，第三个参数就是函数字面值。可以使用(other: Int) -> Boolean 这种形式表示函数的类型，还可以在前面加上一个接收者的类型，就像这样：

```kotlin
Int.(other: Int) -> Int
```

有点像扩展函数，这种类型的函数只能由指定的接收者调用，这是一个函数类型，与之对应的匿名函数和 Lambda 表达式就是带有接收者的函数字面值。示例代码如下：

```kotlin
val sum = fun Int.(other: Int): Int = this + other // 使用匿名函数
val sum2: Int.(other: Int) -> Int = { this + it } // 使用 Lambda 表达式
```

这类函数调用的方式如下：

```kotlin
1.sum(2) // 由接收者调用
sum.invoke(1, 2) // 使用 invoke 函数
sum(1, 2) // 使用操作符
```

从调用方式可以看出，带有接收者的函数类型可以使用普通函数类型的调用方式，不仅如此，它们的类型也可以兼容，例如 String.(Int) -> Boolean 与 (String, Int) -> Boolean 的类型就是兼容的，如果一个函数的参数类型是 (String, Int) -> Boolean，那么传递一个 String.(Int) -> Boolean 类型的函数也是没问题的：

```kotlin
val represents: String.(Int) -> Boolean = { other -> toIntOrNull()== other }
println("123".represents(123)) // true

fun testOperation(op: (String, Int) -> Boolean, a: String, b: Int, c: Boolean) =
    assert(op(a, b) == c)

testOperation(represents, "100", 100, true) // OK
```

在 Kotlin 标准库中，有一些很常用的函数就是使用接收者的函数类型封装的，例如 run 函数：

```kotlin
/**
 * Calls the specified function [block] and returns its result.
 */
@kotlin.internal.InlineOnly
public inline fun <R> run(block: () -> R): R {
    contract {
        callsInPlace(block, InvocationKind.EXACTLY_ONCE)
    }
    return block()
}
```

这个函数允许执行一个代码块 block，在这个代码块内可以使用调用者的 this，函数的返回值为 block 代码块的执行结果，这个 block 可以是匿名函数或 Lambda 表达式。run 函数通常和安全调用结合使用，例如有一个 String 类型的变量 str，如果不为空，那么就打印出来，使用 run 函数的话就不用判断是否为空了：

```kotlin
str?.run {
    print(this)
}
```

5.2.4 标准库中最常用的 Lambda 表达式

首先是 let 表达式，它在标准库中的声明如下：

```kotlin
/**
 * Calls the specified function [block] with `this` value as its argument and returns its result.
 */
@kotlin.internal.InlineOnly
public inline fun <T, R> T.let(block: (T) -> R): R {
    contract {
        callsInPlace(block, InvocationKind.EXACTLY_ONCE)
    }
```

```
        return block(this)
    }
```

这是一个使用了扩展和泛型的高阶函数，接收类型为 T，函数参数类型为 (T)->R，函数返回值类型为 R，它的功能很简单，接收一个函数 block 作为参数，将调用者本身作为 block 的参数执行 block 函数，将 block 函数的执行结果作为 let 的返回值。示例代码如下：

```
val foo = "Hello"
val boz = foo.let { it + " world" }
println(boz) // 输出：Hello world
```

当安全调用 Lambda 表达式的时候，它可以用来代替判断对象是否为空，示例代码如下：

```
val context: Context?
// 如果需要正常使用，那么需要判断 context 是否为空
if (context == null) {
}

// 或者使用 let 的安全调用
context?.let { ctx->
    // cxt 是非空的，可以直接使用
}
```

使用 let 语句可以进行链式调用，而且写法更加简洁。在一开始使用 let 表达式的时候可能会忽略它的返回值，实际上，let 表达式的值和它的返回值一样，示例代码如下：

```
var parent: ViewGroup?
// ...
val inflater: LayoutInflater? = parent?.context?.let { LayoutInflater.from(it) }
```

开发人员在写代码的时候顺着链条就写下去了，如果用传统的写法，虽然代码量相差不多，但是免不了要移动几次方向键。示例代码如下：

```
var inflater: LayoutInflater? = null
if (parent?.context != null) {
    inflater = LayoutInflater.from(parent.context)
}
```

还有一个常用的函数是 apply，示例代码如下：

```
/**
 * Calls the specified function [block] with `this` value as its receiver and returns `this` value.
 */
@kotlin.internal.InlineOnly
public inline fun <T> T.apply(block: T.() -> Unit): T {
    contract {
        callsInPlace(block, InvocationKind.EXACTLY_ONCE)
    }
    block()
    return this
}
```

apply 和 let 有两个区别，首先 apply 返回值是 this，也就是调用者本身，另外就是函数参数 block 是带接收者的函数字面值，接收者为 apply 的调用者，在 block 函数内可以使用调用者的 this，为了更好地理解，下面给出一个例子：

```
val foo = "Hello"
val boz = foo.apply { this + " world" }
println(boz) // 输出结果为：Hello world
```

5.3 异常处理

异常处理是一个非常重要的知识点，异常处理的好坏直接决定了一个应用程序的稳定性，因此也是面试笔试过程中经常被考察的知识点。这一节将重点介绍异常处理。

5.3.1 非受检的异常

Kotlin 中所有的异常都是非受检的异常，所谓非受检异常，就是编译器不会强制代码必须处理被抛出的异常。与非受检异常相对的是受检异常，Java 的异常处理就是受检异常。假设一个 Java 方法在执行的时候可能会产生异常，并且在方法内部没有处理，那么会在方法签名中添加 throws，提醒使用这个方法的开发人员进行异常处理，如果使用者没有进行异常的捕获，那么它必须将这个异常抛给上一级处理，示例代码如下：

```
public static void foo() throws IllegalAccessException {
    // ...
}

public static void bar() {
    // 进行异常处理
    try {
        foo();
    } catch (IllegalAccessException e) {
        e.printStackTrace();
    }
}

public static void boz() throws IllegalAccessException { // 将异常继续抛出
    foo();
}
```

受检异常设计的目的是确保所有异常都能正确被处理，但是在实际应用中要做到这一点很难，因为首先为每一个错误定义一个异常，添加异常信息是很烦琐的事情，在实际开发中，很多人在遇到错误的地方只是简单地抛出一个运行时异常；其次，大部分情况下开发人员不会针对每一种异常逐一处理，通常只会捕获 Exception，而并不关心异常的种类和异常信息。受检异常强制抛出异常和处理异常的操作现在已经不是非常好的处理方式，特别是在 Lambda 表达式中，如果加上受检异常的处理，那么会使 Lambda 表达式变得很烦琐。Kotlin 中所有的异常都是非受检异常，包括调用 Java 代码的时候。所以在编码的时候，必须尽量

在函数内处理异常。Kotlin 提供了一个 @Throws 注解:

```
@Throws(IOException::class)
fun foo() {
    // ...
}
```

@Throws 对 Kotlin 代码没有影响,但在 Java 中会显示为 throws Exception,当把 Java 转换为 Kotlin 的时候,应该把 throws Exception 转换为 @Throws 注解,这样 Java 中原来的方法签名不会改变。

5.3.2 异常处理

Kotlin 的异常处理机制和 Java 一样,也是基于 throw 和 try catch,所有的异常类都是 Throwable 的子类,每个异常都有消息,用于堆栈回溯信息和可选的原因,一般情况下所说的异常都是运行时的异常,是在运行阶段产生的异常,当抛出异常时需要使用 throw:

```
throw IllegalStateException("")
```

异常会中断代码的执行,如果异常没有被捕获,那么程序会崩溃,捕获异常需要使用 try catch,示例代码如下:

```
try {
    // 可能会产生异常的代码
} catch (e: Exception){
    // 处理异常
} finally {
    // 无论是否产生异常,最终都会执行 finally 内的代码
}
```

try 代码块内是需要执行的代码,如果产生异常会进入 catch 代码处理异常,那么 finally 是可选的,如果有 finally 代码块,那么无论是否产生异常,finally 代码都会执行,Closeable 的 close 操作一般就是放在 finally 中执行,示例代码如下:

```
val stream: InputStream? = null

try {
    // 执行代码
} catch (e: Exception) {
    // 处理异常
    println("catch exception")
} finally {
    println("close stream")
    // 无论是否产生异常,最终都要关闭 Closeable
    try {
        stream?.close()
    } catch (e: Exception) {
        e.printStackTrace()
    }
}
```

}
```

可以有零到多个 catch 代码块,用来捕获不同的异常,示例代码如下:

```
try {
    // ...
} catch (e: IllegalStateException) {
    println("catch IllegalStateException")
} catch (e: IOException) {
    println("catch IOException")
} finally {
    // ...
}
```

虽然有多个 catch 代码块,但是产生异常的时候最多只会有一个 catch 代码块会执行,原因就是 throw 和 return 一样会中断代码的执行,每个 try 代码块内最多只会抛出一个异常。有多个代码块时,对异常的捕获是按顺序执行的,对父类异常的捕获会覆盖子类,如果将 catch Throwable 放在第一位,那么之后的 catch 代码块永远不会执行,示例代码如下:

```
try {
    // ...
    throw IllegalStateException()
} catch (e: Throwable) {
    // catch Throwable 涵盖了所有的异常类型,之后的 catch 代码块永远不会执行
} catch (e: IllegalStateException) {
    // ...
} catch (e: IOException) {
    // ...
} finally {
    // ...
}
```

try 之后如果没有 catch 代码块,那么必须有 finally 代码块,示例代码如下:

```
try {
    // ...
} finally {
    // ...
}
```

5.3.3　try 表达式

Kotlin 的 try 是一个表达式,表达式的值一般是代码最终可达分支的最后一行代码的值,try 表达式中,虽然 finally 代码块每次都会执行,但是 finally 代码对 try 表达式的值没有影响,try 表达式的值为 try 代码块或者生效的 catch 代码块中最后一行代码的值。

```
fun foo(text: String?) {
    val value = try {
        if (text == null) {
            throw IllegalStateException()
```
```

```
        }
        1
    } catch (e: IllegalStateException) {
        2
    } finally {
        3
    }
    println("value = $value")
}

fun main(args: Array<String>) {
    foo(null)
    foo("")
}
```

上述代码的运行结果为:

```
value = 2
value = 1
```

5.3.4　Nothing 类型

Kotlin 中的 throw 也是一个表达式，它可以像 return 一样作为 Elvis 表达式的一部分：

```
val s = person.name ?: throw IllegalArgumentException("Name required")
```

上面的代码编译器推断 s 的类型为非空的 String，推断的依据是初始化的时候如果 person.name 执行的是 "?:" 右边的代码，也就是 throw 语句，那么会中断代码的执行，如果代码继续执行下去，那么 s 一定不为空，在这里 throw 其实和 return 实现的功能是一样的：

```
val s = person.name ?: return
```

在 Java 中，return 和 throw 是中断代码执行的两种方式，Kotlin 和 Java 不同的地方在于 Kotlin 的 throw 是有值的，值的类型为 Nothing，Nothing 的声明很简单，只有一行代码：

```
public class Nothing private constructor()
```

它的构造函数是私有的，不能直接创建它的实例，而实际上在 Kotlin 不存在 Nothing 的实例，Nothing 只是存在于编译阶段，用来标识永远不能到达的代码位置。简单地说，就是如果代码中出现了 Nothing 实例，那么代码执行到产生 Nothing 实例的地方就结束了，如果一个函数的返回值为 Nothing，那么这个函数永远不会返回，执行到函数返回的地方就结束了，示例代码如下：

```
fun fail(message: String): Nothing {
    throw IllegalArgumentException(message)
}

// ...
val s = person.name ?: fail("Name required")
```

```
println(s)        // 在此已知"s"已初始化
```

上面的示例代码中,如果 person.name 为 null,那么会执行"?:"右侧的代码,而 fail() 的返回值始终为 Nothing,如果执行到了 println(),那么说明 s 肯定是不为 null 的。

虽然代码中不能存在 Nothing 的实例,但是可以有"Nothing?"的引用,不过引用的值只能为 null,示例代码如下:

```
val a: Nothing? = null
```

a 的值永远为 null,如果不声明类型,直接给一个变量赋值为 null,那么这个变量会被推断为"Nothing?"类型:

```
val a = null // 推断为"Nothing?"类型
```

以上这个变量 a 是无法使用的,它只能作为 null 存在。

5.4 集合

不管是在 Java 开发中,还是 Android 开发中,集合都是开发人员使用最多的东西之一。Java 的集合设计很简洁,通过一张图片可以完整地描述 Java 的集合:

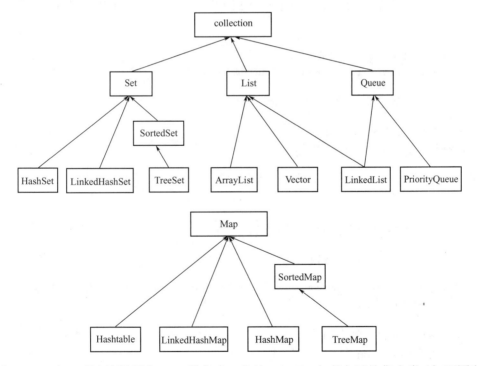

在 Kotlin 中,可以使用所有 Java 的集合。此外,Kotlin 也有自己的集合类(如下图所示),和 Java 不同的是,Kotlin 的集合分为可变集合和不可变集合,不可变集合只有 get 和 size 等这些读取方法,不能对集合进行修改。

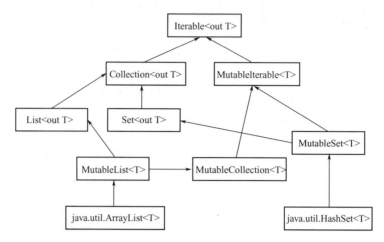

其中，不可变集合是 List、Set、Map，对应的可变集合是 MutableList、MutableSet、MutableMap。

5.4.1 List

List 可以顺序存储添加的对象，和数组的区别在于数组的长度是固定的，List 可以随着内容的增加自动扩容。List 只能读取，在 Kotlin 中能够修改的列表是 MutableList，目前 MutableList 是用 ArrayList 实现的，有 add、addAll、remove、removeAll 等方法。

Kotlin 中 List 不能直接构造，创建一个 List 对象需要使用标准库中的函数，示例代码如下：

```
var list: List<String> = listOf()
var mutableList: MutableList<String> = mutableListOf()
```

当然构造的时候也可以使用类型推断，示例代码如下：

```
var list = listOf<String>()
var mutableList = mutableListOf<String>()
```

可以通过传入一些参数来快速地创建非空白的集合，这样看起来更简单一些，示例代码如下：

```
var list = listOf("a", "b", "c") // 创建了一个 List<String>
```

它的内部实现用了不定长参数 varargs，示例代码如下：

```
public fun <T> listOf(vararg elements: T): List<T> = if (elements.size > 0) elements.asList()
    else emptyList()
```

如果代码对性能的影响大的话，例如初始化的参数非常多，那么尽量不要使用这种方法。List 实现了 Collection 接口，示例代码如下：

```
public interface Collection<out E> : Iterable<E> {
    public val size: Int
    public fun isEmpty(): Boolean
    public operator fun contains(element: @UnsafeVariance E): Boolean
    override fun iterator(): Iterator<E>
```

```
        public fun containsAll(elements: Collection<@UnsafeVariance E>): Boolean
    }
```

List 通过 get 方法获取指定索引位置的元素，除此之外，还可用 indexOf 和 lastIndexOf 或者元素的索引，示例代码如下：

```
        public fun indexOf(element: @UnsafeVariance E): Int
        public fun lastIndexOf(element: @UnsafeVariance E): Int
```

5.4.2 Set

Set 也是保存单个元素的集合，元素在 Set 中保存的顺序不固定，不允许有重复的元素，可以修改的 Set 是 MutableSet，创建 Set 也是需要使用标准库中的函数：

```
        val set: Set<String> = setOf()
        val mutableSet: MutableSet<String> = mutableSetOf()
        val set2 = setOf("a", "b", "c")
        val mutableSet2 = setOf(1, 2, 3)
```

5.4.3 Map

与 List、Set 不同，Map 中保存的是键值对，初始化的时候需要指定 key 和 value 的类型，示例代码如下：

```
        val map = mapOf<String, String>()
```

如果想在构造 Map 的时候初始化一些元素，那么需要使用 Pair，示例代码如下：

```
        val map = mapOf(Pair("a", "b"))
```

使用 Pair 的中缀函数 to，可以让代码更简洁，示例代码如下：

```
        val map = mapOf("a" to "b", "c" to "d")
```

Map 是不允许修改的，可以通过 get 方法和 key 来获取对应的 value，示例代码如下：

```
        val map = mapOf("a" to "b", "c" to "d")
        val value = map.get("a")
        print(value) //输出：b
```

除此之外，Map 还提供一些读取方法：

```
        public val keys: Set<K>                        // 获取所有的 key
        public val values: Collection<V>               // 获取所有的 value
        public val entries: Set<Map.Entry<K, V>>       // 用 Entry 的形式获取所有的 key 和 value
```

Map 中键值对不是按照添加顺序存储的，key 不允许重复，可以修改的 Map 是 MutableMap，使用 put 添加单个元素，使用 putAll 添加一个相同类型的 Map：

```
        public fun put(key: K, value: V): V?
```

```
public fun putAll(from: Map<out K, V>): Unit
```

5.4.4 集合的遍历

List 和 Set 都是实现自 Collection 接口,进而实现 Iterable 接口的,而所有 Iterable 都可以通过 for 进行遍历,示例代码如下:

```
val list = listOf("a", "b", "c")
for (s in list) {
    print(s + " ")
}
println()
val set = setOf("d", "e", "f")
for (s in set) {
    print(s + " ")
}
```

输出结果:

```
a b c
d e f
```

如果想通过 List 的索引进行遍历,那么可以编写如下代码:

```
for (i in 0 until list.size) {
    print(list[i] + " ")
}
```

list[i] 是调用的 List 的 get 方法,能使用"[]"是因为进行了运算符重载,同样 Map 也可以使用"[]"获取 value,Map 使用 for 语句遍历方法如下所示:

```
val map = mapOf("a" to "b", "c" to "d")

// 通过 entry 遍历
for (entry in map) {
    println("${entry.key} = ${entry.value}")
}

// 遍历所有的 key,然后通过 key 获取 value
for (key in map.keys) {
    println("$key = ${map[key]}")
}
```

在 Kotlin 中,对于集合的遍历通常使用的是 foreach 结合 Lambda 表达式,使用方法如下所示:

```
list.forEach { println(it) }          // List 遍历

// 带有索引的 List 遍历
```

```kotlin
list.forEachIndexed { index, s ->
    println("$index = $s")
}

set.forEach { println(it) }        // Set 遍历
// Map 遍历
map.forEach { key, value ->
    println("$key = $value")
}

// 使用 Entry 的形式进行 Map 遍历
map.forEach {
    println("${it.key} = ${it.value}")
}
```

List 和 Set 的 foreach 使用的是 Kotlin 中 Iterable 的扩展函数，所有继承自 Iterable 的类都可以使用 foreach。Map 的情况有些特殊，上面例子中第一种遍历方式是：

```kotlin
map.forEach { key, value ->
    println("$key = $value")
}
```

这使用的是 Java8 中的方法，因为 Android 目前没有完整支持 Java8，这就意味着在 Android 开发中是不能使用的。第二种方法是使用 Map 的扩展函数来实现的，内部也是使用的 for 语句。

```kotlin
public inline fun <K, V> Map<out K, V>.forEach(action: (Map.Entry<K, V>) -> Unit): Unit {
    for (element in this) action(element)
}
```

5.4.5 集合的转换

Kotlin 集合之间以及集合和数组之间可以进行一些转换操作，大部分是通过扩展函数实现的，命名方式一般用 to 开头。

1）Kotlin 中的可变集合和不可变集合可以相互转换。

```kotlin
val mutableList = list.toMutableList()    // List 转换为 MutableList
val list2 = mutableList.toList()          // MutableList 转换为 List


val mutableSet = set.toMutableSet()       // Set 转换为 MutableSet
val set2 = mutableSet.toSet()             // MutableSet 转换为 Set


val mutableMap = map.toMutableMap()       // Map 转换为 MutableMap
val map2 = mutableMap.toMap()             // MutableMap 转换为 Map
```

2）List 和 Set 可以相互转换。

```kotlin
list.toSet()        // List 转换为 Set
```

```
list.toMutableSet()          // List 转换为 MutableSet

set.toList()                 // Set 转换为 List
set.toMutableList()          // Set 转换为 MutableSet
```

3）List、Set 可以和数组相互转换。

```
var array: Array<String>

array = list.toTypedArray()  // List 转换为数组
array = set.toTypedArray()   // Set 转换为数组

array.toSet()                // 数组转换为 Set
array.toMutableSet()         // 数组转换为 MutableSet

array.toList()               // 数组转换为 List
array.toMutableList()        // 数组转换为 MutableList
```

4）Map 可以转换为 List，转换的结果为 Pair 数组。

```
val list: Pair<String, String> = map.toList()
```

所有的转换结果都是返回一个新的对象，对其操作不会对原始对象有影响。

5.4.6 集合的变换

除了把集合变为另一个类型，也可以用简单的链式调用和 Lambda 表达式修改集合元素的类型，Kotlin 变换主要用到两个函数 map 和 flatMap，通过使用 map 可以把一个 List<String>变换为 List<Int>：

```
val stringList: List<String> = listOf("1", "2", "3", "a")

// 使用匿名函数
val transform = fun(s: String): Int = s.toIntOrNull() ?: 0
val intList: List<Int> = stringList.map(transform)

// 直接使用 Lambda 表达式
val intList2: List<Int> = stringList.map {
    it.toIntOrNull() ?: 0
}

println(intList)    // 输出结果：[1, 2, 3, 0]
println(intList2)   // 输出结果：[1, 2, 3, 0]
```

map 函数在标准库中定义如下所示：

```
public inline fun <T, R> Iterable<T>.map(transform: (T) -> R): List<R> {
    return mapTo(ArrayList<R>(collectionSizeOrDefault(10)), transform)
}
```

map 函数会遍历集合中的所有元素，对每个元素应用 transform 函数，将执行的全部结果组成一个新的列表。Kotlin 的集合也有 flatMap 函数，首先来看一下它的声明：

```
public inline fun <T, R> Iterable<T>.flatMap(transform: (T) -> Iterable<R>): List<R>
```

和 map 一样，返回类型仍然是列表，但是参数 trasnform 的类型由(T) -> R 变为了(T) -> Iterable，transform 接受一个 T 类型的对象，将它转换为 Iterable 类型，flatMap 函数遍历集合的每一个元素，由 transform 将元素变换为一个 Iterable 对象，最后将所有返回的 Iterable 对象平铺为一个列表。可能这样比较难理解，下面通过两个简单的应用来了解 flatMap 能做什么。例如，有一个二级列表，希望把它变为一个一级列表：

```
val list = listOf(listOf(1, 2), listOf(2, 3, 4), listOf(5))
val list2 = list.flatMap { it }
println(list2)    // 输出结果：[1, 2, 2, 3, 4, 5]
```

有一个 Group 的列表：

```
class Group(val title: String, val data: List<String>)
// ...
val groups = listOf(Group("group1", listOf("item1", "item2")),
        Group("group2", listOf("item3")),
        Group("group3", listOf("item4")))
```

希望能够将 groups 的 title 和 data 提取到两个列表：

```
val titleList = groups.flatMap { listOf(it.title) }
println(titleList)    // 输出结果: [group1, group2, group3]

val dataList = groups.flatMap { it.data }
println(dataList)    // 输出结果: [item1, item2, item3, item4]
```

5.4.7 序列

Kotlin 中所有集合的操作都可以转换为序列(Sequence)来处理,方法是通过 asSequence()：

```
val list = listOf()
val sequence = list.asSequence()
```

集合和序列的使用方式几乎完全一样，但是执行的过程是不同的。Kotlin 中集合的链式操作是非常方便的，可以不断地对集合进行变换、过滤等操作，直到得出最后的结果：

```
val list = listOf(1, 2, 3, 4, 5, 6)
list.map { it * 2 }.filter { it % 3 == 0 }.average()
```

map 和 filter 内部都是使用 Iterator 来处理的，每一次调用都会通过 Iterator 遍历集合，然后再将结果保存在一个 Iterable 中返回，可以在这个 Iterable 的基础上继续进行操作，下面通过添加一些输出信息加以验证：

```
fun main(args: Array<String>) {
    val list = listOf(1, 2, 3, 4, 5, 6)
```

```kotlin
            val result = list
                    .map {
                        println("map: $it")
                        it * 2
                    }
                    .filter {
                        println("filter: $it")
                        it % 3 == 0
                    }
            println("Before average")
            val value = result.average()
            println("average = $value")
        }
```

以上程序的输出结果为：

```
map: 1
map: 2
map: 3
map: 4
map: 5
map: 6
filter: 2
filter: 4
filter: 6
filter: 8
filter: 10
filter: 12
Before average
average = 9.0
```

在获取最终的 average() 结果之前，集合已经进行了 map 和 filter 操作，并保存了操作结果。Sequence 中间过程的方法调用不会进行遍历，只有在最终的调用执行的时候才会遍历，而且会在一次遍历中应用 map、filter 等操作，相同的代码，转换为 Sequence 来执行一遍：

```kotlin
fun main(args: Array<String>) {
    val list = listOf(1, 2, 3, 4, 5, 6)
    val result = list
            .asSequence()
            .map {
                println("map: $it")
                it * 2
            }
            .filter {
                println("filter: $it")
                it % 3 == 0
            }
    println("Before average")
    val value = result.average()
    println("average = $value")
}
```

以上程序的输出结果为：

```
Before average
map: 1
filter: 2
map: 2
filter: 4
map: 3
filter: 6
map: 4
filter: 8
map: 5
filter: 10
map: 6
filter: 12
average = 9.0
```

在使用 first 操作时，Sequence 相比集合会有一定的效率提升，最终获取结果的调用修改为 first { it > 3 }，使用集合时，仍然会执行完整的 map 和 filter 操作，输出结果为：

```
map: 1
map: 2
map: 3
map: 4
map: 5
map: 6
filter: 2
filter: 4
filter: 6
filter: 8
filter: 10
filter: 12
Before first
first = 6
```

使用 Sequence 时输出结果为：

```
Before first
map: 1
filter: 2
map: 2
filter: 4
map: 3
filter: 6
first = 6
```

Sequence 节省了多余的遍历操作。使用 Sequence 不是一定就会提高效率，开发人员可以按照以下的场景来决定使用集合或 Sequence。

1）当不需要中间操作时，使用 List。
2）当仅仅只有 map 操作时，使用 sequence。

3）当仅仅只有 filter 操作时，使用 List。

4）如果末端操作是 first，那么使用 sequence。

5.5 解构声明

所谓解构声明，就是把一个对象转变为多个变量，例如一个 Data 类 Person 声明如下：

```
data class Person(var name: String, var age: Int)
```

编译器会按照属性声明的顺序规则生成 componentN() 方法，component1() 返回 name，component2 返回 age，在解构声明的时候，按照 componentN() 中 N 的属性声明变量，就可以将一个对象转变为多个变量：

```
val person = Person("Jack", 21)
val (name, age) = person

println(name)     // 输出结果: name
println(age)      // 输出结果: age
```

上面的解构声明会被编译成以下的代码：

```
val name = person.component1()
val age = person.component2()
```

componetN()方法是 Kotlin 中的约定规则，有几个属性就有几个 componetN()方法，如果给 Person 添加一个 sex 属性，那么 Person 就会有一个 component3()方法，在解构声明的时候，"()"中的变量必须和 componetN()中 N 的顺序完全一致，如果不使用某个变量，那么可以使用 "_" 代替。示例代码如下：

```
data class Person(var name: String, var age: Int, var sex: String)
//...

val person = Person("Jack", 21, "male")
val (name, _, sex) = person
// 在解构声明的时候，第二个变量必须是 age，若没有使用 age，则可以用 "_"代替
```

上述代码中，Person 类是一个 Data Class，如果是普通的类，那么编译器不会自动生成解构声明，需要开发人员自己实现 componetN() 方法，componetN() 方法需要使用 operator 标记，普通的 Person 类如果要使用解构声明，那么需要改写成以下形式：

```
class Person(var name: String, var age: Int, var sex: String) {
    operator fun component1(): String = name
    operator fun component2(): Int = age
    operator fun component3()     = sex
}
```

有了解构声明，开发人员就能实现一个很酷的功能——一个方法返回多个变量：

```kotlin
data class Result(val item1: String, val item2: String, val item3: Int)
fun foo(): Result {
    // ...
    return Result("a", "b", 1)
}

val (item1, item2, item3) = foo()
```

其实这算是一个取巧的方法，返回的是一个对象，只不过在使用的时候解构声明为多个变量，除了自定义 Data 类，还可以使用标准库中的 Pair 和 Triple，它们分别实现了两个和三个变量的解构声明：

```kotlin
fun foo(): Pair<String, String> {
    return Pair("a", "b")
}

fun boz(): Triple<Int, String, String> {
    return Triple(1, "a", "b")
}

val (key, value) = foo()
val (item1, item2, item3) = boz()
```

在 for 语句和 Lambda 表达式中，如果参数可以进行解构，那么这个参数可以使用多个参数的解构声明来代替，例如使用 for 遍历 List，原始的代码如下所示：

```kotlin
val list = listOf(Person("Jack", 21, "male"))
for (person in list) {
    println(person.name)
    println(person.age)
}
```

可以把 person 替换为多个变量，示例代码如下：

```kotlin
for ((name, age) in list) {
    println(name)
    println(age)
}
```

相同的还有 Map.Entry，可以把 Map.Entry 变为多个变量，示例代码如下：

```kotlin
val map = mapOf<String, String>()
// 使用 Map.Entry 遍历
for (entry in map) {
    println("${entry.key} = ${entry.value}")
}

// 使用解构声明
for ((key, value) in map) {
    println("$key = $value")
}
```

Lambda 表达式也是如此，可以将能够解构声明的对象变为多个变量，示例代码如下：

```kotlin
data class Person(val name: String, val age: Int)
val list = listOf<Person>()
list.forEach {(name, age)->
    println("name=$name, age =$age")
}
```

如果 Lambda 表达式有多个参数，那么只要使用","分开就可以了，示例代码如下：

```kotlin
// 表达式的参数类型为 Map.Entry 和 Int
val foo: (Map.Entry<String, String>, Int) -> Unit = { entry, count ->
    //...
}

// 在 Lambda 表达式中用多个变量代替 Map.Entry 对象
val bar: (Map.Entry<String, String>, Int) -> Unit = { (key, value), count ->
    //...
}
```

既然解构声明这么好用，那么现有的类不支持解构声明岂不是很可惜？没关系，可以用类的扩展函数来给现有类加上解构声明，以 String 为例，把 "key_value" 这样的字符串解构为两个 String 变量，示例代码如下：

```kotlin
operator fun String.component1(): String = substring(0, indexOf("_"))
operator fun String.component2(): String = substring(indexOf("_") + 1, length)

fun main(args: Array<String>) {
    val str = "key_value"
    val (key, value) = str

    println(key)        // 输出结果: key
    println(value)      // 输出结果: value
}
```

在 Kotlin 中，解构声明是无处不在的，例如 Array 和 List 也可以解构，示例代码如下：

```kotlin
val array = arrayOf(1, 2, 3, 4, 5, 6)
val (value1, value2) = array

println(value1)
println(value2)

val list = listOf("foo", "bar", "boz")
val (item1, item2) = list
println(item1)
println(item2)
```

其中，Array 和 List 都是声明了 5 个 componentN()方法，实现的是 get(0)～get(4)，如果"()"内的变量数量超过数组和列表的大小，那么会产生 "ArrayIndexOutOfBoundsException"。

5.6 运算符重载

　　Kotlin 是支持运算符重载的，一些很平常的操作其实是用运算符重载的功能实现的，例如 String 拼接字符串的操作"+"就是运算符重载。Kotlin 中的运算符重载需要通过函数实现，每个运算符对应一个函数，函数只能是类成员函数或者扩展函数，函数前加上 operator 关键字，函数的参数数量是固定的，但是类型和返回值不固定，下面通过一个"+"重载的例子来说明：

```kotlin
class ValueItem(val name: String, val value: Int) {
    operator fun plus(other: ValueItem): ValueItem {
        if (other.name == name) {
            return ValueItem(name, other.value + value)
        }
        return ValueItem(name, value)
    }

    operator fun plus(other: Int): ValueItem {
        return ValueItem(name, other + value)
    }
    override fun toString(): String {
        return "ValueItem($name, $value)"
    }
}

operator fun ValueItem.plus(other: String): Int {
    return this.value + other.toInt()
}

fun main(args: Array<String>) {
    val item = ValueItem("item1", 1)
    println(item + 2)       // 输出结果: ValueItem(item1, 3)
    println(item + ValueItem("item1", 2))   // 输出结果: ValueItem(item1, 3)
    println(item + "4") // 输出结果: 5
}
```

　　上面的例子包括了所有运算符"+"重载的情况，在一个类中同一个运算符可以重载多个不同参数类型的函数。

　　Kotlin 中对运算符的重载有一套规范，不是所有的符号都能重载。运算符重载的机制是由编译器将对应的运算符操作翻译成重载函数，上面的"item+2"经过编译器翻译后为 item.plus(2)，相当于调用了 fun plus(other: Int): ValueItem 函数。

5.6.1 一元操作符

（1）一元前缀操作符

一元前缀操作符见下表。

表达式	翻译为	说明
+a	a.unaryPlus()	一元加
-a	a.unaryMinus()	一元减
!a	a.not()	非

对于表达式 +a ，编译器翻译成 a.unaryPlus() 的过程为：

1）确定 a 的类型，例如类型为 T。

2）搜索 T 的成员函数和扩展函数，查找一个使用 operator 修饰的没有参数的函数 unaryPlus()。

3）如果没有找到符合条件的函数，那么会导致编译错误。

4）如果找到了函数，那么表达式会调用对应的函数。

下面是一个重载一元减的实例：

```
data class Point(val x: Int, val y: Int)
operator fun Point.unaryMinus() = Point(-x, -y)
val point = Point(10, 20)
println(-point)   // 输出结果：(-10, -20)
```

（2）递增和递减

递增和递减操作符见下表。

表达式	翻译为	说明
a++	a.inc()	递增操作
a--	a.dec()	递减操作

递增和递减都是一元操作符，编译器首先要查找对应类型的符合条件的函数，但是执行过程和上面介绍的三个一元操作符是不同的，下面先看一个经典的关于前缀 "++" 和后缀 "++" 的问题：

```
var value = 1
var value2 = value++
var value3 = ++value
println("$value, $value2, $value3") // 输出结果: 3, 1, 3
```

虽然 value++ 和 ++value 都执行了对 value 自身的递增操作，但是计算表达式的值的方式不同，对于 value++ ，表达式的计算步骤如下所示。

1）把 value 的值保存到临时变量 value0 中。

2）把 value.inc()的结果赋值给 value。

3）把 value0 作为表达式的值。

也就是 value++表达式的值是 value 递增操作之前的值。++value 的计算步骤如下所示。
1）把 value.inc()的值赋值给 value。
2）将 value 的值作为表达式的值返回。

因为递增和递减操作会修改原来变量的值，所以对于 val 类型的变量是不能使用递增和递减运算符的。

```
val value = 1
value++ // 编译错误：  Val cannot be reassigned
```

5.6.2 二元操作符

（1）算术运算符

算术运算符见下表。

表达式	翻译为
a + b	a.plus(b)
a − b	a.minus(b)
a * b	a.times(b)
a / b	a.div(b)
a % b	a.rem(b)、a.mod(b)（已弃用）
a..b	a.rangeTo(b)

除了加减乘除和取余，Kotlin 中还有范围操作符 ".."，Kotlin 标准库中已经对一些类型进行了重载，可以使用范围操作符生成区间。

（2）"in" 操作符

"in" 操作符在 for 和 when 中都有被使用到，它可以用来判断一个对象是否在一个集合中，它的否定形式为 "!in"，重载的方式与普通的二元操作符相同。

（3）索引访问操作符

Kotlin 的数组和集合可以使用 "[]"访问，示例代码如下：

```
val array = arrayOf(1, 2, 3)
println(array[0])
val list = listOf("a", "b", "c")
println(list[0])
val map = mapOf(Pair("key", "value"))
println(map["key"])
```

这其实是对 "[]" 进行了重载的操作，"[]" 的重载很特殊，对应的函数的名字是 get，但是不限制函数参数的数量和类型，下面的例子演示了一个二级的 map 的操作符重载：

```
class Group(val groupTitle: String) {
    val dataMap = mutableMapOf<String, String>()
}
operator fun List<Group>.get(title: String, key: String): String? {
```

```
            return find { it.groupTitle == title }?.dataMap?.get(key)
    }

    val group = Group("group1")
    group.dataMap["key1"] = "value1"

    val groupList = listOf(group)
    println(groupList["group1", "key1"])         // 输出结果: value1
```

（4）调用操作符

调用操作符和方法调用符号一样，是一对小括号"()"，之前见过的 Lambda 表达式执行的时候有两种调用方式：

```
    val lambda = {
        // ...
    }
    lambda.invoke()
    lambda()
```

"()"经过编译器翻译后会执行 invoke() 函数，这可能会让人有点疑惑，重载的"()"会不会和类的构造函数有冲突呢？答案是不会的，因为操作符必须由一个对象调用，也就是类构造函数调用时"()"左边是类名，操作符重载时"()"左边是变量，当然也有容易让人混淆的地方需要注意，例如当类名和变量名一样时，示例代码如下：

```
    data class Point(var x: Int, var y: Int)
    operator fun Point.invoke(): Point {
        return Point(0, 0)
    }

    // ...
    val Point = Point(1, 1) // 使用 Point 的构造函数构造了一个名词为 Point 的变量
    val p = Point() // 使用重载的操作符，形式和调用 Point 的构造函数一样，实际上会执行 invoke 函数
```

调用操作符和索引访问操作符一样，参数的数量和类型没有限制。

（5）增强赋值

增强赋值操作符见下表。

表达式	翻译为
a += b	a.plusAssign(b)
a -= b	a.minusAssign(b)
a *= b	a.timesAssign(b)
a /= b	a.divAssign(b)
a %= b	a.remAssign(b), a.modAssign(b)（已弃用）

这类操作符都有对应的算术操作符，例如"a += b"等价于"a = a + b"，如果已经重载了"+"，那么可以直接使用"+="，编译器会翻译成 a = a.plus(b)。

如果同时重载了"+"和"+="操作符，那么在使用"+="的时候编译器会报错，所以使用"+="的条件是："+"和"+="只能重载一个。

因为赋值操作不是表达式，所以所有对应的函数返回值只能是 Unit。

（6）相等与不等操作符

相等与不等操作符见下表。

表达式	翻译为
a == b	a?.equals(b) ?: (b === null)
a != b	!(a?.equals(b) ?: (b === null))

对于两个 String 字符串内容是否相同的判断是 Java 开发中很容易出现的错误，在 Java 中"=="比较的是两个对象的引用地址，如果要比较两个 String 的内容是否相同，那么需要使用 equals() 函数。在 Kotlin 中，可以直接使用"=="和"!="比较两个字符串内容是否相同，因为这两个操作符被重载了，效果等价于上面表格中翻译后的表达式。Java 中的"==" "!="对应 Koltin 中的"===" "!=="。对于"a == b"来说，若操作符两边都为 null，则结果为 true；若其中一个为 null，另一个不为 null，则结果为 false；若两边都不为 null，则使用 equals() 的结果。

（7）比较操作符

比较操作符见下表。

表达式	翻译为
a > b	a.compareTo(b) > 0
a < b	a.compareTo(b) < 0
a >= b	a.compareTo(b) >= 0
a <= b	a.compareTo(b) <= 0

比较操作符被翻译后的函数为 compareTo()，返回值为 Int 类型，返回值为 0 表示 a 和 b 相等，返回值为负数表示 a<b，返回值为正数表示 a>b。因为在 Comparable 接口有 comparaTo() 函数，如果实现了 Comparable 接口，那么也就重载了比较操作符，示例代码如下：

```
class Point(var x: Int, var y: Int) : Comparable<Point> {
    override fun compareTo(other: Point): Int {
        // ...
    }
}
```

在 Kotlin 标准库中用扩展函数的形式重载了范围操作符，示例代码如下：

```
public operator fun <T: Comparable<T>> T.rangeTo(that: T): ClosedRange<T> =
ComparableRange(this, that)
```

所以，所有继承自 Comparable 的类同时重载了范围操作符和比较操作符，示例代码如下：

```
val point1 = Point(1, 1)
```

```
val point2 = Point(2, 2)
val pointRange = point1..point2
```

5.7 类型检查和转换

Kotlin 提供了非常强大的类型转换功能。使用得恰当与否将直接影响代码的简洁性。这一节会重点介绍 Kotlin 中类型检查与转换的特性。

5.7.1 类型检查与智能转换

Kotlin 的类型检查使用 is 操作符，它的否定形式是 "!is"，is 和 Java 语言中的 instanceof 一样，能够在运行时检查对象的类型：

```
if (obj is String) {
    print(obj.length)
}
```

类型检查一般是为了能够安全地进行类型转换，在类型检查后紧跟着的就是类型的强制转换了，在 Kotlin 中有个非常贴心的功能——智能转换，在进行类型检查后，对象会自动转换为检查的类型，示例代码如下：

```
fun foo(x: Any) {
    if (x is String) {
        println(x.length) // x 自动转换为 String
    }
}
```

这个功能叫作智能转换，使用起来也足够智能，不仅可以在 if 语句中使用，只要是在类型检查的作用范围内，都可以进行智能转换，例如在 else 分支：

```
if (x !is String) {
    // ...
} else {
    println(x.length) // x 自动转换为 String
}
```

或者使用 return：

```
fun foo(x: Any) {
    if (x !is String) return
    println(x.length)    // x 自动转换为 String
}
```

或者在 "&&" "||" 的右侧：

```
// '||' 右侧的 x 自动转换为 String
if (x !is String || x.length == 0) return
```

```
// `&&` 右侧的 x 自动转换为 String
if (x is String && x.length > 0) {
    print(x.length) // x 自动转换为字符串
}
```

或者在 when 和 while 中：

```
when (x) {
    is Int -> print(x + 1)
    is String -> print(x.length + 1)
    is IntArray -> print(x.sum())
}
while (obj is String) {
    println(obj.length)
    // ...
}
```

使用 is 来判断类型，其实附带了判空的功能：

```
val string: String? = null
// ...
if (string is String) {
    // string 不为空，可以安全使用
    println(string.length)
}
```

如果 is 的右边是 String?，那么首先需要判断 string 是否为空，只有在 string 不为空的情况下才能使用：

```
if (string is String?) {
    if (string != null) {
        println(string.length)
    }
}
```

在 Kotlin 中，使用任何带"！"的类型和 null 做比较结果都是 true：

```
println(null is String?) // 输出结果：true
```

智能转换适用的场景很好理解，有些场景看似能够进行智能转换，实际上是不行的，例如在 Android 的 Fragment 里面这样操作：

```
if (context is Ativity) {
    // context 不能智能转换为 Activity
}
```

在 if 语句里面，context 是不能智能转换为 Activity 的，这是因为 context 来自于 Java 里面的 getContext()函数，并不是一个变量或者属性，所以不能进行智能转化，如果添加一个临时变量，那么智能转换就适用了，示例代码如下：

```
val ctx = context
if (ctx is Activity) {
    // ctx 智能转换为 Activity
}
```

5.7.2 类型的转换

Kotlin 使用 as 操作符进行类型转换：

```
val x = y as String
```

as 属于强制类型转换，转换失败时会抛出异常，除了在转换之前进行 is 判断，还有一个方法就是使用 "as?"，它和 as 的区别就是转换失败不会抛出异常，而是返回一个空的对象，示例代码如下：

```
val y: Any? = null
val x   = y as? String
x?.let {
    // x 如果不为空，那么说明转换成功，x 是一个 String 对象
    println(it.length)
}
```

Kotlin 的 Collection 也有类似的操作，可以不用先判断集合的大小，直接取元素，如果越界，那么就返回 null 或者一个默认值：

```
val list = listOf("")
list.getOrElse(100) { "default_value" }
list.getOrNull(100)
```

5.7.3 泛型的检测

通常情况下，类型检测是在代码执行的时候进行的，但是 JVM 的泛型是基于类型擦除，List<String> 在运行的时候只是 List，不会带上类型参数，这样在运行的时候就不能检测泛型的类型，但是还是可以检测类的类型，示例代码如下：

```
if (list is List<*>) {
    // ...
}

if (list is List) {
    // ...
}

if (list is MutableList) {
    // ...
}
```

这类的检测不会带上类型参数，也就是不会检测 "T" 的类型。

5.8 注解

注解是将元数据附加到代码的手段，也是一个非常重要的特性。在面试笔试的过程中会经常涉及这个知识点。这一节将会重点介绍 Kotlin 的注解以及与 Java 注解的兼容性。

5.8.1 注解声明

在开发中，偶尔也需要添加一个自定义的注解，例如声明一个 Scope，在 Java 中要这样写：

```
@Scope
@Documented
@Retention(RUNTIME)
public @interface ForFragment {
}
```

在 Kotlin 中，使用 annotation 修饰注解类：

```
@Scope
@MustBeDocumented
@Retention(AnnotationRetention.RUNTIME)
annotation class ForFragment {}
```

注解的附加属性可以通过用元注解标注注解类来指定。

1）@Target 指定可以用该注解标注的元素的可能的类型（类、函数、属性及表达式等）。

2）@Retention 指定该注解是否存储在编译后的 class 文件中，以及它在运行时能否通过反射可见（默认都是 true）。

3）@Repeatable 允许在单个元素上多次使用相同的该注解。

4）@MustBeDocumented 指定该注解是公有 API 的一部分，并且应该包含在所生成的 API 文档的类或函数的签名中。

这些属性与 Java 中的是一一对应的。

如果需要为注解添加参数，那么必须在构造函数中声明：

```
@kotlin.annotation.Target(AnnotationTarget.FILE)
@kotlin.annotation.Retention(AnnotationRetention.RUNTIME)
@MustBeDocumented
annotation class Label(val intValue: Int = 0, val stringValue: String = "")
```

5.8.2 注解的使用

注解在 Java 中是一个非常常用的功能，可以简化代码，生成文档，帮助检查代码中出现的错误，Kotlin 的注解和 Java 是 100%兼容的，也就是说，所有 Java 中的注解在 Kotlin 中同样适用，但是使用方法会有些不同。

（1）类和构造的注解

首先，可以给一个类添加注解：

```
@Keep
class Post {
    // ...
}
```

这个和 Java 语言中一样，如果是给类的构造函数添加注解，那么就有点不一样了，在 Kotlin 中，如果对类的主构造函数添加注解，那么必须要使用 constructor 关键字，然后将注解添加到 constructor 之前，例如：

```
class Foo @Inject constructor(dependency: MyDependency) {
    // ...
}
```

（2）属性和函数的注解

Kotlin 中为函数添加注解的方法如下所示：

```
@Provides
fun provideApplication(): Application = application
```

可以为一个函数添加多个注解，这和 Java 中是一样的，示例代码如下：

```
@Singleton
@Provides
fun provideApplication(): Application = application
```

可以把多个注解编到一个组里面，示例代码如下：

```
@[Provides Singleton]
fun provideApplication(): Application = application
```

Kotlin 中对属性的注解方式如下所示：

```
@Inject lateinit var name: String
```

Kotlin 中的属性对应 Java 中的成员变量和 setter、getter 方法，示例代码如下：

```
lateinit var name: String
```

生成的 Java 代码如下所示：

```
@NotNull
public String name;

@NotNull
public final String getName() {
    // ...
}

public final void setName(@NotNull String var1) {
    // ...
}
```

为属性添加注解的时候，需要指定注解的作用目标，如果注解的声明中已经指定了一个目标，那么生成的 Java 字节码中使用声明中指定的目标，示例代码如下：

```
@Target(ElementType.FIELD)
@Retention(RUNTIME)
@Documented
public @interface Label {
}
```

@Label 只能作用于 FIELD，目标明确，可以直接使用在属性上，示例代码如下：

```
@Label lateinit var name: String
```

如果修改一下 Label 的代码，那么将 Target 设为 METHOD，示例代码如下：

```
@Target(ElementType.METHOD)
@Retention(RUNTIME)
@Documented
public @interface Label {
}
```

同样的使用方法：

```
@Label lateinit var name: String
```

这次编译器会报错，因为无法区分 @Label 是作用于 getter 方法还是 setter 方法，这时需要在使用处指定一个作用目标：

```
@get:Label lateinit var name: String // 作用于 getter 方法
// ...
@set:Label lateinit var name: String // 作用于 setter 方法
```

设置作用 setter 方法后，对应的 Java 代码如下所示：

```
@NotNull
public String name;

@NotNull
public final String getName() {
    // ...
}

@Label
public final void setName(@NotNull String var1) {
    // ...
}
```

下面简单地将注解的目标分为声明处目标和使用处目标，Kotlin 支持的使用处目标如下。
1）file 代码文件。
2）property 属性，具有此目标的注解对 Java 不可见。

3）field 属性的域，对应 Java 中的成员变量。
4）get 属性的 getter。
5）set 属性的 setter。
6）receiver 扩展函数或属性的接收者参数。
7）param 构造函数参数。
8）setparam 属性的 setter 参数。
9）delegate 为委托属性存储其委托实例的字段。

如果注解没有声明 @Target 或者声明了多个 @Target，那么这时就需要用使用处目标来明确指定注解的作用目标，如果不指定使用处目标，那么按以下顺序来选择目标。

1）param。
2）property。
3）field。

对于没有在声明处指定 @Target 的注解，如果该注解的作用目标是 Java 的成员变量，那么在属性中使用的时候必须指定使用处目标：

```
@field:Named("test") lateinit var name: String
```

如果没有指定 @filed，那么上面的代码默认的作用目标是 property，而 property 在 Java 中是不可见的，这是一个比较危险的操作，因为一般情况下不会引起编译错误，只有在运行时才会发现。可以批量添加使用处注解，例如：

```
@field:[Inject Named("test")] lateinit var name: String
```

上面对属性的注解都使用了 lateinit，使用 lateinit 声明的属性生成的 Java 字节码成员变量是 public 的，有些注解不能使用在 private 成员，使用 lateinit 直接为属性添加注解是没有问题的，例如 Dagger 中的@Inject，如果写成下面的形式：

```
@Inject var name: String? = null
```

那么最终应用的目标是 field，但是生成的 Java 字节码成员变量是 private 的，编译器会报错，因为 @Inject 也支持注解到 setter 方法，不使用 lateinit 的话可以这样写：

```
var name: String? = null
    @Inject set
// 或者
@set:Inject var name2: String? = null
```

（3）扩展函数的注解

扩展函数的参数注解和普通函数一样，扩展函数除了函数参数和函数返回值，还有一个函数接收者，如果要对函数接收者进行注解，那么需要添加 receiver 声明：

```
@ColorInt
fun @receiver:ColorRes Int.toColorInt(): Int {
    // ...
}
```

5.8.3 注解和 Java 的兼容

(1) 文件注解

Kotlin 中可以对文件添加注解,注解必须在文件最顶端:

```kotlin
@file:JvmName("Utils")
package com.example.test

fun foo() {}
```

上面的注解可以指定文件在 JVM 中的名字,默认情况下,Kotlin 文件对应到 Java 中会在文件名后加 "Kt",例如 Utils.kt 在 Java 中对应的 class 是 UtilsKt,使用 JvmName 注解可以在 Java 中引用 Kotlin 代码时使用自己希望的名字。

(2) 注解参数

使用 Kotlin 声明的带参数的注解时,可以像使用函数一样,按照参数的声明顺序传递参数,参数名可以省略,示例代码如下:

```kotlin
annotation class Label2(val value1: String = "", val value2: String = "")
// ...
@Label2("1") lateinit var name: String
@Label2("1", "2") lateinit var name2: String
@Label2(value2 = "3") lateinit var name3: String
```

如果是 Java 的注解,那么必须要带上参数名,示例代码如下:

```
// java
public @interface Label2 {
    String value1() default "";
    String value2() default "";
}
// Kotlin
@Label2(value1 = "1") lateinit var name1: String
@Label2(value1 = "1", value2 = "2") lateinit var name2: String
@Label2(value3 = "3") lateinit var name3: String
```

一个特殊情况是 value 参数,使用的时候无须显式地指定参数名称,示例代码如下:

```
// Java
public @interface AnnWithValue {
    String value();
}
// Kotlin
@AnnWithValue("abc") class C
```

(3) 数组作为注解参数

如果 Java 注解中的名字为 value 的参数类型是数组,那么在 Kotlin 中会作为一个 vararg 参数,示例代码如下:

```
// Java
public @interface AnnWithArrayValue {
    String[] value();
}
// Kotlin
@AnnWithArrayValue("abc", "foo", "bar") class C
```

对于其他名字的数组参数，在 Kotlin 1.2 之前，必须使用 arrayOf(…)，在 Kotlin 1.2 之后可以使用数组的字面值语法：

```
// Java
public @interface AnnWithArrayMethod {
    String[] names();
}
// Kotlin 1.2+：
@AnnWithArrayMethod(names = ["abc", "foo", "bar"])
class C
// 旧版本 Kotlin：
@AnnWithArrayMethod(names = arrayOf("abc", "foo", "bar"))
class D
```

5.9 使用 DSL

DSL 是 Domain-Specific Language 的缩写，翻译过来为领域专用语言。不管是 Java 还是 Kotlin，都属于通用语言，用来解决通用的问题，DSL 是设计用来解决某一特定问题的计算机语言，例如 SQL 和正则表达式，还有 Gradle 的构建脚本。如果为解决一个问题就创建一个语言，那么开发和学习成本都是很高的，于是出现了内部 DSL，也就是使用编程语言构建 DSL，使用 Kotlin 就可以构建 DSL 语言。使用 Kotlin 构建一个内部的 DSL 其实十分简单，例如用于构建 Android 布局的 Anko Layout：

```
verticalLayout {
    val name = editText()
    button("Say Hello") {
        onClick { toast("Hello, ${name.text}!") }
    }
}
```

上面使用 DSL 构建了一个含有按钮和输入框的布局，如果使用普通的 Kotlin 代码来实现，那么代码量可能要多上一倍。以往实现代码的复用，往往是通过 API 的形式，现在使用 DSL 是个更好的方式，例如可以使用更加直观的方式构建 Html：

```
table {
    tr {
        td {
        }
    }
}
```

其实在 Kotlin 中实现一个 DSL 并不复杂，例如可以实现一个捕获异常的脚本：

```
catchException {
    // 可能会出现异常的代码
}
```

{} 内的代码抛出的所有异常都会被捕获，这种方式比起使用 try catch 要更方便，它的实现原理也非常简单，只是定义一个全局函数，示例代码如下：

```
inline fun catchException(block: () -> Unit) {
    try {
        block.invoke()
    } catch (e: Exception) {
        e.printStackTrace()
    }
}
```

虽然能够生成的 DSL 各种各样，但创建 DSL 的方法其实就那么几种，首先是重载 invoke() 操作符，不只是函数可以通过()被调用，任何的对象只要实现了()操作符的重载，都能被调用，例如实现一个 String 的()操作符的重载：

```
inline operator fun String.invoke(action: (String) -> Unit) {
    action.invoke(this)
}
```

之后就可以使用 DSL 的方式对字符串进行操作：

```
fun main(args: Array<String>) {
    "Hello" {
        print(it)
    }
}
// 输出：Hello
```

上面的代码完整的书写形式应该是：

```
"Hello"({
    print(it)
})
```

当只有一个函数参数的时候，调用操作符()可以被省略，最终的代码就成了 DSL 的形式。还有一种常见的构建方法是通过带有接收者的函数参数来实现，Kotlin 为此提供一种函数类型，相比普通的函数，这种函数指定了接收者类型，函数的字面值形式为 A.(B) -> C，A 为接收者，B 为函数参数，C 为函数返回值，例如定义一个接收者类型为 String 的高阶函数：

```
fun main(args: Array<String>) {
    val printStr: String.() -> Unit = {
        println(this)
    }
```

```kotlin
        val str = "Hello"
        str.printStr()
}
```

可以使用带着接收者的函数实现一个简单的 Http 请求的 DSL，示例代码如下：

```kotlin
data class Params(var url: String? = null,
                  var onSuccess: (() -> Unit)? = null,
                  var onError: (() -> Unit)? = null)

fun get(init: Params.() -> Unit) {
    val params = Params()
    params.init()
    println(params)
    // ...
}
fun main(args: Array<String>) {
    get {
        url = "http://example.com"
        onSuccess = {
        }
        onError = {
        }
    }
}
```

输出结果：

```
Params(url=http://example.com, onSuccess=() -> kotlin.Unit, onError=() -> kotlin.Unit)
```

init Lambda 表达式执行的是对 Params 初始化的操作，使用命名参数也可以实现同样的功能，示例代码如下：

```kotlin
fun get(params: Params) {
    // ...
}

fun main(args: Array<String>) {
    get(Params(
        url = "http://example.com",
        onSuccess = {},
        onError = {}
    ))
}
```

当然，这种写法还是没有第一种简洁。

第6章 Java 和 Kotlin 的互相调用

Kotlin 在设计时就考虑了与 Java 的互操作性。开发人员可以从 Kotlin 中自然地调用现有的 Java 代码，在 Java 代码中也可以很顺利地调用 Kotlin 代码。这是 Kotlin 中非常重要的一个特性。这一章将重点介绍如何来实现它们之间的相互调用。

6.1 Kotlin 和 Java 代码的对应关系

要想实现两种语言之间的相互调用，那么一定会涉及很多代码级别的对应关系，这一节首先介绍它们代码之间的对应关系。

6.1.1 包级函数的对应

Kotlin 和 Java 代码是可以互相调用的，也许很多人觉得很神奇，新的语言兼容旧的语言很正常，但旧的语言为何能调用新的语言呢？Kotlin 能做到这一点是因为代码最终生成的是标准的 JVM 字节码文件，和在 Java 项目中引用的 jar 格式的库一样，可以说 Java 使用 Kotlin 代码的时候，就像使用一个 library 一样。

要调用合适的代码必须先找到对应的完整的类名，Java 完整的类名就是 package 声明加上类声明：

```
package com.example;

public class ClassA {
}
```

ClassA 的完整类名是 com.example.ClassA，一个 Java 代码文件只能对应一个 public class，通常情况下，一个代码文件只有一个 class，文件除了 package 和 import 声明，其他内容都在 class 内。Kotlin 的代码文件就比较复杂了，可以直接在文件中声明函数、属性和类，例如 Kotlin 文件 ClassB.kt：

```
// ClassB.kt

package com.example

var a = "Hello"
fun foo() {
    println("World")
}

class ClassB {
}
```

以上内容，在 Kotlin 中使用的时候只要 import com.example.* 就可以直接使用，但是在 Java 中是没有直接在文件中声明属性和函数的语法的，这时编译器会根据文件名生成一个新的类，类名为文件名加 Kt，ClassB.kt 生成的类名为 ClassBKt，所有直接声明在文件中的函数会成为 ClassBKt 的静态函数，所有属性会变成静态变量和对应的 setter、getter 方法，ClassB.kt 就可以在 Java 中这样被调用：

```
ClassBKt.foo();
ClassBKt.getA();
ClassBKt.setA("abc");
```

ClassB.kt 中的属性 a 在 Java 中显示如下：

```
@NotNull
private static String a = "Hello";

@NotNull
public static final String getA() {
    return a;
}

public static final void setA(@NotNull String var0) {
    a = var0;
}
```

如果不希望 a 在 Java 中显示为属性的形式，那么可以添加 @JvmField 注解：

```
@JvmField
var a = "Hello"
```

这样 a 在 Java 中会显示为一个 public 的静态变量，不会有 setter 方法和 getter 方法。

6.1.2 Kotlin 的 object 在 Java 中的对应关系

在 Java 开发中，经常会在类中声明一些静态变量作为常量，例如：

```
class ClassA {
    public static double PI = 3.14;
}
// 使用方式
double pi = ClassA.PI
```

Kotlin 中没有静态变量，声明类相关的常量需要使用伴生对象：

```
class ClassB {
    companion object {
        val PI = 3.14
    }
}
```

在 Kotlin 中使用的时候可以通过类名使用 PI，val pi = ClassB.PI，但是在 Java 中是不可以的，这里的 PI 不是 ClassB 的静态变量，而是 ClassB 内的一个静态类的属性，ClassB 会持有一个改静态类的静态引用 Companion，所以在 Java 中正确的调用方式是：

```
double pi = ClassB.Companion.getPI();
```

如果伴生对象内有函数，那么也可以通过 Companion 引用来调用，当然，也有办法直接声明为类的静态变量和静态函数，示例代码如下：

```
class ClassB {
    companion object {
        const val PI = 3.14

        @JvmField
        val TAG = "ClassB"
        @JvmStatic
        fun foo() {
            // ...
        }
    }
}
```

const 是 Kotlin 中的一个特殊的关键字，只能使用在基本数据类型和 String 上，仅在文件顶层和对象内使用，并且只能使用在 val 属性上。使用 const 声明的属性对应到 Java 中都是 static final 类型的变量。Kotlin 中的对象和伴生对象一样，也是不能直接在 Java 中使用的，示例代码如下：

```
// file Utils.kt
package com.example
object Utils {
    val a = "abc"
    fun foo() {
        // ...
    }
}
// Utils 在 Java 中调用
Utils.INSTANCE.getA();
Utils.INSTANCE.foo();
```

同样可以使用 @JvmField 和 @JvmStatic 注解控制编译生成的代码为静态的。

6.1.3　Kotlin 的属性和 Java 的对应关系

Kotlin 的属性声明很像 Java 的变量声明：

```
var name: String = ""
```

以 name 属性为例，它在 Java 中会编译成以下元素。

1）setName() 方法，名称通过加前缀 set 算出。
2）getName() 方法，名称通过加前缀 get 算出。

3）一个 name 成员变量。

对应的 Java 代码如下：

```java
// Java
@NotNull
private String name = "";
@NotNull
public final String getName() {
    return this.name;
}

public final void setName(@NotNull String var1) {
    this.name = var1;
}
```

除了上面的规则，还要注意以下两点，Kotlin 中的 val 属性对应的 Java 代码没有 setter 方法，如果属性是以 is 开头，那么不会生成 Java 中的 getter 方法，取而代之的是 is 开头的方法，例如：

```kotlin
var isNew: Boolean = false
```

对应的 Java 代码如下：

```java
// Java
private boolean isNew;
public final boolean isNew() {
    return this.isNew;
}

public final void setNew(boolean var1) {
    this.isNew = var1;
}
```

上面例子中的 name 和 isNew 在 Kotlin 中都是对应的幕后字段，会生成 Java 中的成员变量，如果各 Kotlin 中的属性没有幕后字段，例如：

```kotlin
var name: String
    set(value) {
    }
    get() = ""
```

那么对应的 Java 代码就不会有成员变量，示例代码如下：

```java
// Java
 @NotNull
public final String getName() {
    return "";
}

public final void setName(@NotNull String value) {
```

}

实际上有没有幕后字段对编码的影响不大，幕后字段在 Java 中是私有成员变量，一般无法访问，开发人员可以通过反射来验证一下，示例代码如下：

```
// Kotlin
class ClassA {
    val name: String = ""
}

class ClassB {
    var name: String
        set(value) {}
        get() = ""
}
// Java
ClassA classA = new ClassA();
Field[] fields1 = classA.getClass().getDeclaredFields();
System.out.println("ClassA:");
for (Field f : fields1) {
    System.out.println(f.getName());
}
System.out.println("ClassB:");
ClassB classB = new ClassB();
Field[] fields2 = classB.getClass().getDeclaredFields();
for (Field f : fields2) {
    System.out.println(f.getName());
}
```

输出结果：

```
ClassA:
name
ClassB:
```

ClassA 有幕后字段，在 Java 中通过反射可以读取到，ClassB 则读取不到任何字段。

6.2 Java 中使用 Kotlin 的扩展

与 Kotlin 的扩展函数对应的是 Java 的静态函数，扩展函数的接收者会变成静态函数的第一个参数，以下定义的是一个最简单的扩展函数：

```
// Utils.kt
fun String.fun1() {
    //...
}
```

在 Java 中对应的调用方法为：

```
// Java
UtilsKt.fun1("");
```

扩展函数也可以在 object 中声明，这种情况在 Java 中调用的时候要加上 INSTANCE 或者 Companion：

```
object Utils {
    // 在 object 内声明扩展函数
    fun String.fun1(){
        // ...
    }
}

// 在 Java 中调用 Kotlin 的扩展函数
Utils.INSTANCE.fun1("");
```

Kotlin 中的扩展属性对应到 Java 中也会变成静态函数，示例代码如下：

```
// file Foo.kt
package com.example
var ClassB.name: String
    get() {
        return _name ?: ""
    }
    set(value) {
        _name = value
    }

class ClassB {
    var _name: String? = null
}

// Kotlin 的扩展属性在 Java 中调用
ClassB classB = new ClassB();
ClassBKt.getName(classB);
ClassBKt.setName(classB, "");
```

Kotlin 中还有一种特殊的扩展函数，它不仅是扩展函数，还是运算符重载，例如对()的重载，示例代码如下：

```
// file Utils.kt
package com.example
operator fun String.invoke() {
    //
}
```

Java 中没有运算符重载，那么这时候就只能使用操作符对应的函数了，()对应的是 invoke()函数，示例代码如下：

```
String str = "abc";
```

```
UtilsKt.invoke(str);
```

Kotlin 中所有运算符都有对应的函数,也就是说,Kotlin 的运算符重载的代码在 Java 中也是可以使用的。

6.3 静态函数和静态字段

静态变量或方法是 Java 的特性,它在 Kotlin 中有没有对应的实现方式呢?Kotlin 中如何调用 Java 的静态属性或方法呢?这些都是面试笔试中经常被问到的问题。读完这一节后,这些问题都将迎刃而解。

6.3.1 静态方法和静态字段

静态变量和静态函数在 Java 中是很常用的,但是 Kotlin 语言中没有静态变量和静态函数。Kotlin 中没有 static 关键字,不过在生成的字节码中还是会有静态声明的,同样,在 Java 中使用 Kotlin 代码的时候也有静态声明,Kotlin 产生静态声明的地方主要有以下几个。

1) const 声明。
2) 顶层声明的变量和函数。
3) object 和 companion object 中使用 @JvmField 和 @JvmStatic 注解的声明。

Kotlin 中只允许使用 const 声明基本数据类型和 String,而且 const 声明只能用在顶层声明和 object 中。const 所有的使用情况可以总结如下:

```
// 在 object 中使用 const
object ObjectA {
    const val id = 1
}

// 在 companion object 中使用 const
class ClassA {
    companion object {
        const val tag = "ClassA"
    }
}

// 在顶层声明中使用 const
const val name = "test"
```

上面所有的 const 声明对应到 Java 中都是静态变量。const 只能修饰不可变(val)的基本类型和 String,其他情况下需要用到注解:

```
object Utils {
    @JvmField
    var id = ""          // var 修饰基本数据类型和 String 添加 @JvmField 会产生静态变量

    @JvmField
    val view = View.createInstance()
```

```kotlin
        @JvmStatic
        var person = Person()
    }
```

使用 @JvmField 和 @JvmStatic 都会产生静态变量，它们的区别是 @JvmField 注解的变量对应到 Java 中是 public static 类型的一个静态变量，@JvmStatic 注解的变量对应到 Java 中是一个静态属性，会产生一个 static 类型的变量和对应的 setter、getter 静态函数，示例代码如下：

```java
// Java
public static void main(String[] args) {
    String id = Utils.id;
    View view = Utils.view;
    Person person = Utils.getPerson();
}
```

Kotlin 的 object 中的函数添加 @JvmStatic 注解后在 Java 中会显示为静态函数，示例代码如下：

```kotlin
// Kotlin
object Utils {
    @JvmStatic
    fun foo() {
        // ...
    }
}
```

```java
// Java
public static void main(String[] args) {
    Utils.foo(); // 使用 @JvmStatic 注解的 Kotlin 函数在 Java 中显示为静态函数
}
```

虽然添加了注解后这些变量和函数实际成了静态类型，但是在使用的时候是没有任何区别的，这些注解更多的是为了解决兼容性的问题。

有了静态函数，就可以为 Kotlin 程序添加入口了，Java 中添加入口的方法为：

```java
// Java
public static void main(String[] args) {
    // ...
}
```

main 方法的要求是 public 和 static，那么在 Kotlin 中，main 函数可以声明在文件顶层或者在 object 中添加 @JvmStatic 注解：

```kotlin
// Kotlin 中三种 main 函数的声明方式
class Foo {
    companion object {
        @JvmStatic
        fun main(args: Array<String>) {
```

```kotlin
            //...
        }
    }

    object Bar {
        @JvmStatic
        fun main(args: Array<String>) {
            //...
        }
    }

    fun main(args: Array<String>) {
        //..
    }
```

由于 Kotlin 中没有静态声明，所以 Kotlin 中也没有静态内部类的概念，取而代之的是嵌套类和内部类，示例代码如下：

```kotlin
class Outer {
    private val outerName = "Foo"

    // 嵌套类
    class Nesting {
    }

    // 内部类
    inner class Inner {
        fun bar() {
            // 内部类拥有外部类的 this 引用
            println(outerName)
        }
    }
}
```

其实 Kotlin 的嵌套类对应 Java 中的静态内部类，Kotlin 中的内部类对应 Java 中的内部类。语法上 Kotlin 和 Java 是相反的，Java 中默认是内部类，添加 static 声明后是静态内部类，Kotlin 中默认是静态内部类，添加 inner 声明后是内部类。在 Java 中内部类会隐含一个外部类的 this 引用，如果使用不当，很容易造成内存泄露，Kotlin 嵌套类默认是静态内部类，这也体现了对细节的追求。

6.3.2 Java 中使用 Kotlin 的 object

Kotlin 中引入的对象的概念，包括 object 和 companion object，示例代码如下：

```kotlin
// Kotlin
class View {
    companion object {
        fun createInstance(): View {
            return View()
```

```
            }
        }
    }
    object Manager {
        fun getData() {
        }
    }
```

在 Kotlin 中使用对象与在 Java 中使用 static 工具类很像，示例代码如下：

```
// Kotlin
View.createInstance()
Manager.getData()
```

但是 Kotlin 的对象和 Java 中的 static 工具类完全是两码事，它对应的是 Java 中的单例，所以在 Java 中使用时首先要获取 Kotlin 对象的单例，每个单例对象都有一个 static 引用，object 和 companion object 的单例引用的名字不同，object 为 INSTANCE，companion object 为 Companion，在 Java 中调用 Kotlin 对象的时候需要这样调用：

```
// Java
View.Companion.createInstance();
Manager.INSTANCE.getData();
```

如果 companion object 添加了名字，那么在 Java 中使用的时候要用伴生对象的名字，示例代码如下：

```
// kotlin
class View {
    companion object Factory {
        fun createInstance(): View {
            return View()
        }
    }
}

// Java
View.Factory.createInstance();
```

6.4 Kotlin 中的 Lambda 表达式和函数参数

Lambda 表达本质上就是匿名函数，对于只有一个函数的匿名类，就可以写成 Lambda 的形式，示例代码如下：

```
// Java
// 使用匿名类
OnClickListener listener = new OnClickListener() {
    @Override
```

```
        public void onClick(View v) {
            // ...
        }
    };

    // 使用 Java 的 Lambda
    OnClickListener listener = v -> {
        // ...
    };
```

使用 Lambda 表达式可以让代码更加简单，在 Kotlin 中，上面的匿名类写成 Lambda 形式为：

```
// Kotlin
val listener = OnClickListener { v ->
    //…
}
```

当 Lambda 表达式只有一个参数的时候，我们可以省略这个参数声明，在 Lambda 表达式中用 it 代替这个参数：

```
val listener = OnClickListener {
    // it 就是参数 View
}
```

匿名函数是为了传递操作或者称作功能，例如需要外部提供一个点击按钮的操作，当用户点击按钮时触发这个操作，Java 无法传达函数，所以通过匿名类的方式实现，但是匿名类需要实现对应的接口或者父类，在 Kotlin 使用 Lambda 无须声明父类，只要提供 Lambda 类型就可以了，示例代码如下：

```
object Foo {
    // Kotlin
    val listener: (view: View) -> Unit = {
        // ...
    }

    // 或者使用自动推断类型
    //val listener = { view: View ->
    //}
}
```

上面 Lambda 表达式的类型为 (View)->Unit，表示这是一个匿名函数，参数为 View，返回值为 Unit。Java8 以下的版本没有匿名函数，更没有函数类型，但是 Kotlin 和 Java 是互相兼容的，Kotlin 代码在 Java 中是可以被调用的，而且 listener 在 Java 中必须是能传递的，在 Java8 以下的版本中，只能通过匿名类的方式实现。在 Java 中调用代码如下：

```
View view = null;
// ...
Function1<View, Unit> function1 = Foo.INSTANCE.getListener();
function1.invoke(view);
```

在 Java 中，Kotlin 的类型 (View)->Unit 变成了 Function1<View, Unit>，Function1 为一个接口，且只有一个 invoke 函数，其声明如下：

```java
// Java
public interface Function1<in P1, out R> : Function<R> {
    /** Invokes the function with the specified argument. */
    public operator fun invoke(p1: P1): R
}
```

Function1 是 Kotlin 标准库提供的一个接口，专门用来处理 Java 中引用 Kotlin 中的 Lambda 声明，在 Functions.kt 文件中，声明了从 Function0～Function22 的函数，Functions.kt 的内容如下：

```
package kotlin.jvm.functions

/** A function that takes 0 arguments. */
public interface Function0<out R> : Function<R> {
    /** Invokes the function. */
    public operator fun invoke(): R
}

/** A function that takes 1 argument. */
public interface Function1<in P1, out R> : Function<R> {
    /** Invokes the function with the specified argument. */
    public operator fun invoke(p1: P1): R
}

/** A function that takes 2 arguments. */
public interface Function2<in P1, in P2, out R> : Function<R> {
    /** Invokes the function with the specified arguments. */
    public operator fun invoke(p1: P1, p2: P2): R
}

// ...

/** A function that takes 22 arguments. */
public interface Function22<in P1, in P2, in P3, in P4, in P5, in P6, in P7, in P8, in P9, in P10, in P11, in P12, in P13, in P14, in P15, in P16, in P17, in P18, in P19, in P20, in P21, in P22, out R> : Function<R> {
    /** Invokes the function with the specified arguments. */
    public operator fun invoke(p1: P1, p2: P2, p3: P3, p4: P4, p5: P5, p6: P6, p7: P7, p8: P8, p9: P9, p10: P10,
        p11: P11, p12: P12, p13: P13, p14: P14, p15: P15, p16: P16, p17: P17, p18: P18, p19: P19,
        p20: P20, p21: P21, p22: P22): R
}
```

Kotlin 中的 Lambda 和 Functions 的对应规则其实很简单，Function1<View, Unit> 名字中的数字表示匿名函数有几个参数，最后一个泛型参数类型为 Lambda 表达式的值的类型，其他的泛型参数对应 Lambda 表达式的参数，其余和匿名函数的类型相同，例如：

```
// Kotlin
object Foo {
```

```
        val lambda1: (Int, String) -> Boolean = { i, s ->
            i == s.toInt()
        }
    }
```

Lambda 表达式 lambda1 有两个参数，返回值类型为 Boolean，那么在 Java 中对应的类型为 Function2<Integer, String, Boolean>，示例代码如下：

```
// Java
Function2<Integer, String, Boolean> function2 = Foo.INSTANCE.getL();
function2.invoke(1, "2");
```

function2 在 Java 中是一个对象，对象是可以被传递的，也就实现了和匿名函数相同的功能。

6.5 解决命名冲突

Java 与 Kotlin 都有自己的不同关键字与命名规则。当二者在相互调用的时候一定会涉及命名冲突的问题，这一节将重点介绍 Java 与 Kotlin 在相互调用的过程中是如何处理命名冲突问题的。

6.5.1 Kotlin 中使用标识符转义解决命名冲突

所有的语言都有保留的关键字，关键字是不能作为标识符使用的，例如 Java 中的 void、int 不能作为变量名字来使用。Kotlin 有一部分关键字是 Java 中没有的，例如 var，val，object 等，object 在 Java 中就经常作为变量名或者参数名，示例代码如下：

```
// Java
public class Foo {
    public Object object;
}
```

而 object 在 Kotlin 中肯定是不能作为标识符使用的，但是在 Kotlin 中可以使用转义字符，如果 Java 中的标识符和 Kotlin 的关键字冲突了，那么可以通过添加 "`" 来解决冲突，示例代码如下：

```
// Kotlin
val obj = Foo().`object`   // 在 Java 中可以直接使用 object 作为变量名，在 Kotlin 中就需要使用转义字符了
```

有了转义字符，理论上变量和参数命名就没有任何限制了，但是尽量还是只在和 Java 交互的时候使用标识符，不要去写类似下面的代码：

```
// Kotlin
val `val` = "val"
```

Java 中的标识符在 Kotlin 中显示的时候可能会跟 Kotlin 的关键字冲突，反过来也一样：

```
// Kotlin
```

```kotlin
const val void = ""
```

使用 void 作为变量名在 Java 的语法中是不被允许的，对此 Kotlin 没有做兼容。因此，在 Java 中不能调用上面的代码，Kotlin 把避免冲突的工作交给了开发人员，如果开发人员写的 Kotlin 代码希望在 Java 中使用，那就必须避免使用 Java 的关键字作为标识符。

6.5.2 使用 @JvmName 指定名字

Kotlin 在被编译的过程中会自动生成一些类，例如，如果有直接在文件顶层的声明，那么会生成一个文件名加 Kt 的类，例如文件"Utils.kt"会生成 UtilsKt 类，如果想修改由文件生成的类的名字，那么可以为文件添加@JvmName 注解：

```kotlin
@file:JvmName("Utils")
package com.example
fun foo() {
    //...
}
```

在添加注解后，编译器自动生成的类的名字就变成了指定的名字，在 Java 中调用的时候也就可以直接使用指定的名字了，示例代码如下：

```
Utils.foo();
```

除了给文件添加注解外，在 Kotlin 中也可以使用 @JvmName 来指定一个命名函数在 JVM 字节码中的名字，例如下面的函数：

```kotlin
fun List<String>.filterValid(): List<String> {
    //...
}

fun List<Int>.filterValid(): List<Int> {
    //...
}
```

上面两个函数是不能同时定义的，这是因为泛型是基于类型擦除实现的，在生成的字节码中是没有泛型参数的，上面两个函数的签名都是"filterValid(Ljava/util/List;)Ljava/util/List;"，因此它们会有命名冲突。其实 Kotlin 的编译器是能正常识别这两个函数的，在编译阶段能够监测出不正确的调用。在这种情况下，可以使用 @JvmName 修改其中一个函数在 JVM 字节码中的名字，这样就避免了命名冲突，示例代码如下：

```kotlin
@JvmName("filterValidString")
fun List<String>.filterValid(): List<String> {
    //...
}

fun List<Int>.filterValid(): List<Int> {
    //...
}
```

在 Kotlin 中可以使用 filterValid 直接调用两个方法，在 Java 中类似相同名字的方式是不允许共存的，示例代码如下：

```
// Kotlin
val list = listOf(1, 2, 3)
val list2 = listOf("1", "2", "3")

list.filterValid()
list2.filterValid()
```

在 Java 中 List<String>.filterValid() 函数名字会变为 filterValidString，示例代码如下：

```
// java
List<Integer> list = new ArrayList<>();
List<String> list2 = new ArrayList<>();

//...
TestKt.filterValid(list);
TestKt.filterValidString(list2);
```

@JvmName 也可以用于指定属性的 getter 和 setter 的名字，如下例所示：

```
class Foo {
    var bar: String
        @JvmName("get_Bar")
        set(value) {
        }

        @JvmName("set_Bar")
        get() {
            return ""
        }
}
```

属性 bar 在 Java 中显示为 set_Bar 和 get_Bar，示例代码如下：

```
Foo foo = new Foo();
foo.set_Bar("");
foo.get_Bar();
```

6.6 重载函数

在 Java 中的函数是没有默认参数的，Kotlin 中有默认值的函数在 Java 中是一个所有参数都存在的函数，示例代码如下：

```
// Kotlin
fun foo(param1: String = "", param2: String = "") {
}
```

在 Java 中显示为：

```java
// Java
public static final void foo(@NotNull String param1, @NotNull String param2) {
    // ...
}
```

如果需要向 Java 中暴露多个重载，那么可以使用@JvmOverloads 注解，示例代码如下：

```kotlin
// Kotlin
class Foo @JvmOverloads constructor(x: Int, y: Double = 0.0) {
    @JvmOverloads fun f(a: String, b: Int = 0, c: String = "abc") {
        ……
    }
}
```

上面的代码会生成以下的 Java 代码：

```java
// Java
// 构造函数：
Foo(int x, double y)
Foo(int x)

// 方法
void f(String a, int b, String c) { }
void f(String a, int b) { }
void f(String a) { }
```

@JvmOverloads 可以用于构造函数和静态方法，但是不能用于抽象方法。在继承的时候，可以使用@JvmOverloads 重载多个构造函数，示例代码如下：

```java
// Java 实现
public class MyView extends View {
    public MyView(Context context) {
        super(context);
    }

    public MyView(Context context, AttributeSet attrs) {
        super(context, attrs);
    }

    public MyView(Context context, AttributeSet attrs, int defStyleAttr) {
        super(context, attrs, defStyleAttr);
    }

    public MyView(Context context, AttributeSet attrs, int defStyleAttr, int defStyleRes) {
        super(context, attrs, defStyleAttr, defStyleRes);
    }
}
```

在 Kotlin 中可以这样写：

```kotlin
// Kotlin 实现
class MyView @JvmOverloads constructor(context: Context, attrs: AttributeSet? = null, defStyleAttr: Int = -1) : View(context, attrs, defStyleAttr)
```

6.7 空安全

前面的章节中已经介绍过了 Kotlin 的空安全机制。由于 Java 没有提供空安全机制，这一节将重点介绍 Kotlin 与 Java 相互调用时如何处理空安全。

6.7.1 Kotlin 兼容 Java 空检查机制

在 Java 开发中，有时候会遇到这样的情况，向一个函数传值为 null 的参数时，IDE 会给出警告，例如在 IntelliJ IDEA 中：

```
public static void main(String[] args) {
    User user = new User();
    user.setName(null);
}
```
Passing 'null' argument to parameter annotated as @NotNull more... (⌘F1)

这是 Java 中的空检查机制在起作用，如果对 String 变量或参数添加@NotNull/@Nullable 注解，那么就相当于 Kotlin 中的 String 和 String?。

Kotlin 会读取 Java 中的可空性注解，在代码中显示为对应的类型，例如给 setter 方法和 getter 方法添加注解，示例代码如下：

```
// Java
class User {
    @Nullable
    public String getName() {
        return null;
    }

    public void setName(@Nullable String name) {
        //...
    }
}
```

添加了@Nullable 注解后，在 Kotlin 中 name 属性显示为 String? 类型，示例代码如下：

```
fun main(args: Array<String>) {
    val user = User()
    user.name
}
```

```
fun main(args: Array<String>) {
    val name: String? = user.name
    println(name)
}
```

如果把@Nullable 修改为@NotNull，那么在 Kotlin 中 name 属性就变成了不可空的 String。

6.7.2 平台类型

由于历史原因，绝大部分的 Java 代码都没有添加可空性注解，这部分的引用都可能是 null，对没有添加可空性注解的 Java 代码，Kotlin 的处理方式是放宽空检查严格机制，保持和 Java 一致，也就是说一个引用在 Java 中没有进行空检查，在 Kotlin 中也不会进行空检查，举个例子：

```
// Java
public class User {
    public String name;
}

// Kotlin
fun main(args: Array<String>) {
    val user = User()
    user.name = null
    println(user.name.length)
}
```

user.name 在 Kotlin 可以赋值为 null，而且无论怎样使用，编译器都不会提示错误，在 IDE 中查看 user.name 的类型会显示为 String!：

```
public final var User.name: String!
Java declaration:
User
public void setName(String name)
    val user = User()
    user.name = null
    println(user.name.length)
}
```

Kotlin 中称这种类型为平台类型，这是 Kotlin 为了兼容第三方平台添加的特殊类型，其表示方法为在类型后面添加"!"，例如"String!""User!"，平台类型不能显式地声明，在 Kotlin 中没有关于平台类型的语法，只有在编译器和 IDE 中能显示，除了直接调用 Java 的代码外，当 Kotlin 中的引用指向 Java 中的对象时，如果使用了自动推断机制，那么会推断为相应的平台类型，例如：

```
val name = user.name        // name 为 String! 类型
```

使用平台类型可能会让人疑惑，如果将 user.name 作为 String? 来使用，那么在每次使用的时候都进行空检查，这样可以最大程度地避免空指针错误，但是这样做在对 Java 的兼容上是有缺陷的。例如，在使用泛型的时候，Kotlin 中的类型 ArrayList<String> 在 Java 中对应的声明是 @NotNull ArrayList<@NotNull String>，而类型注解在 Java8 后才能使用，在 Java7 中没有办法去声明一个非空泛型类型，因此只能写成@NotNull ArrayList<String>，那么在 Kotlin 中会被识别为 ArrayList<String!>，泛型是否需要空检查可以自己控制，如果所有没有添加可空性注解的 Java 代码都显示为可空的，那么在 Java8 以下的代码中就永远不能声明一个在 Kotlin 中显示为 ArrayList<String> 类型的对象。

使用平台类型给 Kotlin 中的引用赋值的时候，如果产生了给非空类型赋值 null 的情况，那么在运行的时候会触发一个断言，阻止空指针继续传播。

```
user.name.length    // user.name 如果为空，那么会出现空指针异常
val nullable: String? = user.name  // 允许赋值而且不会出现任何问题
val notNull: String = user.name   // 允许赋值，但是当 user.name 为空的时候会出现异常
```

6.7.3 可空性注解

Kotlin 支持的空检查的注解有：

1）JetBrains (注解为@Nullable 和@NotNull，包名为 org.jetbrains.annotations)

2）Android (注解为@Nullable 和@NonNull，包名为 com.android.annotations 或者 android.support.annotations)

3）JSR-305 (注解为@Nullable 和@NonNull，包名为 javax.annotation)

4）FindBugs (edu.umd.cs.findbugs.annotations)

5）Eclipse (org.eclipse.jdt.annotation)

6）Lombok (lombok.NonNull)

这些注解都可以被 Kotlin 识别，添加注解的对象在 Kotlin 中会被当做正常的对象，不会被标识为平台类型。

Kotlin 代码在 Java 中查看时会有@NotNull 或者@Nullable 注解，例如下面的 Kotlin 函数：

```
// Kotlin
fun foo(text: String): String? {
    return text
}
```

对应的 Java 代码如下：

```
// Java
@Nullable
public static final String foo(@NotNull String text) {
    Intrinsics.checkParameterIsNotNull(text, "text");
    return text;
}
```

在 Java 代码中，除了函数参数和返回值添加了可空性注解，在函数内部也添加了空检查，示例代码如下：

```
Intrinsics.checkParameterIsNotNull(text, "text");
```

checkParameterIsNotNull() 在 Kotlin 标准库中，它的作用是检查指定的变量是否为空，如果为空，就会抛出异常，示例代码如下：

```
java.lang.IllegalArgumentException: Parameter specified as non-null is null
```

这个异常是运行时异常，也就是会引起崩溃的异常，如果在 Java 中这样使用，就会出现这个异常：

```
// Java
foo(null);
```

这个异常不是空指针异常 java.lang.NullPointerException，在抛出这个异常的时候也的确没有出现空指针，Kotlin 使用抛出异常的方式来阻止空指针继续传播。所以在 Java 中调用 Kotlin 代码时，不仅需要修复编译错误，而且要认真处理每一个警告。

6.8 Kotlin 和 Java 泛型的互相调用

在 Kotlin 中使用 Java 的泛型时，首先要考虑的是平台类型，Java 中的 ArrayList<String> 在 Kotlin 中显示为 ArrayList<String>!，平台类型在 Kotlin 中可以作为可空类型和非空类型使用，如果将一个 String! 的空值传递给 Kotlin 中的变量，那么赋值的时候就会触发断言，如下例所示：

```
// Java
public class Foo {
    public String bar = null;
}

// Kotlin
val text = User.Foo().bar    // 触发断言，运行时会报错
```

但是如果把一个有 null 作为列表项的 Java 的 ArrayList<String> 赋值给 Kotlin 中的 ArrayList<String>，那么赋值是不会触发断言的，只有在使用的时候才会报错，示例代码如下：

```
// Java
public class Foo {
    public ArrayList<String> list = new ArrayList<>();
    public Foo() {
        list.add(null);
    }
}

// Kotlin
val list: List<String> = User.Foo().list
println(list[0].length) // java.lang.NullPointerException
```

Java 中的泛型导入到 Kotlin 时，会执行如下的一些转换。
1）Java 的通配符转换成类型投影。
2）Foo<? extends Bar> 转换成 Foo<out Bar!>!。
3）Foo<? super Bar> 转换成 Foo<in Bar!>!。
4）Java 的原始类型转换成星投影。
5）List 转换成 List<*>!，即 List<out Any?>!。

Java 和 Kotlin 在运行时不保留泛型类型，所以不能在运行时检查类型参数，在 Kotlin 中只允许使用 is 检测星投影的泛型类型，如下例所示：

```
if (list is List<Int>) // 无法检查 list 是一个 Int 列表
if (list is List<*>) // 可以检查 list 是否是 List
```

Kotlin 的泛型比 Java 多一个声明处型变的功能，Java 中是没有声明处型变的。

```
// Java
static class Fruit {}
static class Apple extends Fruit {}
static class Orange extends Fruit {}
static class Foo<T> {}
```

如果需要一个泛型的引用能够既保存 Foo<Apple>对象，又保存 Foo<Orange>对象，就要在声明引用的地方使用型变，如下例所示：

```
// Java
Foo<Apple> apple = new Foo<>();
Foo<Orange> orange = new Foo<>();
Foo<? extends Fruit> fruit;

fruit = apple;
fruit = orange;
```

在 Kotlin 中有声明处型变，那么修改一下 Foo 的声明：

```
class Foo<out T>
```

在使用的时候就可以直接用 Foo<Fruit> 引用指向 Foo<Apple> 和 Foo<Orange> 了，如下例所示：

```
// Kotlin
val apple = Foo<Apple>()
val orange = Foo<Orange>()
var fruit: Foo<Fruit>

fruit = apple
fruit = orange
```

这时 Kotlin 中的 Foo<Fruit> 其实对应的是 Java 中 Foo<? extends Fruit>，在 Java 中使用 ? extends Fruit 来通过使用处型变模拟声明处型变。为了让 Kotlin 代码能在 Java 中正常工作，编译器会将 Kotlin 的声明处型变转换为 Java 中的使用处型变，使用 extends 处理协变，使用 super 处理逆变，如下函数：

```
// Kotlin
fun bar(fruit: Foo<Fruit>) {
    //...
}
```

对应到 Java 中是：

```java
// Java
public void bar(Foo<? extends Fruit> foo) {
    // ...
}
```

这样函数在 Kotlin 和 Java 中能够接收的函数参数是完全相同的。如果是函数的返回值用到了声明处型变，那么在 Java 代码中不会添加通配符：

```
fun boz(): Foo<Fruit> {
    // ...
}
```

在 Java 中是：

```java
public Foo<Fruit> boz() {
    // ...
}
```

可以通过添加 @JvmWildcard 来控制返回值生成通配符，示例代码如下：

```
fun boz(): Foo<@JvmWildcard Fruit> {
    // ...
}
```

也可以通过添加@JvmSuppressWildcards 来控制参数不生成通配符，示例代码如下：

```
// Kotlin
fun bar(fruit: Foo<@JvmSuppressWildcards Fruit>) {
    // ...
}
```

如果@JvmSuppressWildcards 是应用于函数或者类的，那么整个声明都不会生成通配符。

6.9 类型映射

默认情况下，Java 的类型和 Kotlin 是相同的，例如在 Java 中声明的类 com.test.Person，在 Kotlin 中也有对应的类 com.test.Person，但是 Java 中有些特殊的类型不能直接转变为 Kotlin 中的平台类型，这些类型需要映射到 Kotlin 中的类型，例如 Java 中的 Object 不是直接转变为 Object!，Kotlin 中是没有 Object 这个类型的，Object 会映射为 Any!。这种映射只存在于编译阶段，实际的类型在运行阶段是不变的。

6.9.1 原生类型

Kotlin 没有 JVM 的原生类型，像 int、float 这些 Java 中的类型需要映射到相应的 Kotlin 类型，映射关系见下表。

Java 类型	Kotlin 类型
byte	kotlin.Byte
short	kotlin.Short
int	kotlin.Int
long	kotlin.Long
char	kotlin.Char
float	kotlin.Float
double	kotlin.Double
boolean	kotlin.Boolean

Java 原生类型的装箱类会映射为可空的 Kotlin 类型，见下表。

Java 类型	Kotlin 类型
Byte	kotlin.Byte!
Short	kotlin.Short!
Int	kotlin.Int!
Long	kotlin.Long!
Char	kotlin.Char!
Float	kotlin.Float!
Double	kotlin.Double!
Boolean	kotlin.Boolean!

这种映射反过来也一样，例如 Kotlin 中的 Boolean 对应 Java 的原生类型 boolean，Boolean? 对应@Nullable Boolean。Java 原生类型的装箱类型映射到 Kotlin 的时候是一个特殊情况，因为它们直接转换为了 Kotlin 中的可空类型，而不是转换为平台类型。但是如果将装箱类型作为类型参数，那么映射到 Kotlin 中还是平台类型，例如 List<Integer>映射到 Kotlin 中是 List<Int!>。

Java 中一些非原生的类型也会做映射，这些类型会映射为平台类型，见下表。

Java 类型	Kotlin 类型
java.lang.Object	kotlin.Any!
java.lang.Cloneable	kotlin.Cloneable!
java.lang.Comparable	kotlin.Comparable!
java.lang.Enum	kotlin.Enum!
java.lang.Annotation	kotlin.Annotation!
java.lang.Deprecated	kotlin.Deprecated!
java.lang.CharSequence	kotlin.CharSequence!
java.lang.String	kotlin.String!
java.lang.Number	kotlin.Number!
java.lang.Throwable	kotlin.Throwable!

6.9.2 集合

Java 的数组在 Kotlin 中会变成 Array 对象，例如 Person[]在 Kotlin 中会变成 Array<(out) Person!>!，但有两种例外情况，那就是 Java 中的 int[] 和 String[]，见下表。

Java 类型	Kotlin 类型
int[]	kotlin.IntArray!
String[]	kotlin.Array<(out) String>!

Java 中的集合在 Kotlin 中是按照平台类型进行处理的，平台类型是用来做兼容的，Java 中的 String 在 Kotlin 中的平台类型是 String!，按理说 Java 中的 List<String> 应该对应 Kotlin 中的平台类型 List<String!>!，但真正的平台类型是：

(MutableList<String!>..List<String!>?)

可以把它当作一个类型的集合，里面包含以下类型。

1）List<String>。
2）List<String>?。
3）List<String?>。
4）List<String?>?。
5）MutableList<String>。
6）MutableList<String>?。
7）MutableList<String?>。
8）MutableList<String?>?。

在 Kotlin 中使用 Java 的 List<String> 类型的时候编译器会放宽限制，可以作为只读类型，也可以作为可变类型，示例代码如下：

```
// Java
class Foo {
    public List<String> list = new ArrayList<>();
}

// Kotlin
val foo = Foo()
foo.list.add("bar") //可以写入数据
foo.list[0]

val list1: List<String> = foo.list // 可以赋值给 List 引用
val list2: MutableList<String> = foo.list // 也可以赋值给 Mutable 引用
```

Kotlin 中所有的 Java 集合的映射关系见下表。

Java	平台类型
Iterator	(MutableIterator<T!>..Iterator<T!>?)
Iterable	(MutableIterable<T!>..Iterable<T!>?)
Collection	(MutableCollection<T!>..Collection<T!>?)
Set	(MutableSet<T!>..Set<T!>?)
List	(MutableList<T!>..List<T!>?)
ListIterator	(MutableListIterator<T!>..ListIterator<T!>?)
Map<K, V>	(MutableMap<K!, V!>..Map<K!, V!>?)
Map.Entry<K, V>	(MutableMap.MutableEntry<K!, V!>..Map.Entry<K!, V!>?)

6.10 数组

Java 中的数组是协变的，例如可以使用 Object[] 引用指向 String[] 对象：

```java
// java
String[] array = new String[]{"foo", "bar"};
Object[] objects = array;
```

Kotlin 中的数组是不变的，不能将 Array<String> 赋值给 Array<Any>。之前对于平台类型的处理，我们明白了 Kotlin 对于 Java 代码的处理方式，那就是保持和 Java 中一致，不管是空检查还是集合，对于 Java 数组，在 Kotlin 中也有对应的平台类型，CharSequence[] 在 Kotlin 中对应的平台类型为：

```
Array<(out) CharSequence!>!
```

抛开可空性属性，它既可以作为 Array<CharSequence>使用，也可以作为 Array<out String>使用，示例代码如下：

```
// Java
class Foo {
    public CharSequence[] charSequences;
}

// Kotlin
fun main(args: Array<String>) {
    val foo = Foo()

    // 作为 Array<CharSequence>
    val array: Array<CharSequence> = foo.charSequences

    // 作为 Array<out CharSequence>
    val array2: Array<out CharSequence> = foo.charSequences

    val stringArray: Array<String> = arrayOf()

    // 作为 Array<out CharSequence>
    foo.charSequences = stringArray

}
```

为了避免装箱/拆箱操作的开销，Kotlin 中针对原生类型的数组定义了专门的类型（IntArray、DoubleArray、CharArray 等），对于 Integer[]，在 Kotlin 中显示为平台类型 Array<(out) Int!>!，int[] 显示为 IntArray!。

```
// Kotlin
class Foo {
    public int[] intArray;
```

```
        public Integer[] integerArray;
}
```

> **public final var** intArray: IntArray!
> Java declaration:
> Foo
> public int[] intArray
>
> foo.intArray

> **public final var** integerArray: Array<(out) Int!>!
> Java declaration:
> [< 10 >] java.lang
> public final class Integer extends Number
> implements Comparable<Integer>
>
> foo.integerArray

Kotlin 代码在 Java 中显示也是一样：

```
class Foo {
    var intArray = intArrayOf(1, 3, 5)    // 在 Java 中为原生数组 int[]
    var array = arrayOf(1, 3, 5)          // 在 Java 中为 int[] 的装箱类型数组 Integer[]
}
```

使用原生类型数据的时候编译器会对数组的访问进行优化，生成的字节码会使用下标方式访问数组，不会创建迭代器：

```
val array = arrayOf(1, 2, 3, 4)
array[1] = array[1] * 2    // 不会实际生成对 get() 和 set() 的调用
for (x in array) {          // 不会创建迭代器
    print(x)
}
```

当使用索引定位时，也不会引入任何开销，示例代码如下：

```
for (i in array.indices) {   // 不会创建迭代器
    array[i] += 2
}
```

6.11 其他

6.11.1 Java 可变参数

Java 中声明可变参数使用 "…"，Kotlin 中是 varargs，示例代码如下：

```
// Kotlin
public static void foo(int... params) {
    // ...
}
```

```
public static void main(String[] args) {
    foo(1, 2, 3);
}

// Kotlin
fun foo(vararg params: Int) {
    // ...
}

fun main(args: Array<String>) {
    foo(1, 2, 3)
}
```

Java 中可以直接使用数组作为可变参数，示例代码如下：

```
// Java
int[] array = new int[]{1, 2, 3};
foo(array);
```

Kotlin 中需要使用展开运算符"*"来传递，示例代码如下：

```
// Kotlin
val array = intArrayOf(1, 2, 3)
foo(*array)
```

6.11.2 Kotlin 重载的运算符在 Java 中的使用

Java 语言没有运算符重载，但是 Java 中有对应名字和签名的方法可以作为 Kotlin 的运算符重载函数，例如 public boolean equals(Object obj) 会作为 Kotlin 中运算符"=="的重载函数，示例代码如下：

```
// Java
public class Foo {
    // ...
    @Override
    public boolean equals(Object obj) {
        System.out.print("equals called");
        return super.equals(obj);
    }
}

// Kotlin
fun main(args: Array<String>) {
    val foo1 = Foo()
    val foo2 = Foo()
    foo1 == foo2 // 输出：equals called
}
```

Java 中的 invoke() 和 get() 可以作为 Kotlin 中运算符"()"和"[]"重载函数：

```java
// Java
public void invoke() {
    System.out.println("invoke called");
}

public String get(int index) {
    System.out.print("get called");
    return "";
}
```

```kotlin
// Kotlin
val foo = OperatorJ.Foo()
foo()     // 调用操作符
foo[1]    // 取下标操作符
```

输出结果：

```
invoke called
get called
```

6.11.3 对象方法

当把 Java 中的类导入到 Kotlin 中时，类型 java.lang.Object 全部映射为 Any，而因为 Any 不是平台指定的，它只声明了 toString()、hashCode() 和 equals()作为其成员，如果想在 Kotlin 中使用 java.lang.Object 的其他方法，那么可以使用扩展函数。例如 wait()方法，示例代码如下：

```kotlin
fun Any.wait() {
    (this as java.lang.Object).wait()
}
```

（1）wait()和 notify()

Kotlin 中，应优先使用并发工具（concurrency utilities）而不是 wait()和 notify()。因此，类型 Any 的引用不提供这两个方法。如果真的需要调用它们，那么可以将其转换为 java.lang.Object：

```kotlin
val foo = Any()
(foo as java.lang.Object).wait()
```

（2）getClass()

Java 中通过 getClass()方法可以获取对象的 class，在 Kotlin 1.1 之前，可以通过扩展属性来获取 Java 类：

```kotlin
val fooClass = foo.javaClass
```

它实际上调用的是 java.lang.Object 的 getClass()方法，示例代码如下：

```kotlin
public inline val <T: Any> T.javaClass : Class<T>
    @Suppress("UsePropertyAccessSyntax")
    get() = (this as java.lang.Object).getClass() as Class<T>
```

从 Kotlin 1.1 开始，也可以通过绑定的类引用来获取 Java 类，示例代码如下：

```
val fooClass = foo::class.java
```

6.11.4　clone()

要覆盖 clone()，需要继承 kotlin.Cloneable，示例代码如下：

```
class Example : Cloneable {
    override fun clone(): Any { …… }
}
finalize()
```

要覆盖 finalize()，只需要简单地声明它，而不需要 override 关键字，示例代码如下：

```
class Foo {
    protected fun finalize() {
        // 终止化逻辑
    }
}
```

根据 Java 的规则，finalize() 不能是 private 的。

6.11.5　访问静态成员

Java 类的静态成员会形成该类的"伴生对象"。无法将这样的"伴生对象"作为值来传递，但可以显式地访问其成员，例如：

```
if (Character.isLetter(a)) {
    // ……
}
```

要访问已映射到 Kotlin 类型的 Java 类型的静态成员，请使用 Java 类型的完整限定名：

```
java.lang.Integer.bitCount(foo)
```

6.11.6　Java 反射

Java 反射适用于 Kotlin 类，反之亦然。如上所述，可以使用 instance::class.java, ClassName::class.java 或者 instance.javaClass 通过 java.lang.Class 来进入 Java 反射。

其他支持的情况包括：为一个 Kotlin 属性获取一个 Java 的 getter、setter 方法或者幕后字段；为一个 Java 字段获取一个 KProperty；为一个 KFunction 获取一个 Java 方法或者构造函数。反之亦然。

6.11.7　SAM 转换

就像 Java 8 一样，Kotlin 也支持 SAM 转换。这意味着 Kotlin 函数字面值可以被自动转换成只有一个非默认方法的 Java 接口的实现，条件是这个方法的参数类型能够与这个

Kotlin 函数的参数类型相匹配。

可以这样创建 SAM 接口的实例：

```
val runnable = Runnable { println("This runs in a runnable") }
```

以及在方法调用中：

```
val executor = ThreadPoolExecutor()
// Java 签名：void execute(Runnable command)
executor.execute { println("This runs in a thread pool") }
```

如果 Java 中有多个接收函数式接口的方法，那么可以将 lambda 表达式转换为特定的 SAM 类型的适配器函数，从而来选择需要调用的方法。这些适配器函数也会按需由编译器生成：

```
executor.execute(Runnable { println("This runs in a thread pool") })
```

需要注意的是，SAM 转换只适用于接口，而不适用于抽象类，即使这些抽象类只有一个抽象方法。此功能只适用于 Java 互操作，因为 Kotlin 具有合适的函数类型，所以不需要将函数自动转换为 Kotlin 接口的实现。

6.11.8 在 Kotlin 中使用 JNI

在 Java 中使用 JNI 的时候需要声明 native 函数和静态加载 so 库，示例代码如下：

```
// Java
class Foo {
    static {
        System.loadLibrary("lib");
    }

    public static native void bar();
}
```

Kotlin 中静态加载需要放在 object 的 init 里面，native 函数使用 external 声明：

```
// Kotlin
object Foo {
    init {
        System.loadLibrary("lib")
    }
    external fun bar()
}
```

第 7 章 协　　程

7.1 协程简介

协程并不是一个非常新的概念，它最早由 Melvin Conway 在 1963 年提出并实现。协程通常也被称为微线程或者用户态线程，是比线程更轻量级的执行单元。协程可以简单概括为能够暂停和恢复的任务，可以在必要时将协程挂起，之后可以恢复协程的执行，这一过程中协程的状态不会丢失。例如使用协程进行文件读写操作，在发起文件读写请求后就可以将协程的状态保存，进入挂起状态，等到系统响应后恢复协程的状态，继续执行协程。这和执行线程是不同的，使用线程时通常会进入轮询状态，等待系统的响应。

协程经常拿来和线程进行对比，协程的创建和上下文切换都是通过用户的代码实现的，这些都是一系列的函数操作，而线程的创建和调度则是通过操作系统的机制来实现的，需要消耗更多的系统资源。相比协程，线程的使用更加简单，最复杂的部分已经由系统实现，要做的只是调用系统的 API。不过可以通过把复杂的代码封装到库的方式来简化协程的使用，Kotlin 的协程其实是通过 kotlinx.coroutines 这个库来实现的，这样在 Kotlin 中使用协程就可以像使用线程一样简单了。

7.2 协程入门

这一节重点介绍协程的一些基本概念以及如何使用协程。

7.2.1 创建协程

使用协程需要先将 kotlinx.coroutines 加入到工程中，库在 Github 上的地址为 https://github.com/Kotlin/kotlinx.coroutines。如果使用 Gradle，那么添加如下的依赖：implementation 'org.jetbrains.kotlinx:kotlinx-coroutines-core:0.30.2'。

对于命令行项目，可以直接下载 jar 格式的库，然后添加到项目中。首先写一个简单的使用协程的例子，示例代码如下：

```
fun main(args: Array<String>) {
    GlobalScope.launch { // 启动一个新的协程
        delay(1000L) // 以非阻塞的方式延迟 1000ms
        println("World!") // 延迟结束后进行打印
    }
    println("Hello, ") // 主线程继续执行代码
    Thread.sleep(2000L) //需要将主线程阻塞以防止进程退出
}
```

以上代码的输出结果为：

```
Hello,
World!
```

上面的代码使用 launch()函数启动了一个新的协程，launch()是 CoroutineScope 的扩展函数，所以启动协程必须有一个 CoroutineScope 对象，在上面的例子中使用了 GlobalScope 对象，通过名字就可以知道其作用域是全局的，通过 GlobalScope 启动的协程会被应用程序的生命周期限制，在程序退出后，协程也会退出。delay()函数在协程中用来将任务挂起，如果将 delay()函数移到协程代码块外面，那么编译器会报错：

```
Error: Kotlin: Suspend functions are only allowed to be called from a coroutine or another suspend function
```

查看一下 delay()函数的完整声明：

```
public suspend fun delay(timeMillis: kotlin.Long): kotlin.Unit
```

delay() 函数前有 suspend 声明，suspend 是挂起的意思，使用 suspend 声明的函数只能在协程中使用，而且 suspend 函数中使用场景只能有以下两种。
1）直接在协程代码块中使用，例如在 launch 构建脚本中。
2）在另一个 suspend 函数中使用。

7.2.2 桥接阻塞和非阻塞的世界

第一个例子中使用了 Thread.sleep()来阻塞主线程以防止程序退出，也可以使用 runBlocking 来阻塞主线程，示例代码如下：

```kotlin
fun main(args: Array<String>) {
    GlobalScope.launch { // 启动一个新的协程
        delay(1000L)
        println("World!")
    }
    println("Hello,")
    runBlocking {          // 使用 runBlocking 会阻塞主线程直到 runBlocking 代码块执行完毕
        delay(2000L)
    }
}
```

主线程在执行到 runBlocking 代码块的时候会被阻塞，直到 runBlocking 代码块执行完毕，也可以把 main()函数的全部内容放到 runBlocking 代码块内，这样代码会更加简洁：

```kotlin
fun main(args: Array<String>) = runBlocking { // 启动主协程
    GlobalScope.launch { // 启动一个新的协程执行后台的任务
        delay(1000L)
        println("World!")
    }
    println("Hello,")
    delay(2000L)
}
```

7.2.3 等待协程执行结束

在 runBlocking 代码块内使用 GlobalScope.launch 启动一个协程，为了等待 GlobalScope.launch 协程执行完毕，使用 delay(2000L) 挂起了当前协程，但是使用 delay()的缺点是任务的实际执行时间可能没有 2s，而每次都要等待 2s 才会退出程序，除了使用 delay()，还有一个更好的方法，就是使用 join() 等待协程执行完毕：

```
fun main(args: Array<String>) = runBlocking {
    val job: Job = GlobalScope.launch { // 开启一个新的协程，并且保存它的 Job 引用
        delay(1000L)
        println("World!")
    }
    println("Hello,")
    job.join() // runBlocking 协程会挂起，直到 job 协程执行完毕
    println("runBlocking scope is over ")
}
```

以上代码的输出结果为：

```
Hello,
World!
runBlocking scope is over
```

调用 join() 后当前协程会挂起，直到 job 协程执行完毕。

7.2.4 结构化的并发

GlobalScope.launch 创建的是最顶层的协程，它的声明周期是全局的，虽然协程是轻量级的，但是在运行的时候也会消耗资源，如果启动了太多耗时的全局协程，就有可能造成内存溢出。对于全局对象，一般会保持一个引用，例如使用 join() 加入 runBlocking，runBlocking 会等待 join() 的所有协程执行完毕后才会退出，这样就避免了全局协程的无序执行状态。当然，对每个协程都保存一个引用然后使用手动 join() 是非常不可取的。可以在代码中使用结构化的并发，当在协程代码块中通过 launch 启动新的协程时，外层的代码块会保存新创建的协程的引用，只有在内层的协程全部执行完毕后，外层协程才会结束执行，去掉 GlobalScope，可以让代码更加简单：

```
fun main(args: Array<String>) = runBlocking {
    launch { // 使用 launch 创建的协程会 join 到外层的协程
        delay(1000L)
        println("World!")
    }
    println("Hello,")
}
```

7.2.5 构建作用域

可以使用 coroutineScope 脚本来构建一个协程的作用域，和 launch、runBlocking 不同

的是，coroutineScope 不会创建新的协程，coroutineScope 代码块的代码执行在当前协程，而且 coroutineScope 是 suspend 函数，只能在协程代码中调用，如下例所示：

```kotlin
fun main(args: Array<String>) = runBlocking { // this: CoroutineScope
    launch { // 启动一个新的协程
        delay(200L)
        println("Task from runBlocking")
    }

    coroutineScope { // 创建一个新的协程作用域
        launch {
            delay(500L)
            println("Task from nested launch")
        }

        delay(100L)
        println("Task from coroutine scope")
    }

    println("Coroutine scope is over")
}
```

以上代码的输出结果为：

```
Task from coroutine scope
Task from runBlocking
Task from nested launch
Coroutine scope is over
```

coroutineScope 代码块内的代码执行在外层的协程中，在 coroutineScope 内可以启动新的协程，当所有子协程执行完毕后，coroutineScope 才算执行完毕，在 coroutineScope 中，只要有一个子协程出现异常，所有 coroutineScope 内的其他子协程都会被取消。

7.2.6 suspend 函数

可以把协程代码块中的代码封装到一个函数中，示例代码如下：

```kotlin
fun main(args: Array<String>) = runBlocking {
    launch { doWorld() }
    println("Hello,")
}

suspend fun doWorld() {
    delay(1000L)
    println("World!")
}
```

在 doWorld() 函数内调用了另外一个 suspend 函数 delay()，所以 doWorld 只能被声明为 suspend 函数。suspend 函数只能在协程内使用，除此之外和普通函数没有什么区别。如果需要在 suspend 函数中启动新的协程，那么就需要把这个函数声明成 CoroutineScope 的扩展函数，示例代码如下：

```
suspend fun CoroutineScope.foo() {
    this.launch {
        // ...
    }
}
```

作为 CoroutineScope 的扩展函数，在函数内可以使用 CoroutineScope 的上下文对象来启动协程。

7.3 协程的取消和超时

在使用协程的时候，不仅要掌握正常的使用操作，例如如何创建与开始一个协程，也需要掌握在特殊情况下的一些操作，例如如何取消一个协程，以及如何处理超时。

7.3.1 取消一个协程

协程作为一个异步任务，当然也有需要被取消的场景，例如取消一个网络请求，取消一个页面的加载。launch 函数在调用的时候会返回一个 Job 对象，可以使用这个 Job 对象来取消一个运行中的协程，示例代码如下：

```
fun main(args: Array<String>) = runBlocking {
    val job = launch {
        repeat(1000) { i ->
            println("I'm sleeping $i ...")
            delay(500L)
        }
    }
    delay(1300L)         // 暂停 1300ms
    println("main: I'm tired of waiting!")
    job.cancel()         // 取消协程
    job.join()           // 等待协程执行完毕
    println("main: Now I can quit.")
}
```

以上代码的输出结果为：

```
I'm sleeping 0 ...
I'm sleeping 1 ...
I'm sleeping 2 ...
main: I'm tired of waiting!
main: Now I can quit.
```

在 runBlocking 中启动的一个新的协程，在执行了取消操作后，协程内的代码就没有任何输出了。

7.3.2 协作式的取消方式

协程的取消操作是协作式的，也就是代码必须能够支持取消的操作。首先所有 suspend 都是支持取消操作的,每次进行函数调用之前都会检查协程是否被取消了,如果已经被取消,那么会抛出 CancellationException 异常,这时代码就会中断执行。在上一节的例子中,当调用 job.cancel()后,协程是在 delay(500L)处抛出了 CancellationException 异常,所以协程的执行过程是这样的:

```
第一次循环,输出 I'm sleeping 0 ...
挂起 500ms
第二期循环,输出 I'm sleeping 1 ...
挂起 500ms
job 取消
第三次循环,输出 I'm sleeping 2 ...
delay() 函数抛出异常
```

如果代码不支持取消的操作,那么即使调用了 cancel(),协程也会继续执行,示例代码如下:

```kotlin
fun main(args: Array<String>) = runBlocking {
    val startTime = System.currentTimeMillis()
    val job = launch(Dispatchers.Default) {
        var nextPrintTime = startTime
        var i = 0
        while (i < 5) {
            // 每隔 500ms 输出信息
            if (System.currentTimeMillis() >= nextPrintTime) {
                println("I'm sleeping ${i++} ...")
                nextPrintTime += 500L
            }
        }
    }
    delay(1300L) // 延迟 1300ms
    println("main: I'm tired of waiting!")
    job.cancelAndJoin() // 取消协程并等待协程执行结束
    println("main: Now I can quit.")
}
```

以上代码的输出结果为:

```
I'm sleeping 0 ...
I'm sleeping 1 ...
I'm sleeping 2 ...
main: I'm tired of waiting!
I'm sleeping 3 ..
I'm sleeping 4 ...
main: Now I can quit.
```

从结果可以看到,在执行 cancel() 操作后协程内的代码还是会继续执行。

7.3.3 让协程代码块支持取消操作

有两种方式可以让计算代码块支持取消操作,一种是通过周期性的调用 suspend 函数来检查是否已经取消，另一种方式是在代码里面检查取消状态。在协程的执行环境中，可以通过 isActive 判断是否为激活状态，isActivie 是协程上下文的一个属性，在每个协程代码块内，this 指向的就是协程上下文对象，所以可以直接使用 this.isActivie 或者省略 this，使用 isActive，示例代码如下：

```kotlin
fun main(args: Array<String>) = runBlocking {
    val startTime = System.currentTimeMillis()
    val job = launch(Dispatchers.Default) {
        var nextPrintTime = startTime
        var i = 0
        while (isActive) { // 只有在 isActive 为 true 时循环才会执行
            // 每隔 500ms 输出信息
            if (System.currentTimeMillis() >= nextPrintTime) {
                println("I'm sleeping ${i++} ...")
                nextPrintTime += 500L
            }
        }
    }
    delay(1300L) // 延迟 1300ms
    println("main: I'm tired of waiting!")
    job.cancelAndJoin() // 取消协程并等待协程执行结束
    println("main: Now I can quit.")
}
```

以上代码的输出结果为：

```
I'm sleeping 0 ...
I'm sleeping 1 ...
I'm sleeping 2 ...
main: I'm tired of waiting!
main: Now I can quit.
```

7.3.4 使用 finally 代码块清理资源

suspend 函数抛出的异常可以使用 try {}代码块进行捕获，协程取消的方法是抛出异常，然后由后续代码进行处理，如果使用 catch {}捕获了一次，那么协程的取消操作其实就失效了，如果使用 try {}、finally {}，那么无论协程是正常执行完毕还是被取消了，都可以在退出前执行 finally {}代码块中代码，示例代码如下：

```kotlin
fun main(args: Array<String>) = runBlocking {
    val job = launch {
        try {
            repeat(1000) { i ->
                println("I'm sleeping $i ...")
                delay(500L)
            }
        } finally {
            println("I'm running finally")
```

```
        }
    }
    delay(1300L) // 等待 1300ms
    println("main: I'm tired of waiting!")
    job.cancelAndJoin() // 取消协程并等待协程执行结束
    println("main: Now I can quit.")
}
```

以上代码的输出结果为:

```
I'm sleeping 0 ...
I'm sleeping 1 ...
I'm sleeping 2 ...
main: I'm tired of waiting!
I'm running finally
main: Now I can quit.
```

7.3.5 不可取消的代码块

在上一节的例子中,如果在 finally 代码块内调用任何 suspend 函数,那么也会抛出 CancellationException,这是因为执行到 finally 代码块的时候协程已经被取消了。可以在 finnaly 代码块中使用 try {}、catch {}捕获 CancellationException,这样可以阻止协程退出,当然还有更好的处理方式,那就是构建一个不能取消的协程上下文环境。其中,使用的函数是 withContext (NonCancellable) {...},withContext 代码块内的代码执行在外层的协程中,指定了 NonCancellable 后,代码块内的代码不会抛出 CancellationException 异常,示例代码如下:

```
fun main(args: Array<String>) = runBlocking {
    val job = launch {
        try {
            repeat(1000) { i ->
                println("I'm sleeping $i ...")
                delay(500L)
            }
        } finally {
            withContext(NonCancellable) {
                println("I'm running finally")
                delay(1000L) // 协程虽然已经取消,但是在这里调用 delay() 不会中断代码执行
                println("And I've just delayed for 1 sec because I'm non-cancellable")
            }
        }
    }
    delay(1300L) // 延迟 1300ms
    println("main: I'm tired of waiting!")
    job.cancelAndJoin() // 取消协程并等待协程执行结束
    println("main: Now I can quit.")
}
```

以上代码的输出结果为:

```
I'm sleeping 0 ...
I'm sleeping 1 ...
I'm sleeping 2 ...
main: I'm tired of waiting!
I'm running finally
And I've just delayed for 1 sec because I'm non-cancellable
main: Now I can quit.
```

7.3.6 超时

可以通过获取 Job 的引用，然后调用 cancel 的方式实现协程的超时，示例代码如下：

```kotlin
fun main(args: Array<String>) = runBlocking {
    val job = launch { // 启动一个协程，开始异步任务
        repeat(1000) { i ->
            println("I'm sleeping $i ...")
            delay(500L)
        }
    }
    delay(1300L) // 外层的协程挂起等待 1300ms
    job.cancelAndJoin() // 1300ms 后取消协程
}
```

以上代码的输出结果为：

```
I'm sleeping 0 ...
I'm sleeping 1 ...
I'm sleeping 2 ...
```

当然，协程中有专门处理超时的方法 withTimeout，使用起来非常简单，示例代码如下：

```kotlin
fun main(args: Array<String>) = runBlocking {
    withTimeout(1300L) {
        repeat(1000) { i ->
            println("I'm sleeping $i ...")
            delay(500L)
        }
    }
}
```

以上代码的输出结果为：

```
I'm sleeping 0 ...
I'm sleeping 1 ...
I'm sleeping 2 ...
Exception in thread "main" kotlinx.coroutines.experimental.TimeoutCancellationException: Timed out waiting for 1300 ms
    at kotlinx.coroutines.experimental.TimeoutKt.TimeoutCancellationException(Timeout.kt:127)
    at kotlinx.coroutines.experimental.TimeoutCoroutine.run(Timeout.kt:91)
    at kotlinx.coroutines.experimental.EventLoopBase$DelayedRunnableTask.run(EventLoop.kt:359)
    at kotlinx.coroutines.experimental.EventLoopBase.processNextEvent(EventLoop.kt:166)
```

```
at kotlinx.coroutines.experimental.DefaultExecutor.run(DefaultExecutor.kt:61)
at java.base/java.lang.Thread.run(Thread.java:844)
```

超时处理和 cancel 一样，都是在调用 suspend 函数的时候进行检查。在上面的例子中，当协程超时后，会在下一个 suspend 函数调用时抛出 TimeoutCancellationException，TimeoutCancellationException 继承自 CancellationException，可以认为是 withTimeout 在超时后自动执行了取消操作。TimeoutCancellationException 没有输出完整的堆栈信息，这是因为超时在协程中被认为是正常结束的行为。和处理 cancel 时一样，可以使用 try{...}、catch(e: TimeoutCancellationException) {...} 在超时的时候进行一些清理操作。

withTimeout 是通过抛出异常的方式中断代码的执行，还可以通过使用 withTimeoutOrNull 方法为协程添加超时，它和 withTimeout 不同的是如果超时了，那么返回结果为 null，但是不会抛出异常，示例代码如下：

```kotlin
fun main(args: Array<String>) = runBlocking {
    val result = withTimeoutOrNull(1300L) {
        repeat(1000) { i ->
            println("I'm sleeping $i ...")
            delay(500L)
        }
        "Done" // 在获取结果之前协程就会取消
    }
    println("Result is $result")
}
```

以上代码的输出结果为：

```
I'm sleeping 0 ...
I'm sleeping 1 ...
I'm sleeping 2 ...
Result is null
```

7.4 渠道（channel）

当程序中有多个协程的时候必然会涉及协程之间的通信或者消息交互。channel 就提供了一种协程之间交互的方式。这一节将重点介绍 channel 的功能以及使用方法。

7.4.1 channel 简介

channel 在概念上很像 BlockingQueue，不同的地方是 channel 有可以挂起的 send 方法和 receive 方法，下面通过一个简单的例子说明：

```kotlin
fun main(args: Array<String>) = runBlocking {
    val channel = Channel<Int>()
    launch {
        // 在这里可以做一些耗时的操作，这个例子只是简单的发送 5 个数字
        for (x in 1..5) channel.send(x * x)
```

```
    }
    // 在这里接收 5 个数组
    repeat(5) { println(channel.receive()) }
    println("Done!")
}
```

以上代码的输出结果为：

```
1
4
9
16
25
Done!
```

可以认为 channel 是一个管道，send 方法部分是上游，receive 方法部分是下游，只有接通了管道，上游的数据才会流向下游。虽然声明了 send 方法，但是不会立即发送，receive 函数触发一次，上游才会发送一次。

7.4.2 channel 的迭代和关闭操作

channel 可以通过 send 函数发送很多数据，如果想获取全部的数据，那么可以通过 for 对 receive()进行迭代，示例代码如下：

```
fun main(args: Array<String>) = runBlocking {
    val channel = Channel<Int>()
    launch {
        for (x in 1..5) channel.send(x * x) // 发送 5 个数字
    }
    for (y in channel) {
        println(y) // 遍历 channel 发送的所有数据
    }
    println("Done!")
}
```

以上代码的输出结果为：

```
1
4
9
16
25
```

程序没有结束运行，没有输出 Done!，这是因为 channel 没有关闭，这时协程挂起，仍然能够使用 send() 函数发送数据，所以使用 for 对 channel 进行的迭代并没有结束，如果在发送完 5 个数据之后对 channel 调用 close()函数，那么在输出 5 个数字后就会结束对 channel 的迭代：

```
fun main(args: Array<String>) = runBlocking {
    val channel = Channel<Int>()
```

```kotlin
launch {
    for (x in 1..5) channel.send(x * x)
    channel.close() // 关闭 channel
}
for (y in channel) {
    println(y)
}
println("Done!")
```

以上代码的输出结果为：

```
1
4
9
16
25
Done!
```

在调用 close()后可以继续发送数据，但是下游已经是关闭状态，相当于将管道断开，就不能接收任何数据了。

7.4.3 构建"生产者"

使用协程生成一系列元素的方式很常见，这些代码和并发编程中的"生产者—消费者"模式基本一样。"生产者—消费者"模式中的"生产者"产生数据后无须等待"消费者"处理数据，而是直接交给阻塞队列，由"消费者"从阻塞队列中取数据进行处理。

可以使用 produce 很容易地创建一个"生产者"：

```kotlin
fun CoroutineScope.produceSquares(): ReceiveChannel<Int> = produce {
    for (x in 1..5) send(x * x)
}
```

使用 produce 创建了一个"生产者"，返回 ReceiveChannel 对象，一个只能接收不能发送的渠道供接收数据，可以使用 for 或者 forEach 对 ReceiveChannel 进行迭代：

```kotlin
fun main(args: Array<String>) = runBlocking {
    val squares = produceSquares()
    for (square in squares) {
        println(square)
    }
    println("Done!")
}
```

以上代码的输出结果为：

```
1
4
9
16
```

25
Done!

7.4.4 管道

现在在很多地方都可以听到管道（Pipelines）这个词，例如在 RxJava 中，数据流就是使用管道来形容的。在 Kotlin 协程中，可以把多个"生产者"接驳起来，这样就形成了管道，数据从第一个"生产者"流出，通过下一个"生产者"处理后产生新的数据，例如，创建一个可以产生无限个数字的"生产者"：

```kotlin
fun CoroutineScope.produceNumbers() = produce<Int> {
    var x = 1
    while (true) send(x++)
}
```

再定义另外一个"生产者"接收第一个"生产者"的数据并产生新的数据：

```kotlin
fun CoroutineScope.square(numbers: ReceiveChannel<Int>): ReceiveChannel<Int> = produce {
    for (x in numbers) send(x * x) // 接收 x，发送 x 的平方
}
```

然后就可以在"消费者"端接收数据了：

```kotlin
fun main(args: Array<String>) = runBlocking {
    val numbers = produceNumbers() // 生产数据
    val squares = square(numbers) // 进行整数平方的操作
    for (i in 1..5) println(squares.receive()) // 获取前 5 个结果
    println("Done!")
    coroutineContext.cancelChildren() // 取消所有子协程，这个操作会关闭上面的两个"生产者"
}
```

以上代码的输出结果为：

```
1
4
9
16
25
Done!
```

7.4.5 扇出和扇入

既然 channel 是有"生产者"和"消费者"模式的，那么有没有一个"生产者"对应多个"消费者"，或者多个"生产者"对应一个"消费者"的情况？这个当然是有的，一个"生产者"对应多个"消费者"，称为扇出（Fan-out），多个"生产者"对应一个"消费者"，称为扇入（Fan-in）。

首先构建一个"生产者"，示例代码如下：

```kotlin
fun CoroutineScope.produceNumbers() = produce<Int> {
    var x = 1
    while (true) {
        send(x++)
        delay(100) // 挂起 0.1s
    }
}
```

然后再定义一个接收端的函数，示例代码如下：

```kotlin
fun CoroutineScope.launchProcessor(id: Int, channel: ReceiveChannel<Int>) = launch {
    for (msg in channel) {
        println("Processor #$id received $msg")
    }
}
```

这个函数和之前例子里中的接收函数不同，其接收的操作是在一个新启动的协程里面完成的，每次函数调用都相当于创建了一个"消费者"，使用 repeat 创建 5 个"消费者"来接收数据，示例代码如下：

```kotlin
fun main(args: Array<String>) = runBlocking<Unit> {
    val producer = produceNumbers()
    repeat(5) { launchProcessor(it, producer) }
    delay(950)
    producer.cancel()
}
```

以上代码的输出结果为：

```
Processor #0 received 1
Processor #0 received 2
Processor #1 received 3
Processor #2 received 4
Processor #3 received 5
Processor #4 received 6
Processor #0 received 7
Processor #1 received 8
Processor #2 received 9
Processor #3 received 10
```

最终会输出数字 1~10，但是 Processor 的顺序和数量是不固定的，相当于有 10 个任务，分配给了 5 个人来执行。

在 launchProcessor 函数中使用 for 和 consumeEach 是有非常大的区别的，使用 for 时，当一个 Processor 出现异常，其他的 Processor 仍然可以继续执行，但是使用 consumeEach 时出现异常会关闭"生产者"，在 consume() 的函数定义里可以看到对应的操作：

```kotlin
public inline fun <E, R> ReceiveChannel<E>.consume(block: ReceiveChannel<E>.() -> R): R {
    var cause: Throwable? = null
    try {
```

```
                return block()
        } catch (e: Throwable) {
            cause = e
            throw e
        } finally {
            cancel(cause)
        }
    }
```

consume()函数在捕获到异常后执行了 ReceiveChannel 的 cancel()操作，可以通过例子实验一下，修改 main()函数，示例代码如下：

```
fun main(args: Array<String>) = runBlocking<Unit> {
    val producer = produceNumbers()
    val p1 = launchProcessor(1, producer)
    val p2 = launchProcessor(2, producer)
    val p3 = launchProcessor(3, producer)
    val p4 = launchProcessor(4, producer)
    val p5 = launchProcessor(5, producer)

    delay(950)
    p2.cancel()
    println("p2 canceled")
    println("producer is canceled: " + producer.isClosedForReceive)
    delay(950)
    producer.cancel() // cancel producer coroutine and thus kill them all
}
```

以上代码的输出结果为：

```
Processor #1 received 1
Processor #1 received 2
Processor #2 received 3
Processor #3 received 4
Processor #4 received 5
Processor #5 received 6
Processor #1 received 7
Processor #2 received 8
Processor #3 received 9
Processor #4 received 10
p2 canceled
producer is canceled: false
Processor #5 received 11
Processor #1 received 12
Processor #3 received 13
Processor #4 received 14
Processor #5 received 15
Processor #1 received 16
Processor #3 received 17
Processor #4 received 18
```

Processor #5 received 19

p2 执行 cancel() 后,程序输出了余下的数字,只不过没有编号为 2 的 Processor 的输出。把 launchProcessor() 修改为使用 consumeEach:

```
fun CoroutineScope.launchProcessor(id: Int, channel: ReceiveChannel<Int>) = launch {
    channel.consumeEach { println("Processor #$id received $it") }
}
```

再次运行,程序的输出结果为:

```
Processor #1 received 1
Processor #1 received 2
Processor #2 received 3
Processor #3 received 4
Processor #4 received 5
Processor #5 received 6
Processor #1 received 7
rocessor #2 received 8
Processor #3 received 9
Processor #4 received 10
p2 canceled
producer is canceled: false
```

扇入是指可以在多个协程里面同时向一个 Channel 发送数据,然后在一个接收端进行接收,示例代码如下:

```
suspend fun sendString(channel: SendChannel<String>, s: String, time: Long) {
    while (true) {
        delay(time)
        channel.send(s)
    }
}

fun main(args: Array<String>) = runBlocking {
    val channel = Channel<String>()
    launch { sendString(channel, "foo", 200L) }
    launch { sendString(channel, "BAR!", 500L) }
    repeat(6) { // 执行 6 次接收
        println(channel.receive())
    }
    coroutineContext.cancelChildren()
}
```

以上代码的输出结果为:

```
foo
foo
BAR!
foo
foo
```

BAR!

7.4.6 带有缓冲区的 channel

到目前为止，所有使用的 channel 都是没有缓冲区的，没有缓冲区的 channel 只有在发送者和接收者对接上的时候才会传输数据。如果发送者首先被调用，那么发送者会挂起直到接收者被调用；如果接收者首先被调用，那么接收者会挂起直到发送者被调用。

在创建发送者的时候可以指定一个粒度（capacity），这个粒度是缓冲区的大小，表示在未调用接收者之前，发送者可以发送多少条元素到缓冲区。channel 的构造函数和 produce 构建脚本都可以指定这个粒度，当缓冲区满了之后，发送者会继续挂起，示例代码如下：

```
fun main(args: Array<String>) = runBlocking<Unit> {
    val sender = produce<Int>(capacity = 4) {
        repeat(10) {
            println("Sending $it")
            send(it)
        }
    }

    delay(1000)
    sender.cancel()
}
```

以上代码的输出结果为：

```
Sending 0
Sending 1
Sending 2
Sending 3
Sending 4
```

虽然没有调用接收者，但是发送者仍然进行了 5 次发送，发送的数字被存储到了缓冲区，当开始使用接收者进行接收数据的时候，会从缓冲区读取数据，当缓冲区不是满的的时候，发送者就会继续发送数据。

7.4.7 channel 使用公平原则

当多个协程共享一个 channel 的时候，它们是没有优先级的，会按照在代码中声明的顺序进行调用，当两个协程都在等待接收元素的时候，先声明的协程会首先被调用，下面通过一个例子来说明：

```
fun main(args: Array<String>) = runBlocking {
    val channel = Channel<Int>()
    launch { getNumber("coroutine_1", channel) }
    launch { getNumber("coroutine_2", channel) }
    for (i in 1..5) {
        channel.send(i)
    }
}
```

```
            delay(1000)
            coroutineContext.cancelChildren()
    }

    suspend fun getNumber(name: String, table: Channel<Int>) {
        for (ball in table) {
            println("$name $ball")
            delay(100)
        }
    }
```

以上代码的输出结果为：

```
coroutine_1 1
coroutine_2 2
coroutine_1 3
coroutine_2 4
coroutine_1 5
```

发送了 5 个数字，使用 coroutine_1 和 coroutine_2 进行接收，第一次发送的时候两个协程都在等待接收，先声明的 coroutine_1 首先被调用，第二次发送的时候 coroutine_1 在挂起状态，coroutine_2 被调用，最终结果是按照 1 2 1 2 1 交替的顺序执行的。当然公平不代表一定就会按队列顺序执行，上面的例子是因为一个协程收到元素后就进入到挂起状态，下一个数字就由另外一个协程接收，如果第一个协程接收后立即进入了等待接收的状态，那么第一个协程还是会被继续调用。

7.5 挂起函数

在并发编程中，经常需要挂起一个协程来等待特定事件发生后继续执行。这一节将重点介绍如何挂起 Kotlin 中的协程。

7.5.1 挂起函数的顺序执行

挂起函数除了使用了 suspend 关键字外，在声明时与普通函数没有区别，其实在使用的时候，除了只能在协程中使用外，与普通函数没有区别，挂起函数也是按照在代码中的顺序执行的，例如有如下两个挂起函数：

```
suspend fun foo(): Int {
    delay(1000L) // 使用挂起模拟耗时操作
    return 1
}

suspend fun bar(): Int {
    delay(1000L) // 使用挂起模拟耗时操作
    return 2
}
```

如果在同一个协程中调用，那么这两个函数会按照调用的顺序执行，示例代码如下：

```
fun main(args: Array<String>) = runBlocking<Unit> {
    val time = measureTimeMillis {
        val one = foo()
        val two = bar()
        println("The answer is ${one + two}")
    }
    println("Completed in $time ms")
}
```

以上代码的输出结果为：

```
The answer is 3
Completed in 2009 ms
```

从运行结果和时间上看，这与普通的函数没有任何区别，这其实和使用线程一样，在每个线程中，代码都是同步执行的，只不过相对于其他线程是异步的。

7.5.2 异步并发执行

使用协程的目的是希望程序能够并发执行，就像上面的例子，两个函数都在执行耗时的操作，需要通过两个函数的执行结果来得到最终的结果，如果是顺序执行，那么执行的时间是两个函数执行时间的和，如果能够异步并发执行，那么执行时间可能只有顺序执行的一半。试想一下，如果使用线程，那么可能需要两个 Callback，只有在主线程中等待两个 Callback 都返回结果后才能计算最终结果，而使用协程，则可以使用 await()，它可以像使用顺序执行的代码一样使用异步调用，示例代码如下：

```
suspend fun foo(): Int {
    delay(1000L) // 使用挂起模拟耗时操作
    return 1
}

suspend fun bar(): Int {
    delay(1000L) // 使用挂起模拟耗时操作
    return 2
}

fun main(args: Array<String>) = runBlocking<Unit> {
    val time = measureTimeMillis {
        val one = async { foo() }
        val two = async { bar() }
        println("The answer is ${one.await() + two.await()}")
    }
    println("Completed in $time ms")
}
```

以上代码的输出结果为：

```
The answer is 3
Completed in 1021 ms
```

由于两个函数是并发执行的,最终的时间节省了差不多一半。在调用的时候,没有使用 launch 启动新的协程,而是使用了 async,这两个函数都是启动一个新的协程,都是异步并发的调用,只不过使用 launch 返回的对象是 Job,async 返回的对象是 Deferred,Deferred 允许在稍后获取结果。

7.5.3 使用懒加载的方式

在默认情况下,使用 launch 和 async 的时候都是直接执行的,可以给这两个函数指定一个 start 参数,参数的类型是 CoroutineStart。当参数为 CoroutineStart.LAZY 的时候,协程就以懒加载的方式声明的,只有在调用 start() 的时候才会执行,示例代码如下:

```kotlin
suspend fun foo(): Int {
    delay(1000L) // 使用挂起模拟耗时操作
    return 1
}

suspend fun bar(): Int {
    delay(1000L) // 使用挂起模拟耗时操作
    return 2
}

fun main(args: Array<String>) = runBlocking<Unit> {
    val time = measureTimeMillis {
        val one = async(start = CoroutineStart.LAZY) { foo() }
        val two = async(start = CoroutineStart.LAZY) { bar() }
        one.start()
        two.start()
        println("The answer is ${one.await() + two.await()}")
    }
    println("Completed in $time ms")
}
```

以上代码的输出结果为:

```
The answer is 3
Completed in 1014 ms
```

使用懒加载的目的是可以让开发人员自己控制协程什么时候开始执行,需要注意的是如果去掉 start 直接使用 await(),那么上面的协程就变成顺序执行了,这种情况就像 await() 变成阻塞了一样。

7.5.4 封装异步函数

对代码进行封装是一个好的编码习惯,可以把一个异步的任务封装成一个函数,然后使用 await() 获取结果,对于异步函数,应该在命名的时候遵循一定的规范,例如添加 Async,

这样就能很大程度上避免在同步代码中错误地使用异步代码。可以使用 GlobalScope.async 将一个普通的挂起函数封装成一个异步函数，示例代码如下：

```kotlin
suspend fun foo(): Int {
    delay(1000L)
    return 1
}

suspend fun fooAsync() = GlobalScope.async {
    foo()
}
```

7.5.5 结构化异步并发代码

可以使用 coroutineScope 把多个异步任务的结果合并为一个，示例代码如下：

```kotlin
suspend fun foo(): Int {
    delay(1000L)
    return 1
}

suspend fun bar(): Int {
    delay(1000L)
    return 2
}

suspend fun concurrentSum(): Int = coroutineScope {
    val one = async { foo() }
    val two = async { bar() }
    one.await() + two.await()
}
```

使用 coroutineScope 构建的协程只要有一个子协程出现了异常或者被取消了，那么整个 coroutineScope 都会结束，可以使用 coroutineScope 构建一个异步任务的结构，只有全部任务都成功的时候，这个任务才是成功的。

7.6 协程上下文和调度器

线程或进程都有自己执行的上下文，协程不仅有自己的上下文，还有属于自己的调度器，这使得对协程的使用将更加灵活。本节将重点介绍 Kotlin 中协程的上下文与调度器的相关概念。

7.6.1 协程的调度和执行线程

协程的上下文就是 CoroutineContext，每个协程都有一个上下文，之前使用 launch、async 启动协程的时候，函数的第一个参数就是 CoroutineContext，前面的例子在调用的时候并没有传入这个参数，那是因为使用了默认值。

每个协程的上下文都有一个调度器（dispatch），用来指定这个协程在哪个线程上执行，既然是上下文，那么就可以继承上文的环境，也可以被下文继承，可以使用当前环境的上下文，也可以自己指定上下文，示例代码如下：

```kotlin
fun main(args: Array<String>) = runBlocking<Unit> {
    launch(Dispatchers.Unconfined) {
        // 未指定执行线程，在主线程上执行
        println("Unconfined            : I'm working in thread ${Thread.currentThread().name}")
    }
    launch(Dispatchers.Default) {
        // 由 DefaultDispatcher 指定线程
        println("Default               : I'm working in thread ${Thread.currentThread().name}")
    }
    launch(newSingleThreadContext("MyOwnThread")) {
        // 会新启动一个线程执行
        println("newSingleThreadContext: I'm working in thread ${Thread.currentThread().name}")
    }
    launch {
        // 使用父协程的线程
        println("main runBlocking      : I'm working in thread ${Thread.currentThread().name}")
    }
}
```

以上代码的输出结果为：

```
Unconfined            : I'm working in thread main
Default               : I'm working in thread DefaultDispatcher-worker-2
newSingleThreadContext: I'm working in thread MyOwnThread
main runBlocking      : I'm working in thread main
```

当使用 launch {} 不带参数启动协程的时候，新启动的协程会使用外层协程的上下文，也就是 runBlocking 的上下文。

上面的例子中，首先，使用 Dispatchers.Unconfined 启动的协程会运行在主线程上。之后使用 Dispatchers.Default 启动的协程由 DefaultDispatcher 负责调度，是执行在一个线程池上。最后使用 newSingleThreadContext 启动的协程是执行在一个新启动的线程上。

7.6.2 非受限调度器和受限调度器

Dispatchers.Unconfined 是一个不受限的调度器，使用 Dispatchers.Unconfined 协程的执行线程是不受限制的，协程启动后会立即在当前线程执行，当协程挂起后再恢复时，代码可以执行在其他的协程。相对的，默认的调度器是受限的，协程内的代码会在同一个线程执行。示例代码如下：

```kotlin
fun main(args: Array<String>) = runBlocking<Unit> {
    launch(Dispatchers.Unconfined) {
        println("Unconfined            : I'm working in thread ${Thread.currentThread().name}")
        delay(500)
        println("Unconfined            : After delay in thread ${Thread.currentThread().name}")
```

```
    }
    launch {
        println("main runBlocking: I'm working in thread ${Thread.currentThread().name}")
        delay(1000)
        println("main runBlocking: After delay in thread ${Thread.currentThread().name}")
    }
}
```

以上代码的输出结果为：

```
Unconfined            : I'm working in thread main
main runBlocking: I'm working in thread main
Unconfined            : After delay in thread kotlinx.coroutines.DefaultExecutor
main runBlocking: After delay in thread main
```

如果 Dispatchers.Unconfined 调度的协程使用 delay() 挂起，然后再恢复后，那么，代码会执行在子线程中，而默认的调度器调度的协程代码一直执行在主线程中。

7.6.3 调试协程和线程

协程可以在一个线程中挂起，然后在另一个线程中恢复执行，就算是一个单线程的调度器，也很难弄清楚协程代码是怎么执行的。开发人员希望能看到当前的代码是在哪个协程中执行，以及在哪个线程中执行，Kotlin 协程库提供了一些工具可以输出这些信息，要看到这些，需要在运行的时候添加 JVM option。在 IntelliJ 添加的方式是打开菜单中的 Run→Edit Configurations，在 VM Options 中添加参数-Dkotlinx.coroutines.debug：

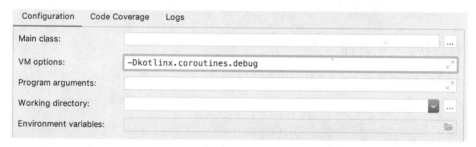

添加 VM Options 后，在输出 Thread Name 信息时会附带协程的信息：

```
fun log(msg: String) = println("[${Thread.currentThread().name}] $msg")

fun main() = runBlocking<Unit> {
    val a = async {
        log("I'm computing a piece of the answer")
        6
    }
    val b = async {
        log("I'm computing another piece of the answer")
        7
    }
    log("The answer is ${a.await() * b.await()}")
}
```

以上代码的输出结果为：

```
[main @coroutine#2] I'm computing a piece of the answer
[main @coroutine#3] I'm computing another piece of the answer
[main @coroutine#1] The answer is 42
```

从运行结果可以看到，代码中启动了 3 个协程：runBlocking、a 和 b，这三个协程都是运行在主线程中。在调试的时候为了方便，可以通过 CoroutineName 给协程命名，示例代码如下：

```kotlin
fun main(args: Array<String>) = runBlocking<Unit> {
    val a = async(CoroutineName("a")) {
        log("I'm computing a piece of the answer")
        6
    }
    val b = async {
        log("I'm computing another piece of the answer")
        7
    }
    log("The answer is ${a.await() * b.await()}")
}
```

以上代码的输出结果为：

```
[main @a#2] I'm computing a piece of the answer
[main @coroutine#3] I'm computing another piece of the answer
[main @coroutine#1] The answer is 42
```

7.6.4 在协程中切换线程

通过在协程中切换上下文，可以达到切换线程的目的。如果在代码中有多个协程上下文，那么可以通过 withContext 指定协程代码运行的上下文环境，示例代码如下：

```kotlin
fun log(msg: String) = println("[${Thread.currentThread().name}] $msg")

fun main(args: Array<String>) {
    newSingleThreadContext("Ctx1").use { ctx1 ->
        newSingleThreadContext("Ctx2").use { ctx2 ->
            runBlocking(ctx1) {
                log("Started in ctx1")
                withContext(ctx2) {
                    log("Working in ctx2")
                }
                log("Back to ctx1")
            }
        }
    }
}
```

在 VM Options 中添加了 -Dkotlinx.coroutines.debug 之后，输出结果如下：

```
[Ctx1 @coroutine#1] Started in ctx1
[Ctx2 @coroutine#1] Working in ctx2
[Ctx1 @coroutine#1] Back to ctx1
```

上面的例子中，创建 newSingleThreadContext 时指定了线程的名字，创建了两个协程上下文 ctx1 和 ctx2，然后使用 runBlocking {} 创建了一个协程，在协程内 withContext {} 代码是执行在指定的协程上下文环境中的，所以最后的输出结果中 Working in ctx2 使用的线程是 Ctx2。

7.6.5 子协程

当使用 launch {}启动协程时，返回值是一个 Job 对象，这个 Job 就是协程要执行的"工作"，在协程的代码块中，也可以获取到这个 Job 对象，获取方法是通过 coroutineContext[Job]。CoroutineScope 的 isActive 属性，也就是 coroutineContext[Job]?.isActive == true 的快捷调用方式。

当在一个协程代码块中启动另一个协程的时候，新启动的协程会继承外层代码块的协程上下文，这个协程的 Job 也会成为外层协程的子对象，它会随着外层协程的取消而取消，但是如果使用 GlobalScope 启动协程，那么这个协程和外层的协程是没有父子关系的，也不会随外层协程的取消而取消，示例代码如下：

```
fun main(args: Array<String>) = runBlocking<Unit> {
    // 启动一个新协程
    val request = launch {
        // 使用 GlobalScope 启动的协程是独立协程，和外层协程没有父子关系
        GlobalScope.launch {
            println("job1: 挂起前")
            delay(1000)
            println("job1: 挂起后")
        }
        // 使用 launch 启动协程和外层协程是父子关系
        launch {
            println("job2: 挂起前")
            delay(1000)
            println("job2: 挂起后")
        }
    }
    delay(500)
    request.cancel() // request 调用 cancel 后，子协程也会随之取消
    delay(1000)
    println("main: 程序结束")
}
```

以上代码的输出结果为：

```
job1: 挂起前
job2: 挂起前
job1: 挂起后
main: 程序结束
```

request 被取消后，job2 也会被取消，但是 job1 不受影响。

当所有子协程都执行结束后，父协程才能结束执行，使用 join 等待父协程执行结束也就等于等待父协程和它的所有子协程执行结束，示例代码如下：

```
fun main(args: Array<String>) = runBlocking<Unit> {
    val request = launch {
        repeat(3) { i ->
            // 启动了 3 个子协程
            launch {
                delay((i + 1) * 200L)
                println("协程 $i 执行完毕")
            }
        }
        println("父协程执行完毕")
    }
    request.join() // 等待 request 执行完毕
    println("程序结束")
}
```

以上代码的输出结果为：

```
父协程执行完毕
协程 0 执行完毕
协程 1 执行完毕
协程 2 执行完毕
程序结束
```

虽然这 3 个子协程是异步执行的，程序首先输出了父协程的 println，但是使用 request.join() 的时候会等待所有子协程执行结束。

7.7 协程的异常处理

异常处理在编程语言中是非常重要的，在协程编程中也不例外。本节将重点介绍在使用协程时如何进行异常处理。

7.7.1 捕获协程的异常

Kotlin 协程的异常分为两种，自动处理的异常和交给用户处理的异常，例如使用 launch 和 actor 启动的协程不需要开发人员去处理异常，发生异常后也不会影响调用协程代码的执行，而使用 async 或者 produce 启动的协程就需要开发人员手动地捕获异常并进行处理。自动处理的异常类似 Java 中的 Thread.uncaughtExceptionHandler，发生异常时 Kotlin 的协程库会做一部分的工作，这样就不用进行 try catch 了；需要开发人员手动处理的异常，则应在调用 await 或者 recive 时进行处理。示例代码如下：

```
fun main() = runBlocking {
    val job = GlobalScope.launch {
        println("在 launch 代码块抛出异常
```

```
            // Will be printed to the console by Thread.defaultUncaughtExceptionHandler
            throw IndexOutOfBoundsException()
    }
    job.join()
    println("job.join() 执行失败")
    val deferred = GlobalScope.async {
        println("在 async 代码块抛出异常")
        throw ArithmeticException() // Nothing is printed, relying on user to call await
    }
    try {
        deferred.await()
        println("代码不会执行到这里")
    } catch (e: ArithmeticException) {
        println("捕获到 ArithmeticException 异常")
    }
}
```

上述代码的运行结果为:

```
在 launch 代码块抛出异常
job.join() 执行失败
Exception in thread "DefaultDispatcher-worker-2" java.lang.IndexOutOfBoundsException
在 async 代码块抛出异常
    at HelloKt$main$1$job$1.invokeSuspend(Hello.kt:9)
捕获到 ArithmeticException 异常
    at kotlin.coroutines.jvm.internal.BaseContinuationImpl.resumeWith(ContinuationImpl.kt:32)
    at kotlinx.coroutines.DispatchedTask$DefaultImpls.run(Dispatched.kt:235)
    at kotlinx.coroutines.DispatchedContinuation.run(Dispatched.kt:81)
    at kotlinx.coroutines.scheduling.Task.run(Tasks.kt:94)
    at kotlinx.coroutines.scheduling.CoroutineScheduler.runSafely(CoroutineScheduler.kt:586)
    at kotlinx.coroutines.scheduling.CoroutineScheduler.access$runSafely(CoroutineScheduler.kt:60)
    at kotlinx.coroutines.scheduling.CoroutineScheduler$Worker.run(CoroutineScheduler.kt:732)
```

从上面的代码可以看到，job 是执行在子线程中的，而且 job 发送异常后 runBlocking 继续往下执行了，但是 deferred 发生异常后，之后的代码就没有继续执行。

开发人员可以定义一个专门处理协程异常的 CoroutineExceptionHandler，作为启动协程的参数，这样在协程内发生异常时，通过 CoroutineExceptionHandler 做一些自定义的处理。CoroutineExceptionHandler 是用来处理那些无须被用户处理的异常的，所以像 async 或者 produce 是不会在 CoroutineExceptionHandler 中收到异常的，示例代码如下：

```
import kotlinx.coroutines.*

fun main() = runBlocking {
    val handler = CoroutineExceptionHandler { _, exception ->
        println("Caught $exception")
    }

    val job = GlobalScope.launch(handler) {
        throw AssertionError()
```

```
            }
            val deferred = GlobalScope.async(handler) {
                throw ArithmeticException() // ArithmeticException 不会在 handler 中被捕获到
            }
            joinAll(job, deferred)
        }
```

以上代码的输出结果为：

```
Caught java.lang.AssertionError
```

7.7.2 协程的取消和异常

通过之前的章节，可以知道协程的取消是通过挂起函数抛出异常，或者通过判断 isActive 来取消代码的执行。在协程被取消后，代码是不能继续执行的，如果希望能在取消后执行一些后续的处理，那么可以使用 try 捕获异常，然后在 finally 代码块做处理，示例代码如下：

```
fun main(args: Array<String>) = runBlocking {
    val job = launch {
        val child = launch {
            try {
                delay(Long.MAX_VALUE)
            } finally {
                println("子协程被取消")
            }
        }
        yield()
        println("取消子协程")
        child.cancel()
        child.join()
        yield()
        println("父协程没有被取消")
    }
    job.join()
}
```

以上代码的输出结果为：

```
取消子协程
子协程被取消
父协程没有被取消
```

如果一个协程有多个子协程，若其中一个子协程抛出异常，那么其他的子协程会触发取消操作，不过如果使用 CoroutineExceptionHandler 处理异常，那么只有在协程结束的时候才会收到异常，示例代码如下：

```
fun main(args: Array<String>) = runBlocking {
    val handler = CoroutineExceptionHandler { _, exception ->
```

```kotlin
            println("捕获到 $exception")
    }
    val job = GlobalScope.launch(handler) {
        launch { // the first child
            try {
                delay(Long.MAX_VALUE)
            } finally {
                withContext(NonCancellable) {
                    println("子协程已经取消")
                    delay(100)
                    println("第一个子协程结束")
                }
            }
        }
        launch { // the second child
            delay(10)
            println("第二个子协程抛出异常")
            throw ArithmeticException()
        }
    }
    job.join()
}
```

以上代码的输出结果为:

```
第二个子协程抛出异常
子协程已经取消
第一个子协程结束
捕获到 java.lang.ArithmeticException
```

7.7.3 处理异常聚合

如果一个协程有多个子协程抛出了异常，那么只有第一个异常会在 handler 中被收到，开发人员可以在 Throwable 对象的 suppressed 属性中获取其他的异常，示例代码如下：

```kotlin
fun main(args: Array<String>) = runBlocking {
    val handler = CoroutineExceptionHandler { _, exception ->
        println("Caught $exception with suppressed ${exception.suppressed.contentToString()}")
    }
    val job = GlobalScope.launch(handler) {
        launch {
            try {
                delay(Long.MAX_VALUE)
            } finally {
                throw ArithmeticException()
            }
        }
        launch {
            delay(100)
            throw IOException()
```

```
        }
            delay(Long.MAX_VALUE)
        }
    job.join()
}
```

以上代码的输出结果为:

Caught java.io.IOException with suppressed [java.lang.ArithmeticException]

7.8 协程的同步

协程也是用来执行异步任务的,因此它会遇到和线程同样的问题,那就是同步的问题,不过协程的同步要比线程简单得多。

7.8.1 协程同步的问题

协程的一些调度器会使用到多线程,不同的协程可能运行在多个线程上,这样就会遇到同步的问题。如果一个变量被多个协程操作,那么在每个协程的内部这个操作都是不安全的,示例代码如下:

```
suspend fun CoroutineScope.massiveRun(action: suspend () -> Unit) {
    val n = 100    // 启动的协程数量
    val k = 1000   // 每个协程循环的次数
    val time = measureTimeMillis {
        val jobs = List(n) {
            launch {
                repeat(k) { action() }
            }
        }
        jobs.forEach { it.join() }
    }
    println("Completed ${n * k} actions in $time ms")
}

var counter = 0
fun main(args: Array<String>) = runBlocking<Unit> {
    GlobalScope.massiveRun {
        counter++
    }
    println("Counter = $counter")
}
```

以上代码的输出结果为:

Completed 100000 actions in 25 ms
Counter = 64622

上面的例子中开启了 100 个协程，每个协程的工作都是执行 counter++，期望的结果是最终 counter 等于 100000，但是每次运行得到的结果可能都不一样。出现这个问题的原因很简单，由于有多个线程在同时操作 counter，所以有可能在执行 counter++ 的时候 counter 的值已经被其他线程改变了。因为例子中的协程是使用默认的调度器 Dispatchers.Default，所以最终的计算结果和 Dispatchers.Default 是有关系的，如果执行的机器是两个或两个以下的 CPU，那么 Dispatchers.Default 可能只使用一个线程，最终的结果就会是 100000，若使用一个单线程的调度器，也会得出同样的结果，示例代码如下：

```kotlin
suspend fun CoroutineScope.massiveRun(action: suspend () -> Unit) {
    val n = 100    // 启动的协程数量
    val k = 1000 // 每个协程循环的次数
    val time = measureTimeMillis {
        val jobs = List(n) {
            launch {
                repeat(k) { action() }
            }
        }
        jobs.forEach { it.join() }
    }
    println("Completed ${n * k} actions in $time ms")
}

val mtContext = newFixedThreadPoolContext(1, "mtPool")
var counter = 0

fun main(args: Array<String>) = runBlocking<Unit> {
    CoroutineScope(mtContext).massiveRun {
        counter++
    }
    println("Counter = $counter")
}
```

以上代码的输出结果为：

```
Completed 100000 actions in 19 ms
Counter = 100000
```

7.8.2 协程同步的方法

上面遇到的问题其实也是多线程同步的问题，因此也可以使用解决线程同步的方法来解决这个问题。线程同步的方法包括使用 Volatile 变量，使用原子（Atomic）类型和使用 Synchronized 代码块。如果把 counter 声明为 Volatile：

```kotlin
@Volatile
var counter = 0
```

那么这样并不能解决问题，Volatile 只能保证在读取的时候能获取到 counter 的最新值，但是不能阻止多个线程同时修改 counter 的值。如果把 counter 声明为 AtomicInteger，那么问题就解决了。示例代码如下：

```kotlin
suspend fun CoroutineScope.massiveRun(action: suspend () -> Unit) {
    val n = 100    // 启动的协程数量
    val k = 1000   // 每个协程循环的次数
    val time = measureTimeMillis {
        val jobs = List(n) {
            launch {
                repeat(k) { action() }
            }
        }
        jobs.forEach { it.join() }
    }
    println("Completed ${n * k} actions in $time ms")
}

var counter = AtomicInteger()

fun main(args: Array<String>) = runBlocking<Unit> {
    GlobalScope.massiveRun {
        counter.incrementAndGet()
    }
    println("Counter = ${counter.get()}")
}
```

上面的代码在任何机器上都能输出：

```
Counter = 100000
```

把 counter++ 封装成一个 Synchronized 函数也能得到同样的结果。既然是使用了多个线程出现的问题，那么只要规定 counter++ 在单线程里面执行就不会有问题了，有两种方式实现，最简单的方法是所有协程都运行在一个线程上，示例代码如下：

```kotlin
val counterContext = newSingleThreadContext("CounterContext")
var counter = 0

fun main() = runBlocking<Unit> {
    CoroutineScope(counterContext).massiveRun { // 所有的协程都使用同一个线程
        counter++
    }
    println("Counter = $counter")
}
```

启动每个协程的时候都是使用的单线程的调度器，所有协程都运行在一个线程上，也就不存在同步的问题。

另外一种方法就是协程仍然可以运行在多个线程上，只不过在执行 counter++ 的时候切换到单线程的运行环境上，实现方式就是创建一个单线程的上下文环境，然后使用 withContext 切换上下文，示例代码如下：

```kotlin
val counterContext = newSingleThreadContext("CounterContext")
var counter = 0

fun main() = runBlocking<Unit> {
    GlobalScope.massiveRun { // 每个协程都是使用默认的调度器
        withContext(counterContext) { // 执行 counter++ 的时候使用的是单线程
            counter++
        }
    }
    println("Counter = $counter")
}
```

第二种方式会比较耗时，因为每次计算都要从多线程的运行环境切换到单线程的运行环境。

7.8.3 互斥锁

互斥锁是解决同步问题的一个方法，加锁的代码同一时间只能有一个线程对其进行访问，只有当前线程释放了锁后，其他线程才能获取这个锁。在多线程编程中使用最多的是 synchronized，在协程中，使用的是 Mutex，它有一个 lock 和 unlock 函数，顾名思义，就是加锁和解锁，使用方式很简单，在进入需要加锁的代码前调用 mutex.lock()，离开需要加锁的代码后执行 mutex.unlock()，示例代码如下：

```kotlin
fun main(args: Array<String>) = runBlocking<Unit> {
    GlobalScope.massiveRun {
        mutex.lock()
        counter++
        mutex.unlock()
    }
    println("Counter = $counter")
}
```

这样加锁和解锁的代码就不会被多个线程同时执行。当然，加锁和解锁的代码也可以使用类似 DSL 的方式，示例代码如下：

```kotlin
fun main(args: Array<String>) = runBlocking<Unit> {
    GlobalScope.massiveRun {
        mutex.withLock {
            counter++
        }
    }
    println("Counter = $counter")
}
```

这样就不必担心忘记解锁而导致程序出现死锁。

7.8.4 Actors

Actor 是一个特殊的协程，它带有一个 channel，可以向 actor 发送消息，它内部有处理消息的机制，这其实有点像 Android 中的 Handler 和 Message。使用 actor 也能解决上文中遇到的线程同步的问题，解决方法为在多个协程中向 actor 发送消息，由 actor 负责处理，最终获取结果，示例代码如下：

```kotlin
sealed class CounterMsg
object IncCounter : CounterMsg() // 执行 counter++ 消息
class GetCounter(val response: CompletableDeferred<Int>) : CounterMsg() // 获取结果

fun CoroutineScope.counterActor() = actor<CounterMsg> {
    var counter = 0
    for (msg in channel) {
        when (msg) {
            is IncCounter -> counter++
            is GetCounter -> msg.response.complete(counter)
        }
    }
}

fun main(args: Array<String>) = runBlocking<Unit> {
    val counter = counterActor() // create the actor
    GlobalScope.massiveRun {
        counter.send(IncCounter)
    }
    val response = CompletableDeferred<Int>()
    counter.send(GetCounter(response))
    println("Counter = ${response.await()}")
    counter.close()
}
```

上述代码虽然使用 GlobalScope.massiveRun 创建了 10 个协程，但是在这个例子中，这 10 个协程只是负责向 actor 发送消息，并最终在 actor 所在的协程执行 counter++。虽然执行过程比较耗时，但是不失为一种解决同步状态问题的方法。

第 8 章　使用 Kotlin 进行 Android 开发

既然可以使用 Kotlin 进行 Andriod 开发，那么首先就需要了解下开发工具。本章将会重点介绍如何使用 Kotlin 进行 Android 的开发。

8.1　Android 开发环境

工欲善其事，必先利其器。开发工具对于程序员来讲是非常重要的。这一节将重点介绍使用 Kotlin 开发 Android 的环境。

8.1.1　添加 Gradle 插件

Android Studio 从 3.0 版本开始继承 Kotlin 插件，开发人员可以在新建工程的时候选择添加 Kotlin 支持，或者为现有的项目添加 Kotlin 支持，如果是 3.0 之前的版本，那么需要手动安装 Kotlin 插件，安装方法为打开软件，选择 Preferences→Plugins，单击 Browse repositories...，在弹出的窗口中搜索 Kotlin。

Android Studio 的插件是 IDE 的一个扩展，如果需要在工程中添加 Kotlin，那么还需要配置编译插件。Android 开发目前普遍使用 Gradle，而在 Gradle 项目中添加 Kotlin 支持是非常方便的，首先可以直接通过 Android Studio 的 Kotlin 插件提供的工具，也可以使用 Tools 菜单中的 Kotlin→Configure Kotlin in Project 来进行一键配置，如下图所示。

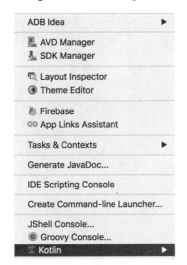

或者通过双击〈Shift〉键调出 Search Everywhere 对话框搜索：Configure Kotlin in Project。在弹出的对话框中选择 Adnroid with Gradle，如下图所示。

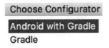

然后选择需要配置的 Module，可以对全部的 Module 添加 Kotlin 支持，或者配置单个 Module，如下图所示。

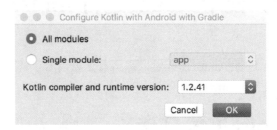

一般情况下，只需要为 App Moduel 添加 Kotlin 支持，如果希望在 library 项目上也使用 Kotlin，那么需要为 library 也添加 Kotlin 支持，插件会添加对应的 gradle 脚本，如果自动配置失败，那么可以手动配置，只需要添加很少的几行代码即可。首先在工程目录下的 build.gradle 添加 kotlin-gradle-plugin，示例代码如下：

```
...
buildscript {
    ext.kotlin_version = '1.2.41'
    ...
    dependencies {
        ...
        classpath "org.jetbrains.kotlin:kotlin-gradle-plugin:$kotlin_version"
        ...
    }
}
...
```

然后在对应的 Module 目录下的 build.gradle 中添加如下的代码：

```
...
apply plugin: 'kotlin-android'
...
dependencies {
    ...
    implementation "org.jetbrains.kotlin:kotlin-stdlib-jdk7:$kotlin_version"
}
...
```

kotlin-gradle-plugin 是用来编译 Kotlin 代码的，kotlin-stdlib-jdk 是 Kotlin 的标准库，例如 Java 调用 Kotlin 的 Lambda 表达式时需要用到的 functions 就在 Kotlin 标准库中，根据项目配置可以选择不同的 jdk 目标版本，在 Android 开发中，一般是 jdk7。

8.1.2 使用 Kotlin Android Extensions

在配置完成后就可以在项目中添加 Kotlin 代码了。例如直接创建一个使用 Kotlin 语言的

Activity，在旧版的 Android Studio 中，有单独创建 Kotlin Activity 的菜单，新版的 Android Studio 是在新建 Activity 的时候选择源码的语言，如下图所示。

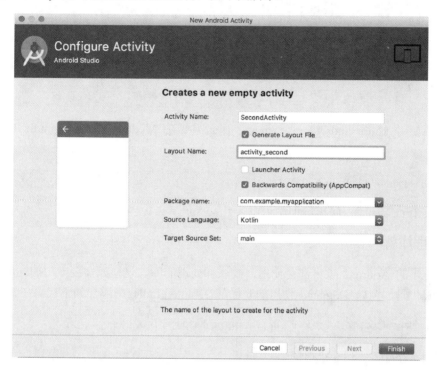

Kotlin 专门针对 Android 开发提供了一个 kotlin-android-extensions 扩展，它的作用很简单，即用来帮助开发人员进行 findViewById，让开发人员在代码中可以直接使用布局文件中的 view id 作为 view 的引用。例如在布局文件中添加一个 TextView，id 为 tvTest，示例代码如下：

```
<?xml version="1.0" encoding="utf-8"?>
<android.support.constraint.ConstraintLayout
    xmlns:android=http://schemas.android.com/apk/res/android
    xmlns:app=http://schemas.android.com/apk/res-auto
    xmlns:tools=http://schemas.android.com/tools
    android:layout_width="match_parent"
    android:layout_height="match_parent"
    tools:context=".MainActivity">

    <TextView
        android:id="@+id/tvTest"
        android:layout_width="wrap_content"
        android:layout_height="wrap_content"
        android:text="Hello World!"
        app:layout_constraintBottom_toBottomOf="parent"
        app:layout_constraintLeft_toLeftOf="parent"
        app:layout_constraintRight_toRightOf="parent"
        app:layout_constraintTop_toTopOf="parent" />
</android.support.constraint.ConstraintLayout>
```

在代码中会自动生成一个 tvTest 的引用,对应 xml 中的 tvTest,示例代码如下:

```
class MainActivity : AppCompatActivity() {
    override fun onCreate(savedInstanceState: Bundle?) {
        super.onCreate(savedInstanceState)
        setContentView(R.layout.activity_main)
        tvTest.text = "hello"
    }
}
```

如果要使用 kotlin-android-extensions,那么需要在 Module 的 build.gradle 中添加如下代码:

```
apply plugin: 'kotlin-android-extensions'
```

虽然这个插件功能很简单,但是可以为开发人员省去很多的工作。

8.1.3 处理注解

现在一半的 Android 项目都会使用需要注解处理的库,这些库需要专门的注解处理工具来生成中间代码,例如 Dagger,使用的时候应在 build.gradle 中添加如下代码:

```
annotationProcessor 'com.google.dagger:dagger-compiler:+'
// 或者
// apt 'com.google.dagger:dagger-compiler:+'
```

这些注解处理工具,不管是 apt 还是 annotationProcessor,都是针对 Java 代码的,如果在 Kotlin 代码中使用了对应的注解,那么这些注解处理工具是不会处理的,此时,需要专门针对 Kotlin 的注解处理工具 kapt。使用 kapt 首先需要在 Module 的 build.gradle 文件中添加 apply plugin: "kotlin-kapt",然后将之前使用 apt 或者 annotationProcessor 的地方修改为 kapt 即可:kapt 'com.google.dagger:dagger-compiler:+'。

因为 kapt 不仅会处理 Kotlin 代码,还会处理 Java 代码,所以只需要添加 kapt 就可以了。

8.2 在 Android Library 中使用 Kotlin

在 Library 中添加 Kotlin 支持的方法和普通的 App Module 一样,首先还是需要在项目根目录下的 builde.gradle 中添加 kotlin-gradle-plugin,示例代码如下:

```
buildscript {
    ext.kotlin_version = '1.2.51'

    dependencies {
        classpath "org.jetbrains.kotlin:kotlin-gradle-plugin:$kotlin_version"
    }
}
```

然后在 Library 目录下的 build.gradle 添加如下的代码:

```
apply plugin: 'kotlin-android'
// ...

dependencies {
    // ...
    api "org.jetbrains.kotlin:kotlin-stdlib-jdk7:$kotlin_version"
}
```

需要注意的是这里 Kotlin stdlib 使用了 api 而不是 implementation，如果使用了 implementation，那么 Kotlin stdlib 不会对外暴露，一些 Kotlin Api 将无法调用。例如，在 Library 项目添加如下的代码：

```
// 文件 ViewExt.kt
fun View.goneBy(action: () -> Boolean) {
    visibility = if (action.invoke()) {
        View.GONE
    } else {
        View.VISIBLE
    }
}
```

goneBy 函数的功能是接收一个函数，通过函数的计算结果设置 View 是否显示，例如下面的代码：

```
if (text == "null" || text == null) {
    textView.visibility = View.GONE
} else {
    textView.visibility = View.VISIBLE
}
```

可以替换成如下的代码：

```
textView.goneBy { text == null || text == "null" }
```

当 goneBy 函数在 Java 中被调用时，由于使用了高阶函数，需要将对应的函数参数转换为匿名类，调用方法如下所示：

```
// Java
ViewExtKt.goneBy(textView, new Function0<Boolean>() {
    @Override
    public Boolean invoke() {
        // ...
    }
});
```

如果要使用 Function0，就需要引入，代码如下所示：

```
// Java
import kotlin.jvm.functions.Function0;
```

使用 implementation 引入的依赖是不会对外暴露的，因此引用该 Library 的项目就无法使用 Function0，会报 Cannot resolve symbol 'Function0'的错误。

8.3 使用 DataBinding

使用 Kotlin 结合 DataBinding 不需要额外的配置，只需将处理 Databinding 注解的方式修改为 kapt，示例代码如下：

```
kapt "com.android.databinding:compiler:+"
```

其实 DataBinding 本身也是使用 Kotlin 编写的，从 DataBinding 的使用过程中也能看到 Kotlin 的影子，例如：

```
// Java
public class Bean {
    public String getName() {
        // ...
    }
}
```

在 xml 文件中，可以使用 bean.name，示例代码如下：

```
<TextView
    android:layout_width="wrap_content"
    android:layout_height="wrap_content"
    android:text="@{bean.name}" />
```

使用 bean.getName()和 bean.name 是一样的，示例代码如下：

```
<TextView
    android:layout_width="wrap_content"
    android:layout_height="wrap_content"
    android:text="@{bean.getName()}" />
```

同样 bean.isNew()也可以使用 bean.new 代替，这与 Kotlin 调用 Java 代码时将 getter、setter 转换为属性的规则一致。

DataBinding 中的调用也全部都是安全调用，示例代码如下：

```
@{bean.name.length}
相当于 Kotlin 中的
bean?.name?.length
```

DataBinding 结合 Kotlin 使用的时候还需要注意 BindingAdapter 的声明方式，在 Java 中 BindingAdapter 函数必须是 public static，而在 Kotlin 中没有显式的 static 声明，因此只能结合@JvmStatic 注解来声明 BindingAdapter 函数，示例代码如下：

```
object CustomBindingAdapter {
    @JvmStatic
```

```kotlin
        @BindingAdapter("bindVisibility")
        fun bindVisibility(view: View, visibility: Boolean) {
            view.visibility = if (visibility) View.VISIBLE else View.GONE
        }
    }
```

8.4　第三方库配置

在使用 Kotlin 进行 Android 开发的时候也经常需要用到一些第三方的配置库。这一节将重点介绍其中的两个：ButterKnife 和 Dagger。

8.4.1　ButterKnife

ButterKnife 本身就是一个配置和使用都非常简单的库，只需将处理注解的方式修改为 apt 即可，需要添加的 Gradle 配置为：

```
implementation 'com.jakewharton:butterknife:8.8.1'
kapt 'com.jakewharton:butterknife-compiler:+'
```

进行绑定（BindView）的时候需要使用 lateinit var，示例代码如下：

```
@BindView(R.id.text_view) lateinit var textView: TextView
```

8.4.2　Dagger

Dagger 的配置和使用就比较复杂了，首先还是需要将处理注解的方式修改为 apt，添加的 Gradle 配置为：

```
implementation 'com.google.dagger:dagger:2.11'
kapt 'com.google.dagger:dagger-compiler:+'
```

Dagger 中使用了非常多的注解，对于类的注解和 Java 中一样，写在类声明的地方，示例代码如下：

```kotlin
@Module
class AppModule() {
    //...
}

@Singleton
class OauthInterceptor() {
    //...
}
```

针对构造函数的注解需要使用 constructor 声明，示例代码如下：

```kotlin
class LoginHelper @Inject constructor() {
    //...
```

```
}
```

需要注入变量的时候要使用 lateinit var，示例代码如下：

```
@Inject lateinit var api: Api
@Module 和 @Provides 与在 Java 中的声明方式基本相同
@Module
class AppModule {
    @Provides
    @Singleton
    fun provideGson(): Gson {
        return GsonBuilder()
                .setDateFormat("yyyy-MM-dd HH:mm:ss z")
                .create()
    }
}
```

需要注意的是@Named 注解的使用，如果是使用在方法上，那么它与在 Java 中的使用方式是一样的，示例代码如下：

```
@Named("test")
@Provides
@Singleton
fun provideTestApi(): Api {
    // ...
}
```

但是若在属性上应用@Named 注解，则需要指定注解是使用在 field 上的。

```
@Inject @field:Named("test") lateinit var api: Api
```

8.5 Anko

Anko 是 Kotlin 提供的一个专门用于 Android 开发的库，它可以使 Android 的开发变得更加方便和快速。简单来说，就是让开发人员实现相同的功能时使用更少的代码，更少的代码意味着更加易读和更少的犯错机会。Anko 实现这一点使用的是 DSL，举个简单的例子，Android 开发中使用代码创建 UI，使用 Kotlin 需要这样实现：

```
val layout = LinearLayout(this)
layout.orientation = LinearLayout.VERTICAL

val textView = TextView(this)
val button = Button(this)
button.text = "Say Hello!"

layout.addView(textView)
layout.addView(button)
```

```
button.setOnClickListener {
    textView.text = "Hello"
}
```

而使用 Anko 实现相同功能的代码如下：

```
verticalLayout {
    val textView = textView()
    button("Say Hello!") {
        onClick {
            textView.text = "Hello"
        }
    }
}
```

显然，不仅代码量变少了，而且代码结构也变得更加清晰，便于阅读。

Anko 包括以下几个部分。

1）Anko Commons：轻量级的库，包含一些帮助类，可以用于以下的部分。

① Intents。

② Dialogs 和 Toasts。

③ 日志。

④ 资源和尺寸。

2）Anko Layouts：用来使用代码生成 UI 控件。

3）Anko SQLites：使用 DSL 来进行 SQLite 数据库查询。

4）Anko Coroutines：Anko 协程，目前还是一个实验性的功能。

8.5.1 开始使用 Anko

Anko 不是与 Kotlin 绑定的，配置好 Kotlin 开发环境后还需要添加 Anko 的依赖，可在对应的 module 的 build.gradle 文件添加：

```
dependencies {
    implementation "org.jetbrains.anko:anko:$anko_version"
}
```

上面的代码添加的是 Anko 的全部功能，如果只需要部分功能，那么可以单独添加，相关的依赖为：

```
dependencies {
    // Anko Commons
    implementation "org.jetbrains.anko:anko-commons:$anko_version"

    // Anko Layouts
    implementation "org.jetbrains.anko:anko-sdk25:$anko_version" //sdk15, sdk19, sdk21, sdk23 are also available
    implementation "org.jetbrains.anko:anko-appcompat-v7:$anko_version"

    // Coroutine listeners for Anko Layouts
```

```
        implementation "org.jetbrains.anko:anko-sdk25-coroutines:$anko_version"
        implementation "org.jetbrains.anko:anko-appcompat-v7-coroutines:$anko_version"

        // Anko SQLite
        implementation "org.jetbrains.anko:anko-sqlite:$anko_version"
}
```

Anko Layouts 是比较特殊的，因为每个控件都需要对应的 DSL，所以 Android Support 有独立的 Anko 依赖：

```
dependencies {
        // Appcompat-v7 (only Anko Commons)
        implementation "org.jetbrains.anko:anko-appcompat-v7-commons:$anko_version"

        // Appcompat-v7 (Anko Layouts)
        implementation "org.jetbrains.anko:anko-appcompat-v7:$anko_version"
        implementation "org.jetbrains.anko:anko-coroutines:$anko_version"

        // CardView-v7
        implementation "org.jetbrains.anko:anko-cardview-v7:$anko_version"

        // Design
        implementation "org.jetbrains.anko:anko-design:$anko_version"
        implementation "org.jetbrains.anko:anko-design-coroutines:$anko_version"

        // GridLayout-v7
        implementation "org.jetbrains.anko:anko-gridlayout-v7:$anko_version"

        // Percent
        implementation "org.jetbrains.anko:anko-percent:$anko_version"

        // RecyclerView-v7
        implementation "org.jetbrains.anko:anko-recyclerview-v7:$anko_version"
        implementation "org.jetbrains.anko:anko-recyclerview-v7-coroutines:$anko_version"

        // Support-v4 (only Anko Commons)
        implementation "org.jetbrains.anko:anko-support-v4-commons:$anko_version"

        // Support-v4 (Anko Layouts)
        implementation "org.jetbrains.anko:anko-support-v4:$anko_version"

        // ConstraintLayout
        implementation "org.jetbrains.anko:anko-constraint-layout:$anko_version"
}
```

8.5.2 Anko Commons

Anko Commons 是个方法库，包含了一些开发人员平常开发中常用的方法，用来简化代码。Anko Commons 是非常轻量级的，如果要独立使用 Anko Commons，那么可以只添加如

下代码:

```
dependencies {
    compile "org.jetbrains.anko:anko-commons:$anko_version"
}
```

通常情况下,通过 Intent 启动一个 Activity 需要写以下代码:

```
val intent = Intent(this, MainActivity::class.java)
intent.putExtra("id", 5)
intent.flags = Intent.FLAG_ACTIVITY_SINGLE_TOP
startActivity(intent)
```

使用 Anko 一行就可以实现,如下所示:

```
startActivity(intentFor<MainActivity>("id" to 5).singleTop())
```

如果不需要设置 Flags,那么写法更加简单:

```
startActivity<MainActivity>("id" to 5)
```

intentFor 创建了一个新的 Intent,可以对创建的 Intent 继续操作,示例代码如下:

```
val intent = intentFor<MainActivity>("id" to 5)
intent.flags = Intent.FLAG_ACTIVITY_SINGLE_TOP or Intent.FLAG_ACTIVITY_NEW_TASK
```

Commons 库封装了一些常用的关于 Intent 的调用。
1)拨打电话。示例代码如下:

```
makeCall(number) // 不用添加 "tel:",在 Android 6.0 及以后的版本需要先获取权限
```

2)发送短信。示例代码如下:

```
sendSMS(number, [text]) // 不用添加 "sms:"
```

3)打开浏览器。示例代码如下:

```
browse(url)
```

4)分享文本。示例代码如下:

```
share(text, [subject])
```

5)发送邮件。示例代码如下:

```
email(email, [subject], [text])
```

Dialogs 和 Toasts 包含在 anko-commons 中,如果想使用 SnackBars,那么还需要添加 anko-design,示例代码如下:

```
dependencies {
    implementation "org.jetbrains.anko:anko-commons:$anko_version"
```

```
        // 如果要使用 SnackBars，那么还需要添加
        implementation "org.jetbrains.anko:anko-design:$anko_version"
        implementation 'com.android.support:design:+'
}
```

正常使用 Toasts 的示例代码如下：

```
Toast.makeText(context, "Hello", Toast.LENGTH_SHORT).show()
```

使用 Anko 显示 Toasts 的示例代码如下：

```
toast("Hello")
toast(R.string.Hello)
longToast("Hello")
```

Anko 中 SnackBars 和 Toast 方法基本一致，示例代码如下：

```
snackbar(view, "Hello")
snackbar(view, R.string.message)
longSnackbar(view, "Hello")
```

如果 SnackBar 需要添加按钮，那么示例代码如下：

```
snackbar(view, "Hello", "Click Me") {
    // 通过 it 可以获取到按钮的引用
}
```

开发中最常用的是 AlertDialog，如果希望显示一个简单的有 Yea 和 No 按钮的对话框，那么可以使用 AlertDialog 来实现，示例代码如下：

```
alert("Title", "Message") {
    yesButton {
        //...
    }
    noButton {
        //...
    }
}.show()
```

当然，按钮的文本可以自己指定，示例代码如下：

```
alert("Title", "Message") {
    positiveButton("Yes") {
        //...
    }
    negativeButton("No") {
        //...
    }
}.show()
```

这里显示的是系统默认对话框，如果要使用 android.support.v7.app.AlertDialog，那么需要使用 Appcompat，示例代码如下：

```
alert(Appcompat, "Title", "Message") {
    yesButton {
        //...
    }
    noButton {
        //...
    }
}.show()
```

alert 设置自定义 View 也很简单，示例代码如下：

```
alert {
    customView {
        TextView(context)
    }
}.show()
```

也可以使用 Anko Layouts 来生成自定义的 View，示例代码如下：

```
alert {
    customView {
        textView()
    }
}.show()
```

selector() 函数用来创建带有列表的 AlertDialog：

```
val countries = listOf("Russia", "USA", "Japan", "Australia")
selector("Where are you from?", countries, { dialogInterface, i ->
    toast("So you're living in ${countries[i]}, right?")
})
```

progressDialog() 用来创建一个等待对话框：

```
val dialog = progressDialog(message = "Please wait a bit…", title = "Fetching data")
```

selector() 和 progressDialog() 都没有 show()方法，会直接显示对话框。

以上的函数其实都是使用扩展函数实现的，结合了 Lambda 表达式和命名参数来达到简化代码的目的。

AnkoLogger 包含在 anko-commons 库中，它也是使用 Android SDK 提供的 android.util.Log 来打印日志，android.util.Log 里面打印日志的方法是静态的，可以直接使用：

```
Log.i("MainActivity", "MainActivity create...")
```

在输出日志的时候，TAG 是非常重要的功能，它有助于有效地过滤日志信息，而在使用 android.util.Log 的时候，开发人员往往会忽视 TAG 而随意设置，这样在调试的时候过滤 Log

信息就很困难。使用 AnkoLogger 必须要先生成一个 AnkoLogger 对象，AnkoLogger 一定有 TAG，可以让一个类继承 AnkoLogger，那么它的 TAG 就是类名，示例代码如下：

```
class MainActivity : AppCompatActivity(), AnkoLogger {
    override fun onCreate(savedInstanceState: Bundle?) {
        super.onCreate(savedInstanceState)
        info("onCreate")
        debug("onCreate")
        warn("onCreate")
    }
}
```

以上代码的输出结果为：

```
I/MainActivity: onCreate
W/MainActivity: onCreate
```

AnkoLogger 使用了 Log.isLoggable() 判断 Log 是否显示，默认情况下 Debug 级别的 Log 不显示。Log.isLoggable() 和 AnkoLogger 对应的关系见下表。

android.util.Log	AnkoLogger
v()	verbose()
d()	debug()
i()	info()
w()	warn()
e()	error()
wtf()	wtf()

AnkoLogger 支持懒加载，可以接收 Lambda 表达式和函数作为参数，示例代码如下：

```
info {
    if (visibility == View.VISIBLE) {
        "visible"
    } else {
        "not visible"
    }
}
```

也可以直接创建一个 AnkoLogger 对象，创建对象的时候必须指定 TAG，示例代码如下：

```
val log = AnkoLogger<MainActivity>()
val logWithASpecificTag = AnkoLogger("my_tag")

log.info("Hello")
logWithASpecificTag.info("Hello")
```

以上代码的输出结果为：

```
I/MainActivity: Hello
I/my_tag: Hello
```

Anko Commons 库的实现都非常简单，因为使用扩展函数和 Lambda 表达式精简了代码。例如，Anko 公共库提供了几个简单的处理颜色值的方法，可以让相关的操作更简单，可读性更高。

获取透明度为 0 的颜色值：

```
0x32ff0000.opaque // 将 50% 透明度的红色转换为不透明的红色，结果为 0xffff0000
```

获取颜色的灰阶色值：

```
0x99.gray // 结果为 0x999999
```

平常开发中经常会用到 0xE5E5E5、0xD0D0D0 这样的颜色值，使用 gray 更加方便一些。修改颜色的 Alpha，示例代码如下：

```
Color.RED.withAlpha(50)
```

这个函数可以结合 Android 从资源获取的颜色值使用，示例代码如下：

```
ContextCompat.getColor(context, R.color.red).withAlpha(50)
```

上面三个方法定义在 org.jetbrains.anko.Helpers.kt 中，都非常简单，示例代码如下：

```
val Int.gray: Int
    get() = this or (this shl 8) or (this shl 16)

val Int.opaque: Int
    get() = this or 0xff000000.toInt()

fun Int.withAlpha(alpha: Int): Int {
    require(alpha >= 0 && alpha <= 0xFF)
    return this and 0x00FFFFFF or (alpha shl 24)
}
```

Helpers.kt 文件中还声明了一些其他的方法，主要是版本兼容相关的，示例代码如下：

```
doBeforeSdk(Build.VERSION_CODES.M) {
    // 系统版本号小于 Build.VERSION_CODES.M 时才会执行
}

doIfSdk(14) {
    // 系统版本号等于 14 的时候会执行
}

doFromSdk(15){
    // 系统版本号大于等于 15 的时候才会执行
}

configuration(fromSdk = 11, language = "en", screenSize = ScreenSize.LARGE, orientation =
                Orientation.LANDSCAPE) {
    // 只有符合所有置顶的条件的时候才会执行
```

}

当然，常用的获取尺寸的方法在 Anko 中也有封装，引入 Anko 公共库后，可以直接在 Activity、Fragment 和 View 中使用以下的方法：

```
dip(12)                              // dp 转换为 px
sp(16f)                              // sp 转为 px
px2dip(100)                          // px 转为 dp
px2sp(100)                           // px 转换为 sp
dimen(R.dimen.text_size_small)       // 从资源获取尺寸值
```

使用 applyRecursively 可以将操作应用到所有的子 View 中，示例代码如下：

```
layout.applyRecursively {
    it.visibility = View.GONE
}
```

Anko 中还提供了一些简单的多线程方法，示例代码如下：

```
val f = doAsync {
    // 在子线程上执行

    uiThread {
        // 更新 view
    }
}
f.get()
```

doAsync 内部是用线程池的方式实现的，doAsync 返回的是 Future 引用，可以判断这个异步操作是否完成，并且可以取消这个异步操作，示例代码如下：

```
f.isDone            // 异步操作是否完成
f.isCancelled       // 异步操作是否已经取消
f.cancel(true)      // 取消异步操作
```

8.5.3　Anko SQLite

在 Android 开发中免不了要使用 SQLite 数据库，原生 SQLite 的使用比较麻烦，要自己写 SQL 语句来创建数据库和升级数据，每次查询也要使用 SQL 语句，而且对于数据库和 Cursor 对象每次使用后都要 close，虽然使用 ORM 可以让数据库的操作变得简单，但是会影响读写的效率，使安装包变得更大。Anko SQLite 是一个 SQLite 的扩展，可以帮助简化代码，提高开发效率。要使用 Anko SQLite，首先要添加依赖，示例代码如下：

```
dependencies {
    compile "org.jetbrains.anko:anko-sqlite:$anko_version"
}
```

在使用 SQLite 数据的时候，首先要通过 getReadableDatabase()或者 getWritableDatabase()

获取一个数据库对象。如果是进行查询,那么还会获得一个 Cursor 对象,数据库对象和 Cursor 对象在使用后都要 close()。为了避免在运行时出现异常,还要进行异常捕获,所以一般情况下一次简单的查询也要写很多代码,如下所示:

```kotlin
val db = databaseOpenHelper.readableDatabase
var cursor: Cursor?

try {
    cursor = db.query(...)
    while (cursor?.moveToNext()) {
        //...
    }
} catch (e: Exception) {
    e.printStackTrace()
}

cursor?.close()
db.close()
```

而使用 Anko 代码将会精简很多,示例代码如下:

```kotlin
databaseOpenHelper.use {
    // ...
    cursor.use {
        // ...
    }
}
```

只需要在{}内写需要的代码就可以了,不需要 close()和 try catch 处理。要使用 Anko SQLite,需要用 ManagedSQLiteOpenHelper 替换默认的 SQLiteOpenHelper,示例代码如下:

```kotlin
class SQLiteDatabaseOpenHelper(context: Context) : ManagedSQLiteOpenHelper(context, "database", null, 1) {

    companion object {
        private var instance: SQLiteDatabaseOpenHelper? = null

        @Synchronized
        fun getInstance(ctx: Context): SQLiteDatabaseOpenHelper {
            if (instance == null) {
                instance = SQLiteDatabaseOpenHelper(ctx.applicationContext)
            }
            return instance!!
        }
    }

    override fun onCreate(database: SQLiteDatabase?) {
        database?.createTable("User", true,
            "id" to TEXT + PRIMARY_KEY + UNIQUE,
            "name" to TEXT,
```

```
                "age" to INTEGER)
        }

        override fun onUpgrade(databaese: SQLiteDatabase?, oldVersion: Int, newVersion: Int) {
            databaese?.dropTable("User", true)
        }

    }

    val Context.databaseOpenHelper: SQLiteDatabaseOpenHelper
        get() = SQLiteDatabaseOpenHelper.getInstance(applicationContext)
    context.databaseOpenHelper.use {
        // ...
    }
```

use()是一个扩展函数，在 use 的{}内，this 是一个 SQLiteDatabase 实例，使用 use 的时候不用手动去调用数据库的 close()方法。

createTable 是 SQLiteDatabase 的扩展函数，使用 SQLiteDatabase 在创建 Table 的时候就不用写 SQL 语句了。示例代码如下：

```
database.createTable("User", true,
        "id" to TEXT + PRIMARY_KEY + UNIQUE,
        "name" to TEXT,
        "age" to INTEGER)
```

createTable()的第三个参数是 vararg args: Pair<String, Any>，所以可以把 column 书写成 "id" to TEXT + PRIMARY_KEY + UNIQUE 的形式，TEXT、PRIMARY_KEY 这些参数的类型不是 String，它们都是继承自 SqlTypeModifier，并且对运算符"+"进行了重载，可以直接写出 TEXT + PRIMARY_KEY + UNIQUE 这种形式。

如果要删除一个表，那么使用 dropTable() 方法，示例代码如下：

```
databaese.dropTable("User", true)
```

可以直接使用 ContentValues 来进行数据插入，示例代码如下：

```
databaseOpenHelper.use {
    val values = ContentValues()
    values.put("id", "0")
    values.put("name", "John Smith")
    values.put("age", 18)
    insert("User", null, values)
}
```

或者使用更简单的方法，使用 Anko 提供的 insert 扩展函数，示例代码如下：

```
databaseOpenHelper.use {
    insert("User",
            "id" to i,
            "name" to "User_$i",
```

```
            "age" to i)
}
```

一般情况下数据库的操作需要放在子线程中，可以使用 Anko Commons 库提供的多线程工具，示例代码如下：

```
val dialog = progressDialog("Loading...")
doAsync {
    databaseOpenHelper.use {
        for (i in 1..100) {
            insert("User",
                    "id" to i,
                    "name" to "User_$i",
                    "age" to i)
            uiThread {
                dialog.progress = i
            }
        }
    }

    uiThread {
        dialog.dismiss()
        toast("插入完成")
    }
}
```

insert() 函数是不会抛出异常的，插入失败的返回值是-1。如果希望在外部捕获插入过程中的异常，那么可以使用 insertOrThrow()。insert()不会对数据进行替换，如果希望对存在的数据进行替换，那么可以使用 replace()或者 replaceOrThrow()。

Anko SQLite 的查询使用 Builder 的形式，可以避免去写 SQL 语句，例如 SQL 语句：

```
SELECT name FROM User WHERE age > 42 LIMIT 2
```

可以使用这样的代码来实现：

```
db. select("User", "name").whereArgs("age > 42").limit(2)
```

首先是选择数据库和表，然后添加查询条件，whereArg()在使用的时候可以添加多个条件：

```
db.select("User", "name")
    .whereArgs("(_id > {userId}) and (name = {userName})",
        "userName" to "John",
        "userId" to 42)
```

whereArg()第一个参数中的{}内的部分会被替换成后面对应的参数，例如上面的代码中{userId} 会被替换成42。要获取查询结果，只要执行 SelectQueryBuilder 的 exec()函数。示例代码如下：

```
databaseOpenHelper.use {
    select("User", "name")
```

```
                    .whereArgs("age > 42")
                    .limit(2)
                    .exec {
                        while (moveToNext()) {
                            val userName = getString(0)
                        }
                    }
            }
```

查询结果是一个 Cursor 对象，在 exec {}的{}内以 this 的形式呈现，不需要考虑 database 和 cursor 的 close()。

使用 SQL 查询获得 Cursor 后，最希望的就是直接将 Cursor 转换为数据对象，Anko SQLite 当然提供了这个功能，示例代码如下：

```
databaseOpenHelper.use {
    select("User")
            .whereArgs("age > 42")
            .exec {
                val users = parseList<User>(classParser())
            }
}
```

其中用到的关键函数就是 fun <T: Any> Cursor.parseList(parser: RowParser<T>): List<T>，只要一行代码便实现了 Cursor 对数据对象的转换。

Anko SQLite 提供了以下三个解析 Cursor 的函数。

1）parseSingle(rowParser): T，解析一行数据。

2）parseOpt(rowParser): T?，解析 0 行或者一行数据。

3）parseOpt(rowParser): T?，解析多行数据。

parseSingle()是只能接收一行数据的 Cursor，parseOpt()是只能接收 0 行或者一行数据的 Cursor，否则会抛出异常。

Anko SQLite 提供了以下基本数据类型的解析器。

1）ShortParser。

2）IntParser。

3）LongParser。

4）FloatParser。

5）DoubleParser。

6）StringParser。

7）BlobParser。

如果一个类的构造函数参数都是基本数据类型，那么就可以直接将一个 row 解析为数据类，例如上面的 User 类的声明为：

```
data class User(val id: String, val name: String, val age: Int)
```

对应的解析器为：

```kotlin
val rowParse = classParser<User>()
```

classParser()不支持类的主构函数含有可选参数,它是通过反射来实现的,在 Android 开发中提到反射首先想到的是会不会受到代码混淆的影响,classParser() 是通过参数的顺序和类型实现的,代码混淆不会对其产生影响。

仅使用基础类型解析器和 classParser() 是不能满足要求的,必然会用到自定义解析器,例如,Anko SQLite 所有的 parse 函数都只能接收 RowParser 和 MapRowParser 这两种类型的参数:

```kotlin
interface RowParser<T> {
    fun parseRow(columns: Array<Any>): T
}

interface MapRowParser<T> {
    fun parseRow(columns: Map<String, Any>): T
}
```

任何一个自定义的解析器都可以被分解为基本数据类型的解析器,StringParser 的声明如下所示:

```kotlin
val StringParser: RowParser<String> = SingleColumnParser()
// ...

private class SingleColumnParser<out T> : RowParser<T> {
    override fun parseRow(columns: Array<Any?>): T {
        if (columns.size != 1)
            throw SQLiteException("Invalid row: row for SingleColumnParser must contain exactly one column")
        @Suppress("UNCHECKED_CAST")
        return columns[0] as T
    }
}
```

可以参照 SingleColumnParser 编写一个 User 类的 RowParser,示例代码如下:

```kotlin
class UserRowParser : RowParser<User> {
    override fun parseRow(columns: Array<Any?>) = User(columns[0] as String, columns[1] as String,
                                                        (columns[2] as Long).toInt())
}
```

还有一个更简单的方法就是使用 rowParser() 函数,示例代码如下:

```kotlin
val userRowParser = rowParser { id: String, name: String, age: Long ->
    User(id, name, age.toInt())
}
```

如果要修改 User 的 name,那么可以采用 update 的函数,示例代码如下:

```kotlin
database.update("User", "name" to "John")
        .whereArgs("id = {userId}", "userId" to 1)
```

```
            .exec()
```

如果习惯使用 SQLite 原生的参数替换形式，那么示例代码如下：

```
database.update("User", "name" to "Alice")
        .whereSimple("_id = ?, age = ?", "1", "42")
        .exec()
```

如果要删除数据，那么示例代码如下：

```
database.delete("User", "name = {userName}", "userName" to "John")
database.delete("User", "name = ?", arrayOf("John"))
```

处理大量数据的时候需要用到 SQLite 的 transaction，Anko 提供了一个非常简单的 DSL，示例代码如下：

```
databaseOpenHelper.use {
    transaction {
        // 执行操作
    }
}
```

函数的声明如下所示：

```
fun SQLiteDatabase.transaction(code: SQLiteDatabase.() -> Unit) {
    try {
        beginTransaction()
        code()
        setTransactionSuccessful()
    } catch (e: TransactionAbortException) {
        // Do nothing, just stop the transaction
    } finally {
        endTransaction()
    }
}
```

如果 transaction {} 内的代码没有异常，那么会标记为执行成功。如果希望安全地中断 transaction，只要在代码中抛出 TransactionAbortException 即可。

Anko SQLite 并不能算是一个完整的 ORM，但是它是一个非常轻量级的工具，它没有使用注解和生成中间代码，对现有的代码几乎不会产生影响。对于 Kotlin 学习者来说，Anko SQLite 是非常具有借鉴意义的，它充分利用了 Kotlin 的特性。如果使用 Java，在不借助注解和 Apt 等工具的情况下，是不可能把 SQLite 的操作用这么简单的方式实现的。

Anko SQLite 的 user {}、exec {} 等函数，让开发人员更加关注业务功能本身，开发人员在对数据库进行增删改查的时候，只需处理对数据操作的部分，数据库的 close()，Cursor 的 close()，Transaction 的 beginTransaction()、setTransactionSuccessful()、endTransaction() 都不用去处理，不但让代码更加简洁，而且避免了因为忘记进行 close 操作而产生的种种问题。

8.5.4　Anko Layouts

一般情况下，在 Android 开发中使用 XML 来构建 UI，但使用 XML 有以下一些不好的地方。

1）不是类型安全的。
2）不是空安全的。
3）在 XML 需要很多重复的代码，例如每个 View 都需要 android:layout_width 和 android:layout_height。
4）解析 XML 并生成 View 的过程非常消耗 CPU 和电量。
5）使用 XML 很难进行代码重用。

为了解决这些问题，可以使用代码来动态创建 UI，但是这样写起来很麻烦，而且代码结构不清晰。例如，可以使用 Kotlin 代码创建一个简单的 UI：

```
override fun onCreate(savedInstanceState: Bundle?) {
    super.onCreate(savedInstanceState)

    val layout = LinearLayout(this)
    layout.orientation = LinearLayout.VERTICAL
    val name = EditText(this)
    val button = Button(this)
    button.text = "Say Hello"
    button.setOnClickListener {
        toast("Hello, ${name.text}")
    }
    layout.addView(name)
    layout.addView(button)
    setContentView(layout)
}
```

如果用 Anko 的 DSL 来实现，那么示例代码如下：

```
override fun onCreate(savedInstanceState: Bundle?) {
    super.onCreate(savedInstanceState)

    verticalLayout {
        val name = editText()
        button("Say Hello") {
            setOnClickListener {
                toast("Hello, ${name.text}")
            }
        }
    }
}
```

代码中无须使用 addView() 和 setContentView()，UI 层级的关系很明确，而且代码量明显减少。在使用 DSL 的时候更像是在写配置文件而不是写代码，Anko DSL 的实现没有使用特殊的处理方法，只是由扩展函数和扩展属性结合类型安全的构造器来实现的。如果要使用

Anko Layout，那么需要在项目中添加以下依赖，示例代码如下：

```
dependencies {
    // ...

    // Anko Layouts
    implementation "org.jetbrains.anko:anko-sdk25:$anko_version"
    // sdk15, sdk19, sdk21, sdk23 are also available
    implementation "org.jetbrains.anko:anko-appcompat-v7:$anko_version"

    // Coroutine listeners for Anko Layouts
    implementation "org.jetbrains.anko:anko-sdk25-coroutines:$anko_version"
    implementation "org.jetbrains.anko:anko-appcompat-v7-coroutines:$anko_version"
}
```

使用 Anko 不需要继承其他类，可以直接在 Activity、Fragment 或其他任何需要的地方使用，例如在 Activity 中的 onCreate() 中，示例代码如下：

```
override fun onCreate(savedInstanceState: Bundle?) {
    super.onCreate(savedInstanceState)

    verticalLayout {
        padding = dip(30)
        editText {
            hint = "Name"
            textSize = 24f
        }
        editText {
            hint = "Password"
            textSize = 24f
        }
        button("Login") {
            textSize = 26f
        }
    }
}
```

verticalLayout 是一个扩展函数，如果接收者是 Activity，那么会自动调用 setContentView()，将当期布局设为 Activity 的 ContentView。当然，只有在接收者是 Activity 的时候才会调用。像以下这种情况：

```
(this as Context).verticalLayout {
    // ...
}
```

是不会调用 setContentView() 的。

在 {} 代码块中可以直接使用 View 的属性和方法，例如 TextView 的各种属性：

```
textView {
    text = "Hello"
```

```
            textSize = 12f
            textColor = 0xffffff
    }
```

TextView 的 setText()、getText()在 Kotlin 中是以 text 属性呈现的,其他的 setter、getter 也是一样。

可以直接在 Activity 中使用 verticalLayout,但是不能直接使用 textView{},虽然都是扩展函数,但是 textView {}的接收者是 ViewManager,LinearLayout 继承自 ViewManager,所以可以直接调用 LinearLayout 的 textView():

```
    val layout = LinearLayout(this)
    layout.textView("Hello") {
        //...
    }
```

上面的代码会创建一个 TextView 并且添加到 layout 中。这样就实现了在现有的代码中使用 Anko 的 DSL,当然,也可以在 Anko 的 DSL 中使用自定义的 View,例如有一个自定义的 MapView:

```
    class MapView(context: Context?) : View(context, null) {
        var mapLevel = 1
        //...
    }
```

可以使用 customView()方法:

```
    verticalLayout {
        customView<MapView> {
            mapLevel = 2
        }
    }
```

或者为 MapView 定义专用的 DSL:

```
    inline fun ViewManager.mapView() = mapView {}
    inline fun ViewManager.mapView(init: MapView.() -> Unit) = ankoView({ MapView(it) }, theme = 0, init = init)
    //...
    verticalLayout {

        mapView {
            mapLevel = 2
        }
    }
```

除了直接在 Activity 中创建 UI,还可以使用 AnkoComponent 将创建 UI 的 DSL 写到一个单独的类中:

```
    class MyActivity : AppCompatActivity() {
```

```kotlin
        override fun onCreate(savedInstanceState: Bundle?, persistentState: PersistableBundle?) {
            super.onCreate(savedInstanceState, persistentState)
            MyActivityUI().setContentView(this)
        }
    }

    class MyActivityUI : AnkoComponent<MyActivity> {
        override fun createView(ui: AnkoContext<MyActivity>) = with(ui) {
            verticalLayout {
                val name = editText()
                button("Say Hello") {
                    onClick { ctx.toast("Hello, ${name.text}!") }
                }
            }
        }
    }
```

使用 AnkoComponent 还有一个额外的功能，那就是可以对 UI 进行预览，使用这个功能需要在 Android Studio 中安装 Anko Support 插件，无须运行，项目构建之后在 Anko Layout Preview 窗口可以对 UI 进行预览，如下图所示。

Anko 创建垂直布局的代码为：

```
verticalLayout {
    // ...
}
```

它的函数声明为：

```
inline fun Activity.verticalLayout(theme: Int = 0, init: (@AnkoViewDslMarker _LinearLayout).() -> Unit): LinearLayout
```

verticalLayout() 其实是 Activity 的扩展函数，有以下两个参数。
1）theme: view 的主题。
2）init: view 的初始化代码块。

参数 init 的类型为 @AnkoViewDslMarker _LinearLayout).() -> Unit，如果用 Lambda 表达式实现，那么第二个参数可以写在()外面，就变成了：

```
verticalLayout(theme = R.style.AppTheme) {
    // ...
}
```

{} 内可以使用 _LinearLayout 的 this 引用，也就可以直接使用 _LinearLayout 的所有属性和方法，如下代码所示：

```
verticalLayout(theme = R.style.AppTheme) {
    gravity = Gravity.CENTER_HORIZONTAL
    padding = dip(16)
}
```

如果需要对 Button、TextView 这样的控件应用主题，那么需要使用特定的扩展函数，这类函数（帮助代码块）的命名规则是以 themed 开头：

```
verticalLayout(theme = R.style.AppTheme) {
    themedButton(theme = R.style.AppTheme) {
        // ...
    }
}
```

当然，在代码块中也可以直接设置各种 Listener：

```
verticalLayout {
    button {
        setOnClickListener {
            // ...
        }
    }

    checkBox {
        setOnCheckedChangeListener { buttonView, isChecked ->
            // ...
        }
    }
}
```

```
seekBar {
    setOnSeekBarChangeListener(object: SeekBar.OnSeekBarChangeListener {
        override fun onProgressChanged(seekBar: SeekBar?, progress: Int, fromUser: Boolean) {
        }

        override fun onStartTrackingTouch(seekBar: SeekBar?) {
        }

        override fun onStopTrackingTouch(seekBar: SeekBar?) {
        }

    })
}
}
```

可以在帮助代码块内修改 View 本身的属性，但是 View 相对于父布局的参数还是要通过 LayoutParams，在 XML 中可以直接定义 View 的 LayoutParams：

```
<LinearLayout
    android:layout_width="match_parent"
    android:layout_height="wrap_content">

    <TextView
        android:layout_width="wrap_content"
        android:layout_height="wrap_content"
        android:layout_marginLeft="16dp"
        android:layout_marginRight="16dp"
        android:layout_gravity="center_horizontal" />
</LinearLayout>
```

android:layout_marginLeft、android:layout_marginRight、android:layout_gravity 都属于 LayoutParams，在普通的代码中，需要在调用 addView()方法的时候指定：

```
val layout = LinearLayout(this)
val textView = TextView(this)

val layoutParams = LinearLayout.LayoutParams(ViewGroup.LayoutParams.WRAP_CONTENT,
                                              ViewGroup.LayoutParams.WRAP_CONTENT)

layoutParams.gravity = Gravity.CENTER_HORIZONTAL
layoutParams.setMargins(dip(16), 0, dip(16), 0)

layout.addView(textView, layoutParams)
```

在 Anko 中，可以使用 lparams()：

```
linearLayout {
    textView {
        //...
```

```
    }.lparams {
        gravity = Gravity.CENTER_HORIZONTAL
        horizontalMargin = dip(16)
    }
}
```

lparams() 默认的 width 和 height 都是 WRAP_CONTENT，可以在代码块中修改，另外 Anko 还提供一些帮助性质的属性，例如：

1）horizontalMargin 同时设置 leftMargin 和 rightMargin。
2）verticalMargin 同时设置 topMargin 和 bottomMargin。
3）margin 同时设置所有的 margin。

如果需要，也可以自定义帮助属性：

```
var ViewGroup.MarginLayoutParams.topLeftMargin: Int
    @Deprecated(AnkoInternals.NO_GETTER, level = DeprecationLevel.ERROR) get() = AnkoInternals.noGetter()
    set(v) { leftMargin = v; topMargin = v }

// ...
linearLayout {
    textView {
        // ...
    }.lparams {
        topLeftMargin = dip(16)
    }
}
```

lparams 帮助代码块和 Anko 中 View 的帮助代码块一样,在{}内可以直接使用 LayoutParams 的 this 引用。当然，每个代码块内的 LayoutParams 类型是不同的,如果是在 relativeLayout 的代码块内，那么 lparams 代码块内的类型为 RelativeLayout.LayoutParams，可以使用 RelativeLayout.LayoutParams 的属性：

```
relativeLayout {
    button("Ok") {
        id = R.id.button1
    }.lparams { alignParentTop() }

    button("Cancel").lparams { below(R.id.button1) }
}
```

在 Kotlin 代码中，TextView 的 setText()函数是个重载函数，参数既可以是 CharSequence 类型的字符串，也可以是字符串的资源 id，但是 text 是 CharSequence，如果希望通过帮助属性设置资源 id，那么需要使用 textResource，textResource 只有 setter 方法，没有 getter 方法：

```
verticalLayout {
    textView {
        textResource = R.string.app_name
```

```
        }
    }
```

其他的类似属性还有 hintResource、imageResource。

如果要在 Anko 的 DSL 加载 XML 布局,那么需要使用 include()函数,示例代码如下:

```xml
<!--文件 layout_include.xml-->
<?xml version="1.0" encoding="utf-8"?>
<LinearLayout xmlns:android=http://schemas.android.com/apk/res/android
    android:layout_width="match_parent"
    android:layout_height="wrap_content"
    android:orientation="vertical">

    <TextView
        android:id="@+id/textView1"
        android:layout_width="wrap_content"
        android:layout_height="wrap_content"
        android:layout_gravity="center_horizontal"
        android:text="Hello" />

    <TextView
        android:id="@+id/textView2"
        android:layout_width="wrap_content"
        android:layout_height="wrap_content"
        android:layout_gravity="center_horizontal"
        android:layout_marginTop="16dp"
        android:text="World" />

</LinearLayout>

// Kotlin
include<LinearLayout>(R.layout.layout_include) {
    textView1.text = "test"
}
```

include 会 inflate 指定的 xml 并且添加到当前的 ViewGroup 中,include 后的代码块中可以对 inflate 后的 View 进行操作,上面的例子中就可以直接通过 Kotlin Android 的扩展直接获取到 textView1 引用。需要注意的是,include 泛型的参数必须和 XML 的 View 类型一致,如果要设置 LayoutParams,那么可以直接在 include 代码块后调用 lparams() 函数:

```kotlin
relativeLayout {
    include<LinearLayout>(R.layout.layout_include) {
        textView1.text = "test"
    }.lparams {
        centerInParent()
    }
}
```

第 9 章 数 据 库

数据库是按照数据结构来组织、存储和管理数据的仓库。从最简单的存储各种数据的表格到如今进行海量数据存储都要用到数据库。本章将重点介绍数据库中一些基础的概念。

9.1 SQL 语言

SQL 是结构化查询语言（Structured Query Language）的缩写，其功能包括数据查询、数据操纵、数据定义和数据控制四个部分。

数据查询是数据库中最常见的操作，通过 select 语句可以得到所需的信息。SQL 语言的数据操纵语句（Data Manipulation Language，DML）主要包括插入数据、修改数据以及删除数据三种语句。SQL 语言使用数据定义语言（Data Definition Language，DDL）实现数据定义功能，可对数据库用户、基本表、视图、索引进行定义与撤销。数据控制语句（Data Control Language，DCL）用于对数据库进行统一的控制管理，保证数据在多用户共享的情况下能够安全。

基本的 SQL 语句有 select、insert、update、delete、create、drop、grant、revoke 等。其具体使用方式见下表。

类 型	关 键 字	描 述	语 法 格 式
数据查询	select	选择符合条件的记录	select * from table where 条件语句
数据操纵	insert	插入一条记录	insert into table(字段 1，字段 2...)values(值 1，值 2...)
	update	更新语句	update table set 字段名=字段值 where 条件表达式
	delete	删除记录	Delete from table where 条件表达式
数据定义	create	数据表的建立	create table tablename(字段 1，字段 2...)
	drop	数据表的删除	drop table tablename
数据控制	grant	为用户授予系统权限	grant<系统权限>|<角色> [,<系统权限>|<角色>]... to <用户名>|<角色>|public[,<用户名>|<角色>]... [with admin option]
	revoke	收回系统权限	revoke <系统权限>|<角色> [,<系统权限>|<角色>]... from<用户名>|<角色>|public[,<用户名>|<角色>]...

例如，设教务管理系统中有三个基本表：
学生信息表 S(SNO, SNAME, AGE, SEX)，其属性分别表示学号、学生姓名、年龄和性别。
选课信息表 SC(SNO, CNO, SCGRADE)，其属性分别表示学号、课程号和成绩。
课程信息表 C(CNO, CNAME, CTEACHER)，其属性分别表示课程号、课程名称和任课老师姓名。

1）把 SC 表中每门课程的平均成绩插入另外一个已经存在的表 SC_C(CNO, CNAME, AVG_GRADE)中，其中 AVG_GRADE 表示的是每门课程的平均成绩。

INSERT INTO SC_C(CNO, CNAME, AVG_GRADE)

```
SELECT SC.CNO, C.CNAME, AVG(SCGRADE) FROM SC, C WHERE SC.CNO = C.CNO GROUP
BY SC.CNO ,C.CNAME
```

2) 给出两种从 S 表中删除数据的方法。
① 使用 delete 语句删除，这种方法删除后的数据是可以恢复的。
② 使用 truncate 语句删除，这种方法删除后的数据是无法恢复的。

```
delete from S
truncate table S
```

3) 从 SC 表中把何昊老师的女学生选课记录删除。

```
DELETE FROM SC WHERE CNO=(SELECT CNO FROM C WHERE C.CTEACHER ='何昊') AND
SNO IN (SELECT SNO FROM S WHERE SEX='女')
```

4) 找出没有选修过"何昊"老师讲授课程的所有学生姓名。

```
SELECT SNAME FROM S
WHERE NOT EXISTS(
SELECT * FROM SC,C WHERE SC.CNO=C.CNO AND CTEACHER ='何昊' AND SC.SNO=S.SNO)
```

5) 列出有两门以上（含两门）不及格课程（成绩小于 60）的学生姓名及其平均成绩。

```
SELECT S.SNO,S.SNAME,AVG_SCGRADE=AVG(SC.SCGRADE)
        FROM S,SC,(
        SELECT SNO FROM SC WHERE SCGRADE<60 GROUP BY SNO
        HAVING COUNT(DISTINCT CNO)>=2)A WHERE S.SNO=A.SNO AND SC.SNO = A.SNO
        GROUP BY S.SNO,S.SNAME
```

6) 列出既学过"1"号课程，又学过"2"号课程的所有学生姓名。

```
SELECT S.SNO,S.SNAME
FROM S,(SELECT SC.SNO FROM SC,C
WHERE SC.CNO=C.CNO AND C.CNAME IN('1','2')
    GROUP BY SC.SNO
    HAVING COUNT(DISTINCT C.CNO)=2
)SC WHERE S.SNO=SC.SNO
```

7) 列出"1"号课成绩比"2"号课成绩高的所有学生的学号。

```
SELECT S.SNO,S.SNAME
FROM S,(
SELECT SC1.SNO
FROM SC SC1,C C1,SC SC2,C C2
WHERE SC1.CNO=C1.CNO AND C1.CNAME='1'
AND SC2.CNO=C2.CNO AND C2.CNAME='2'
AND SC1.SNO =SC2.SNO AND SC1.SCGRADE>SC2.SCGRADE
)SC WHERE S.SNO=SC.SNO
```

8) 列出"1"号课成绩比"2"号课成绩高的所有学生的学号及其"1"号课和"2"号课的成绩。

```
SELECT S.SNO,S.SNAME,SC.grade1,SC.grade2
FROM S,(
SELECT SC1.SNO,grade1=SC1.SCGRADE,grade2=SC2.SCGRADE
FROM SC SC1,C C1,SC SC2,C C2
WHERE SC1.CNO=C1.CNO AND C1.CNO=1
AND SC2.CNO=C2.CNO AND C2.CNO=2
AND SC1.SNO =SC2.SNO AND SC1.SCGRADE>SC2.SCGRADE
)SC WHERE S.SNO=SC.SNO
```

引申：delete 与 truncate 命令有哪些区别？

相同点：都可以用来删除一个表中的数据。

不同点：

1）truncate 是一个 DDL，它会被隐式地提交，一旦执行后将不能回滚。delete 执行的过程是每次从表中删除一行数据，同时将删除的操作以日志的形式进行保存以便将来进行回滚操作。

2）用 delete 操作后，被删除的数据占用的存储空间还在，还可以恢复。而用 truncate 操作删除数据后，被删除的数据会立即释放所占有的存储空间，被删除的数据是不能被恢复的。

3）truncate 的执行速度比 delete 快。

9.2 内连接与外连接

内连接也称为自然连接，只有两个表中相匹配的行才能在结果集中出现。返回的结果集是两个表中所有相匹配的数据，而不匹配的数据将被舍弃。由于内连接是从结果表中删除与其他连接表中没有匹配的所有行，所以内连接可能会造成信息的丢失。内连接的语法如下：

```
select fieldlist from table1 [inner] join table2 on table1.column=table2.column
```

内连接是保证两个表中所有的行都要满足连接条件，而外连接则不然。外连接不仅包含符合连接条件的行，而且还包括左表（左外连接时）、右表（右外连接时）或两个边接表（全外连接）中的所有数据行，也就是说，只限制其中一个表的行，而不限制另一个表的行。SQL 的外连接共有三种类型：左外连接，关键字为 LEFT OUTER JOIN；右外连接，关键字为 RIGHT OUTER JOIN；全外连接，关键字为 FULL OUTER JOIN。外连接的用法和内连接一样，只是将 INNER JOIN 关键字替换为相应的外连接关键字即可。

内连接使用比较运算符匹配两个表中都公有的数据，而外连接除了匹配公有的数据外，还可以只匹配某个表中的数据，例如左外连接还可以只匹配左表中出现的数据。

例如，有两个学生表 A 和课程表 B。

学生表 A

学　　号	姓　　名
0001	张三
0002	李四
0003	王五

课程表 B

学　号	课程名
0001	数学
0002	英语
0003	数学
0004	计算机

对表 A 和表 B 进行内连接后的结果见下表。

学　号	姓　名	课程名
0001	张三	数学
0002	李四	英语
0003	王五	数学

对表 A 和表 B 进行右外连接后结果见下表。

学　号	姓　名	课程名
0001	张三	数学
0002	李四	英语
0003	王五	数学
0004		计算机

9.3 事务

事务是数据库中一个单独的执行单元（Unit），它通常由执行高级数据库操作语言（例如 SQL）或编程语言（例如 C++、Java 等）书写的用户程序所引起。当在数据库中更改数据成功时，在事务中更改的数据便会提交，不再改变；否则，事务就取消或者回滚，更改无效。

例如网上购物，其交易过程至少包括以下几个操作步骤：

1）更新客户所购商品的库存信息。

2）保存客户付款信息。

3）生成订单并且保存到数据库中。

4）更新用户相关信息，如购物数量等。

在正常的情况下，这些操作都将顺利进行，最终交易成功，与交易相关的所有数据库信息也成功更新。但是，如果遇到突然掉电或是其他意外情况，导致这一系列过程中的任何一个环节出了差错，例如在更新商品库存信息时发生异常、顾客银行账户余额不足等，那么都将导致整个交易过程失败。而一旦交易失败，数据库中所有信息都必须保持交易前的状态不变，例如最后一步更新用户信息时失败而导致交易失败，那么必须保证这笔失败的交易不影响数据库的状态，即原有的库存信息没有被更新、用户也没有付款、订单也没有生成。否则，数据库的信息将会不一致，或者出现更为严重的不可预测的后果，数据库事务正是用来保证这种情况下交易的平稳性和可预测性的技术。

事务必须满足四个属性，即原子性（Atomicity）、一致性（Consistency）、隔离性（Isolation）、持久性（Durability），即 ACID 四种属性。

（1）原子性

事务是一个不可分割的整体，为了保证事务的总体目标，事务必须具有原子性，即当数据修改时，要么全执行，要么全都不执行，即不允许事务被部分完成，避免了只执行这些操作的一部分而带来的错误。原子性要求事务必须被完整执行。

（2）一致性

一个事务在执行之前和执行之后的数据库数据必须保持一致性状态。数据库的一致性状态应该满足模式锁指定的约束，那么在完整执行该事务后数据库仍然处于一致性状态。为了维护所有数据的完整性，在关系型数据库中，所有的规则必须应用到事务的修改上。数据库的一致性状态由用户来负责，由并发控制机制实现，例如银行转账，转账前后两个账户金额之和应保持不变，由于并发操作带来的数据不一致性包括丢失数据修改、读"脏"数据、不可重复读和产生幽灵数据。

（3）隔离性

隔离性也被称为独立性，当两个或多个事务并发执行时，为了保证数据的安全性，将一个事物内部的操作与事务的操作隔离开来，不被其他正在进行的事务看到。例如，任何一对事务 T1、T2，对 T1 而言，T2 要么在 T1 开始之前已经结束，要么在 T1 完成之后再开始执行。数据库有四种类型的事务隔离级别：不提交的读、提交的读、可重复的读和串行化。因为隔离性使得每个事务的更新在它被提交之前，对其他事务都是不可见的，所以，实施隔离性是解决临时更新与消除级联回滚问题的一种方式。

（4）持久性

持久性也被称为永久性，事务完成以后，数据库管理系统（DBMS）保证它对数据库中的数据的修改是永久性的，当系统或介质发生故障时，该修改也永久保持。持久性一般通过数据库备份与恢复来保证。

严格来说，数据库事务属性（ACID）都是由数据库管理系统来进行保证的，在整个应用程序运行过程中应用无须去考虑数据库的 ACID 实现。

一般情况下，通过执行 COMMIT 或 ROLLBACK 语句来终止事务，当执行 COMMIT 语句时，自从事务启动以来对数据库所做的一切更改就成为永久性的了，即被写入磁盘，而当执行 ROLLBACK 语句时，自动事务启动以来对数据库所做的一切更改都会被撤销，并且数据库中的内容返回到事务开始之前所处的状态。因此无论什么情况，在事务完成时，都能保证回到一致状态。

9.4 存储过程

SQL 语句执行的时候要先编译，然后再被执行。在大型数据库系统中，为了提高效率，将为了完成特定功能的 SQL 语句集进行编译优化后，存储在数据库服务器中，用户通过指定存储过程的名字来调用执行。

例如，以下为一个创建存储过程的常用语法：

```
create procedure sp_name @[参数名][类型]
              as
              begin
              ........
              End
```

调用存储过程语法：exec sp_name [参数名]

删除存储过程语法：drop procedure sp_name

使用存储过程可以增强 SQL 语言的功能和灵活性。由于用流程控制语句编写存储过程有很强的灵活性，所以可以完成复杂的判断和运算，并且保证数据的安全性和完整性。同时存储过程可以使没有权限的用户在控制之下间接地存取数据库，也保证了数据的安全。

需要注意的是，存储过程不等于函数，二者虽然本质上没有区别，但具体而言，还是有以下几个方面的区别。

1）存储过程一般作为一个独立的部分来执行，而函数可以作为查询语句的一个部分来调用。由于函数可以返回一个表对象，因此它可以在查询语句中位于 FROM 关键字的后面。

2）一般而言，存储过程实现的功能较复杂，而函数实现的功能针对性比较强。

3）函数需要用括号包住输入的参数，且只能返回一个值或表对象，存储过程可以返回多个参数。

4）函数可以嵌入在 SQL 中使用，也可以在 SELECT 中调用，存储过程不行。

5）函数不能直接操作实体表，只能操作内建表。

6）存储过程在创建时即在服务器上进行编译，执行速度更快。

9.5 范式

在设计与操作维护数据库时，最关键的问题就是要确保数据正确地分布到数据库的表中，使用正确的数据结构，不仅有助于对数据库进行相应的存取操作，还可以极大地简化应用程序的其他内容（查询、窗体、报表、代码等）。正确地进行表的设计称为"数据库规范化"，它的目的就是减少数据库中的数据冗余，从而增强数据的一致性。

范式是在识别数据库中的数据元素、关系，以及定义所需的表和各表中的项目这些初始工作之后的一个细化的过程。常见的范式有 1NF、2NF、3NF、BCNF 以及 4NF。

1）1NF，第一范式。是指数据库表的每一列都是不可分割的基本数据项，同一列中不能有多个值，即实体中的某个属性不能有多个值或者不能有重复的属性。如果出现重复的属性，那么就可能需要定义一个新的实体，新的实体由重复的属性构成，新实体与原实体之间为一对多关系。第一范式的模式要求属性值不可再分裂成更小部分，即属性项不能是属性组合或由组属性组成。简而言之，第一范式就是无重复的列。例如，由"职工号""姓名""电话号码"组成的表（一个人可能有一个办公电话和一个移动电话），这时将其规范化为 1NF 可以将电话号码分为"办公电话"和"移动电话"两个属性，即职工（职工号，姓名，办公电话，移动电话）。

2）2NF，第二范式。第二范式（2NF）是在第一范式（1NF）的基础上建立起来的，即满足第二范式（2NF）必须先满足第一范式（1NF）。第二范式（2NF）要求数据库表中的每个实例或行必须可以被唯一地区分。为实现区分通常需要为表加上一个列，以存储各个实例的唯一标识。如果关系模式 R 为第一范式，并且 R 中每一个非主属性完全函数依赖于 R 的某个候选键，那么称 R 为第二范式模式（如果 A 是关系模式 R 的候选键的一个属性，那么称 A 是 R 的主属性，否则称 A 是 R 的非主属性）。例如，在选课关系表（学号，课程号，成绩，学分）中，关键字为组合关键字（学号，课程号），但由于非主属性学分仅依赖于课程号，对关键字（学号，课程号）只是部分依赖，而不是完全依赖，所以此种方式会导致数据冗余以及更新异常等问题，解决办法是将其分为两个关系模式：学生表（学号，课程号，分数）和课程表（课程号，学分），新关系通过学生表中的外关键字课程号联系，在需要时进行连接。

3）3NF，第三范式。如果关系模式 R 是第二范式，且每个非主属性都不传递依赖于 R 的候选键，那么称 R 是第三范式的模式。例如学生表（学号，姓名，课程号，成绩），其中学生姓名无重名，所以该表有两个候选码（学号，课程号）和（姓名，课程号），则存在函数依赖：学号→姓名，（学号，课程号）→成绩，（姓名，课程号）→成绩，唯一的非主属性成绩对候选码不存在部分依赖，也不存在传递依赖，所以属于第三范式。

4）BCNF。它构建在第三范式的基础上，如果关系模式 R 是第一范式，且每个属性都不传递依赖于 R 的候选键，那么称 R 为 BCNF 的模式。假设仓库管理关系表（仓库号，存储物品号，管理员号，数量），满足一个管理员只在一个仓库工作；一个仓库可以存储多种物品。则存在如下关系：

（仓库号，存储物品号）→（管理员号，数量）

（管理员号，存储物品号）→（仓库号，数量）

所以，（仓库号，存储物品号）和（管理员号，存储物品号）都是仓库管理关系表的候选码，表中的唯一非关键字段为数量，它是符合第三范式的。但是，由于存在如下决定关系：

（仓库号）→（管理员号）

（管理员号）→（仓库号）

即存在关键字段决定关键字段的情况，所以其不符合 BCNF 范式。把仓库管理关系表分解为两个关系表：仓库管理表（仓库号，管理员号）和仓库表（仓库号，存储物品号，数量），这样的数据库表是符合 BCNF 范式的，消除了删除异常、插入异常和更新异常。

5）4NF，第四范式。设 R 是一个关系模式，D 是 R 上的多值依赖集合。如果 D 中成立非平凡多值依赖 X→Y 时，X 必是 R 的超键，那么称 R 是第四范式的模式。例如，职工表（职工编号，职工孩子姓名，职工选修课程），在这个表中同一个职工也可能会有多个职工孩子姓名，同样，同一个职工也可能会有多个职工选修课程，即这里存在着多值事实，不符合第四范式。如果要符合第四范式，那么只需要将上表分为两个表，使它们只有一个多值事实，例如职工表一（职工编号，职工孩子姓名），职工表二（职工编号，职工选修课程），两个表都只有一个多值事实，所以符合第四范式。

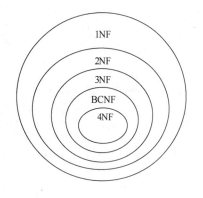

右图所示为各范式关系图。

9.6 触发器

触发器是一种特殊类型的存储过程，它由事件触发，而不是程序调用或手工启动，当数据库有特殊的操作时，对这些操作由数据库中的事件来触发，自动完成这些 SQL 语句。使用触发器可以用来保证数据的有效性和完整性，完成比约束更复杂的数据约束。

具体而言，触发器与存储过程的区别见下表。

触 发 器	存 储 过 程
当某类数据操纵 DML 语句发生时隐式地调用	从一个应用或过程中显式地调用
在触发器体内禁止使用 COMMIT、ROLLBACK 语句	存储过程体内可以使用所有的 PL/SQL 块中都能使用的 SQL 语句，包括 COMMIT、ROLLBACK
不能接收参数输入	可以接收参数输入

根据 SQL 语句的不同，触发器可分为两类：DML 触发器和 DLL 触发器。

DML 触发器是当数据库服务器发生数据操作语言事件时执行的存储过程，有 After 和 Instead Of 这两种触发器。After 触发器被激活触发是在记录改变之后进行的一种触发器。Instead Of 触发器是在记录变更之前，去执行触发器本身所定义的操作，而不是执行原来 SQL 语句里的操作。DLL 触发器是在响应数据定义语言事件时执行的存储过程。

具体而言，触发器的主要作用表现为以下几个方面。

1）增加安全性。

2）利用触发器记录所进行的修改以及相关信息，跟踪用户对数据库的操作，实现审计。

3）维护那些通过创建表时的声明约束不可能实现的复杂的完整性约束，以及对数据库中特定事件进行监控与响应。

4）实现复杂的非标准的数据库相关完整性规则，实时地同步复制表中的数据。

5）触发器是自动的，它们在对表的数据做了任何修改之后就会被激活，例如可以自动计算数据值，如果数据的值达到了一定的要求，那么进行特定的处理。以某企业财务管理为例，如果企业的资金链出现短缺，并且达到某种程度，那么发送警告信息。

下面是一个触发器的例子，该触发器的功能是在每周末进行数据表更新，如果当前用户没有访问 WEEKEND_UPDATE_OK 表的权限，那么需要重新赋予权限。

```
CREATE OR REPLACE TRIGGER update_on_weekends_check
BEFORE UPDATE OF sal ON EMP
FOR EACH ROW
DECLARE
my_count number(4);
BEGIN
SELECT COUNT(u_name)
FROM WEEKEND_UPDATE_OK INTO my_count
WHERE u_name = user_name;
IF my_count=0 THEN
RAISE_APPLICATION_ERROR(20508, 'Update not allowed');
END IF;
END;
```

引申：触发器分为事前触发和事后触发，二者有什么区别？语句级触发和行级触发有什么区别？

事前触发发生在事件发生之前验证一些条件或进行一些准备工作；事后触发发生在事件发生之后，做收尾工作，保证事务的完整性。事前触发可以获得之前和新的字段值。语句级触发器可以在语句执行之前或之后执行，而行级触发在触发器所影响的每一行触发一次。

9.7 游标

数据库中，游标提供了一种对从表中检索出的数据进行操作的灵活手段，它实际上是一种能从包括多条数据记录的结果集中每次提取一条记录的机制。

游标总是与一条 SQL 选择语句相关联，因为游标由结果集（可以是零条、一条或由相关的选择语句检索出的多条记录）和结果集中指向特定记录的游标位置组成。当决定对结果集进行处理时，必须声明一个指向该结果集的游标。

游标允许应用程序对查询语句 SELECT 返回的行结果集中每一行进行相同或不同的操作，而不是一次对整个结果集进行同一种操作。它还提供对基于游标位置表中数据进行删除或更新的能力。而且，正是游标把作为面向集合的数据库管理系统和面向行的程序设计两者联系起来，使两个数据处理方式能够进行沟通。

例如，声明一个游标 student_cursor，用于访问数据库 SCHOOL 中的"学生基本信息表"，代码如下：

```
USE SCHOOL
GO
DECLARE student_cursor CURSOR
FROM SELECT * FROM 学生基本信息表
```

上述代码中，声明游标时，在 SELECT 语句中未使用 WHERE 子句，故此游标返回的结果集是由"学生基本信息表"中的所有记录构成的。

在 SELECT 返回的行集合中，游标不允许程序对整个行集合执行相同的操作，但对每一行数据的操作不做要求。游标的优点有以下两个方面。

1）在使用游标的表中，对行提供删除和更新的能力。
2）游标将面向集合的数据库管理系统和面向行的程序设计连接了起来。

9.8 数据库日志

日志文件（Log File）记录所有对数据库数据的修改，主要是保护数据库以防止故障，以及恢复数据时使用，其特点如下。

1）每一个数据库至少包含两个日志文件组。每个日志文件组至少包含两个日志文件成员。
2）日志文件组以循环方式进行写操作。
3）每一个日志文件成员对应一个物理文件。

通过日志文件来记录数据库事务可以最大限度地保证数据的一致性与安全性，但一旦数据库中的日志满了,就只能执行查询等读操作,不能执行更改、备份等操作,原因是任何写操作都要记录日志,也就是说,基本上处于不能使用的状态。

9.9 UNION 和 UNION ALL

　　UNION 在进行表求并集后会去掉重复的元素,所以会对所产生的结果集进行排序运算,删除重复的记录再返回结果。

　　而 UNION ALL 只是简单地将两个结果合并后就返回。因此,如果两个结果集中有重复的数据,那么返回的结果集就会包含重复的数据。

　　从上面的对比可以看出,在执行查询操作的时候,UNION ALL 要比 UNION 快很多,所以,如果可以确认合并的两个结果集中不包含重复的数据,那么最好使用 UNION ALL。例如,以下两个学生表 Table1 和 Table2。

Table1	
C1	C2
1	1
2	2
3	3

Table2	
C1	C2
3	3
4	4
1	1

select * from Table1 union select * from Table2 的查询结果见下表。

C1	C2
1	1
2	2
3	3
4	4

select * from Table1 union all select * from Table2 的查询结果见下表。

C1	C2
1	1
2	2
3	3
3	3
4	4
1	1

9.10 视图

视图是由从数据库的基本表中选取出来的数据组成的逻辑窗口，它不同于基本表，是一个虚表，在数据库中，存放的只是视图的定义而已，而不存放视图包含的数据项，这些项目仍然存放在原来的基本表结构中。

视图的作用非常多，主要有以下几点：首先，可以简化数据查询语句；其次，可以使用户能从多角度看待同一数据；再次，通过引入视图，可以提高数据的安全性；最后，视图提供了一定程度的逻辑独立性。

通过引入视图机制，用户可以将注意力集中在其关心的数据上而非全部数据，这样就大大提高了工作效率与用户满意度，而且如果这些数据来源于多个基本表结构，或者数据不仅来自于基本表结构，还有一部分数据来源于其他视图，并且搜索条件又比较复杂，那么需要编写的查询语句就会比较烦琐，此时定义视图就可以使数据的查询语句变得简单可行。定义视图可以将表与表之间复杂的操作连接和搜索条件对用户不可见，用户只需要简单地对一个视图进行查询即可，所以增加了数据的安全性，但是不能提高查询的效率。

9.11 三级封锁协议

众所周知，基本的封锁类型有两种：排它锁（X 锁）和共享锁（S 锁）。所谓 X 锁是事务 T 对数据 A 加上 X 锁时，只允许事务 T 读取和修改数据 A。所谓 S 锁是事务 T 对数据 A 加上 S 锁时，其他事务只能再对数据 A 加 S 锁，而不能加 X 锁，直到 T 释放 A 上的 S 锁。若事务 T 对数据对象 A 加了 S 锁，则 T 就可以对 A 进行读取，但不能进行更新（S 锁因此又称为读锁），在 T 释放 A 上的 S 锁以前，其他事务可以再对 A 加 S 锁，但不能加 X 锁，从而可以读取 A，但不能更新 A。

在运用 X 锁和 S 锁对数据对象加锁时，还需要约定一些规则，例如，何时申请 X 锁或 S 锁、持锁时间、何时释放等，称这些规则为封锁协议（Locking Protocol）。对封锁方式规定不同的规则，就形成了各种不同的封锁协议。一般使用三级封锁协议，也称为三级加锁协议。该协议是为了保证正确的调度事务的并发操作。三级封锁协议是事务在对数据库对象加锁、解锁时必须遵守的一种规则。下面分别介绍这三级封锁协议。

一级封锁协议：事务 T 在修改数据 R 之前必须先对其加 X 锁，直到事务结束才释放。事务结束包括正常结束（COMMIT）和非正常结束（ROLLBACK）。一级封锁协议可以防止丢失修改，并保证事务 T 是可恢复的。使用一级封锁协议可以解决丢失修改的问题。在一级封锁协议中，如果仅仅是读数据，不对其进行修改，那么是不需要加锁的，它不能保证可重复读和不读"脏"数据。

二级封锁协议：一级封锁协议加上事务 T 在读取数据 R 之前必须先对其加 S 锁，读完后方可释放 S 锁。二级封锁协议除了防止丢失修改，还可以进一步防止读"脏"数据。但在二级封锁协议中，由于读完数据后即可释放 S 锁，所以它不能保证可重复读。

三级封锁协议：一级封锁协议加上事务 T 在读取数据 R 之前必须先对其加 S 锁，直到事务结束才释放。三级封锁协议除了防止丢失修改和不读"脏"数据外，还进一步防止了不可重复读。

9.12 索引

创建索引可以大大提高系统的性能，总体来说，索引的优点如下。

1）大大加快数据的检索速度，这也是创建索引的最主要的原因。

2）索引可以加速表和表之间的连接。

3）索引在实现数据的参照完整性方面特别有意义，例如，在外键列上创建索引可以有效地避免死锁的发生，也可以防止当更新父表主键时，数据库对子表的全表锁定。

4）索引是减少磁盘 I/O 的许多有效手段之一。

5）当使用分组（GROUP BY）和排序（ORDER BY）子句进行数据检索时，可以显著减少查询中分组和排序的时间，大大加快数据的检索速度。

6）创建唯一性索引，可以保证数据库表中每一行数据的唯一性。

7）通过使用索引，可以在查询的过程中，使用优化隐藏器，提高系统的性能。

索引的缺点如下。

1）索引必须创建在表上，不能创建在视图上。

2）创建索引和维护索引要耗费时间，这种时间随着数据量的增加而增加。

3）建立索引需要占用物理空间，如果要建立聚簇索引，那么需要的空间会很大。

4）当对表中的数据进行增加、删除和修改的时候，系统必须要有额外的时间来同时对索引进行更新维护，以维持数据和索引的一致性，所以，索引降低了数据的维护速度。

索引的使用原则如下。

1）在大表上建立索引才有意义。

2）在 WHERE 子句或者连接条件经常引用的列上建立索引。

3）索引的层次不要超过 4 层。

4）如果某属性常作为最大值和最小值等聚集函数的参数，那么考虑为该属性建立索引。

5）表的主键、外键必须有索引。

6）创建了主键和唯一约束后会自动创建唯一索引。

7）经常与其他表进行连接的表，在连接字段上应该建立索引。

8）经常出现在 WHERE 子句中的字段，特别是大表的字段，应该建立索引。

9）要索引的列经常被查询，并只返回表中的行的总数的一小部分。

10）对于那些查询中很少涉及的列、重复值比较多的列尽量不要建立索引。

11）经常出现在关键字 ORDER BY、GROUP BY、DISTINCT 后面的字段，最好建立索引。

12）索引应该建在选择性高的字段上。

13）索引应该建在小字段上，对于大的文本字段甚至超长字段，不适合建索引。对于定义为 CLOB、TEXT、IMAGE 和 BIT 的数据类型的列不适合建立索引。

14）复合索引的建立需要进行仔细分析。正确选择复合索引中的前导列字段，一般是选择性较好的字段。

15）如果单字段查询很少甚至没有，那么可以建立复合索引；否则考虑单字段索引。

16）如果复合索引中包含的字段经常单独出现在 WHERE 子句中，那么分解为多个单字段索引。

17）如果复合索引所包含的字段超过 3 个，那么需仔细考虑其必要性，考虑减少复合的字段。

18）如果既有单字段索引，又有这几个字段上的复合索引，那么一般可以删除复合索引。

19）频繁进行 DML 操作的表，不要建立太多的索引。

20）删除无用的索引，避免对执行计划造成负面影响。

"水可载舟，亦可覆舟"，索引也一样。索引有助于提高检索性能，但过多或不当的索引也会导致系统低效。不要认为索引可以解决一切性能问题，否则就大错特错了。因为用户在表中每加进一个索引，数据库就要做更多的工作。过多的索引甚至会导致索引碎片。所以说，要建立一个"适当"的索引体系，特别是对聚合索引的创建，更应精益求精，这样才能使数据库得到高性能的发挥。所以，提高查询效率是以消耗一定的系统资源为代价的，索引不能盲目地建立，这是考验一个数据库管理员是否优秀的一个很重要的指标。

第 10 章 操 作 系 统

对于计算机系统而言，操作系统充当着基石的作用，它是连接计算机底层硬件与上层应用软件的桥梁，控制着其他程序的运行，并且管理系统相关资源，同时提供配套的系统软件支持。对于专业的程序员而言，掌握一定的操作系统知识必不可少，因为不管面对的是底层嵌入式开发，还是上层的云计算开发，都需要用到一些操作系统的相关知识。所以，对操作系统相关知识的考查是程序员面试笔试必考项之一。

10.1 进程管理

10.1.1 进程与线程

进程是具有一定独立功能的程序在某个数据集合上的一次运行活动，它是系统进行资源分配和调度的一个独立单位。例如，用户运行自己的程序，系统就创建一个进程，并为它分配资源，包括各种表格、内存空间、磁盘空间、I/O 设备等，然后该进程被放入进程的就绪队列，进程调度程序选中它，为它分配 CPU 及其他相关资源，该进程就被运行起来。

线程是进程的一个实体，是 CPU 调度和分配的基本单位，线程自己基本上不拥有系统资源，只拥有一点在运行中必不可少的资源（如程序计数器、一组寄存器和栈），但是它可以与同属一个进程的其他线程共享进程所拥有的全部资源。在没有实现线程的操作系统中，进程既是资源分配的基本单位，又是调度的基本单位，它是系统中并发执行的单元。而在实现了线程的操作系统中，进程是资源分配的基本单位，而线程是调度的基本单位，是系统中并发执行的单元。

引入线程主要有以下四个方面的优点。

1）易于调度。

2）提高并发性。通过线程可以方便有效地实现并发。

3）开销小。创建线程比创建进程要快，所需要的开销也更少。

4）有利于发挥多处理器的功能。通过创建多线程，每个线程都在一个处理器上运行，从而实现应用程序的并行，使每个处理器都得到充分运行。

需要注意的是，尽管线程与进程很相似，但两者也存在着很大的不同，区别如下：

1）一个线程必定属于也只能属于一个进程；而一个进程可以拥有多个线程并且至少拥有一个线程。

2）属于一个进程的所有线程共享该进程的所有资源，包括打开的文件、创建的 Socket 等。不同的进程互相独立。

3）线程又被称为轻量级进程。进程有进程控制块，线程也有线程控制块。但线程控制块比进程控制块小得多。线程间切换代价小，进程间切换代价大。

4）进程是程序的一次执行，线程可以理解为程序中一个程序片段的执行。

5）每个进程都有独立的内存空间，而线程共享其所属进程的内存空间。

引申：程序、进程与线程的区别是什么？

程序、进程与线程的区别见下表。

名称	描述
程序	一组指令的有序结合，是静态的指令，是永久存在的
进程	具有一定独立功能的程序关于某个数据集合上的一次运行活动，是系统进行资源分配和调度的一个独立单元。进程的存在是暂时的，是一个动态概念
线程	线程的一个实体，是CPU调度的基本单元，是比进程更小的能独立运行的基本单元。本身基本上不拥有系统资源，只拥有一点在运行中必不可少的资源（如程序计数器、一组寄存器和栈）。一个线程可以创建和撤销另一个线程，同一个进程中的多个线程之间可以并发执行

简而言之，一个程序至少有一个进程，一个进程至少有一个线程。

10.1.2 线程同步有哪些机制

现在流行的进程线程同步互斥的控制机制，其实是由最原始、最基本的四种方法（临界区、互斥量、信号量和事件）实现的。

1）临界区。通过对多线程的串行化来访问公共资源或一段代码，速度快，适合控制数据访问。在任意时刻只允许一个线程访问共享资源，如果有多个线程试图访问共享资源，那么当有一个线程进入后，其他试图访问共享资源的线程将会被挂起，并一直等到进入临界区的线程离开，临界在被释放后，其他线程才可以抢占。

2）互斥量。为协调对一个共享资源的单独访问而设计，只有拥有互斥量的线程才有权限去访问系统的公共资源，因为互斥量只有一个，所以能够保证资源不会同时被多个线程访问。互斥不仅能实现同一应用程序的公共资源安全共享，还能实现不同应用程序的公共资源安全共享。

3）信号量。为控制一个具有有限数量的用户资源而设计。它允许多个线程在同一个时刻去访问同一个资源，但一般需要限制同一时刻访问此资源的最大线程数目。

4）事件。用来通知线程有一些事件已发生，从而启动后继任务的开始。

10.1.3 内核线程和用户线程

根据操作系统内核是否对线程可感知，可以把线程分为内核线程和用户线程。

内核线程的建立和销毁都是由操作系统负责、通过系统调用完成的，操作系统在调度时，参考各进程内的线程运行情况做出调度决定。如果一个进程中没有就绪态的线程，那么这个进程也不会被调度占用CPU。和内核线程相对应的是用户线程，用户线程是指不需要内核支持而在用户程序中实现的线程，其不依赖于操作系统核心，用户进程利用线程库提供创建、同步、调度和管理线程的函数来控制用户线程。用户线程多见于一些历史悠久的操作系统，如UNIX操作系统，不需要用户态/核心态切换，速度快，操作系统内核不知道多线程的存在，因此一个线程阻塞将使得整个进程（包括它的所有线程）阻塞。由于这里的处理器时间片分配是以进程为基本单位的，所以每个线程执行的时间相对减少。为了在操作系统中加入线程支持，采用了在用户空间增加运行库来实现线程，这些运行库被称为"线程包"，用户线程是不能被操作系统所感知的。

引入用户线程有以下四个方面的优势。

1）可以在不支持线程的操作系统中实现。

2）创建和销毁线程、线程切换等线程管理的代价比内核线程少得多。

3）允许每个进程定制自己的调度算法，线程管理比较灵活。

4）线程能够利用的表空间和堆栈空间比内核级线程多。

用户线程的缺点主要有以下两点。

1）同一进程中只能同时有一个线程在运行，如果有一个线程使用了系统调用而阻塞，那么整个进程都会被挂起。

2）页面失效也会导致整个进程都会被挂起。

内核线程的优缺点刚好与用户线程相反。实际上，操作系统可以使用混合的方式来实现线程。

10.2 内存管理

内存管理是计算机中非常重要的一个功能。好的管理方式能减少缺页中断，大大提高系统的性能。这一节将重点介绍经典的内存管理方式。

10.2.1 内存管理方式

常见的内存管理方式有块式管理、页式管理、段式管理和段页式管理。最常用的是段页式管理。

1）块式管理：把主存分为一大块一大块的，当所需的程序片断不在主存时就分配一块主存空间，把程序片断载入主存，就算所需的程序片段只有几个字节也只能把这一块分配给它。这样会造成很大的浪费，平均浪费了50%的内存空间，但是易于管理。

2）页式管理：用户程序的地址空间被划分成若干个固定大小的区域，这个区域被称为"页"，相应地，内存空间也被划分为若干个物理块，页和块的大小相等。可将用户程序的任一页放在内存的任一块中，从而实现了离散分配。这种方式的优点是页的大小固定，因此便于管理；缺点是页长与程序的逻辑大小没有任何关系。这就导致在某个时刻一个程序可能只有一部分在主存中，而另一部分则在辅存中。这不利于编程时的独立性，并给换入换出处理、存储保护和存储共享等操作造成麻烦。

3）段式管理：段是按照程序的自然分界划分的并且长度可以动态改变的区域。使用这种方式，程序员可以把子程序、操作数和不同类型的数据和函数划分到不同的段中。这种方式将用户程序地址空间分成若干个大小不等的段，每段可以定义一组相对完整的逻辑信息。存储分配时，以段为单位，段与段在内存中可以不相邻接，也实现了离散分配。

分页对程序员是不可见的，而分段通常对程序员是可见的，因而分段为组织程序和数据提供了方便，但是对程序员的要求也比较高。

分段存储主要有以下优点。

① 段的逻辑独立性不仅使其易于编译、管理、修改和保护，也便于多道程序共享。

② 段长可以根据需要动态改变，允许自由调度，以便有效利用主存空间。

③ 方便分段共享、分段保护、动态链接和动态增长。

分段存储的缺点如下。

① 由于段的大小不固定，因此存储管理比较麻烦。

② 会生成段内碎片，这会造成存储空间利用率降低。而且段式存储管理比页式存储管理

方式需要更多的硬件支持。

正是由于页式管理和段式管理都有各种各样的缺点，因此，为了把这两种存储方式的优点结合起来，新引入了段页式管理。

4）段页式管理：段页式存储组织是分段式和分页式结合的存储组织方法，这样可充分利用分段管理和分页管理的优点。

① 用分段方法来分配和管理虚拟存储器。程序的地址空间按逻辑单位分成基本独立的段，而每一段有自己的段名，再把每段分成固定大小的若干页。

② 用分页方法来分配和管理内存。即把整个主存分成与上述页大小相等的存储块，可装入作业的任何一页。程序对内存的调入或调出是按页进行的，但它又可按段实现共享和保护。

10.2.2 虚拟内存

虚拟内存简称虚存，是计算机系统内存管理的一种技术。它是相对于物理内存而言的，可以理解为"假的"内存。它使得应用程序认为它拥有连续可用的内存（一个连续完整的地址空间），允许程序员编写并运行比实际系统拥有的内存大得多的程序，这使得许多大型软件项目能够在具有有限内存资源的系统上实现。而实际上，它通常被分割成多个物理内存碎片，还有部分暂时存储在外部磁盘存储器上，在需要时进行数据交换。相比实存，虚存有以下好处。

1）扩大了地址空间。无论段式虚存，还是页式虚存，或是段页式虚存，寻址空间都比实存大。

2）内存保护。每个进程运行在各自的虚拟内存地址空间，互相不能干扰对方。另外，虚存还对特定的内存地址提供写保护，可以防止代码或数据被恶意篡改。

3）公平分配内存。采用了虚存之后，每个进程都相当于有同样大小的虚存空间。

4）当进程需要通信时，可采用虚存共享的方式实现。

不过，使用虚存也是有代价的，主要表现在以下几个方面的内容。

1）虚存的管理需要建立很多数据结构，这些数据结构要占用额外的内存。

2）虚拟地址到物理地址的转换，增加了指令的执行时间。

3）页面的换入换出需要磁盘 I/O，这是很耗时间的。

4）如果一页中只有一部分数据，那么会浪费内存。

10.2.3 内存碎片

内存碎片是由于多次进行内存分配造成的，当进行内存分配时，内存格式一般为：（用户使用段）（空白段）（用户使用段），当空白段很小的时候可能不能提供给用户足够多的空间，比如夹在中间的空白段的大小为 5，而用户需要的内存大小为 6，这样会产生很多的间隙造成使用效率的下降，这些很小的空隙称为碎片。

内碎片：分配给程序的存储空间没有用完，有一部分是程序不使用，但其他程序也没法用的空间。内碎片是处于区域内部或页面内部的存储块，占有这些区域或页面的进程并不使用这个存储块，而在进程占有这块存储块时，系统无法利用它，直到进程释放它，或进程结束时，系统才有可能利用这个存储块。

外碎片：由于空间太小，小到无法给任何程序分配（不属于任何进程）的存储空间。外部碎片是出自任何已分配区域或页面外部的空闲存储块，这些存储块的总和可以满足当前申请的长度要求，但是由于它们的地址不连续或其他原因，使得系统无法满足当前申请。

内碎片和外碎片是一对矛盾体，一种特定的内存分配算法，很难同时解决好内碎片和外碎片的问题，只能根据应用特点进行取舍。

10.2.4 虚拟地址、逻辑地址、线性地址、物理地址

虚拟地址是指由程序产生的由段选择符和段内偏移地址组成的地址。这两部分组成的地址并没有直接访问物理内存，而是要通过分段地址的变换处理后才会对应到相应的物理内存地址。

逻辑地址是指由程序产生的段内偏移地址。有时直接把逻辑地址当成虚拟地址，两者并没有明确的界限。

线性地址是指虚拟地址到物理地址变换之间的中间层，是处理器可寻址的内存空间（称为线性地址空间）中的地址。程序代码会产生逻辑地址，或者说是段中的偏移地址，加上相应段基址就生成了一个线性地址。如果启用了分页机制，那么线性地址可以再经过变换产生物理地址。若是没有采用分页机制，那么线性地址就是物理地址。

物理地址是指在 CPU 外部地址总线上的寻址物理内存的地址信号，是地址变换的最终结果。

虚拟地址到物理地址的转化方法是与体系结构相关的，一般有分段与分页两种方式。以 x86 CPU 为例，分段、分页都是支持的。内存管理单元负责从虚拟地址到物理地址的转化。逻辑地址是段标识+段内偏移量的形式，MMU 通过查询段表，可以把逻辑地址转化为线性地址。如果 CPU 没有开启分页功能，那么线性地址就是物理地址；如果 CPU 开启了分页功能，那么 MMU 还需要查询页表来将线性地址转化为物理地址：逻辑地址（段表）→线性地址（页表）→物理地址。

映射是一种多对一的关系，即不同的逻辑地址可以映射到同一个线性地址上；不同的线性地址也可以映射到同一个物理地址上。而且，同一个线性地址在发生换页以后，也可能被重新装载到另外一个物理地址上，所以这种多对一的映射关系也会随时间发生变化。

10.2.5 Cache 替换算法

数据可以存放在 CPU 或者内存中。CPU 处理快，但是容量少；内存容量大，但是转交给 CPU 处理的速度慢。为此，需要 Cache（缓存）来做一个折中。最有可能的数据先从内存调入 Cache，CPU 再从 Cache 读取数据，这样会快许多。然而，Cache 中所存放的数据不是 50%有用的。CPU 从 Cache 中读取到有用数据称为"命中"。

由于主存中的块比 Cache 中的块多，所以当要从主存中调一个块到 Cache 中时，会出现该块所映射到的一组（或一个）Cache 块已全部被占用的情况。此时，需要被迫腾出其中的某一块，以接纳新调入的块，这就是替换。

Cache 替换算法有 RAND 算法、FIFO 算法、LRU 算法、OPT 算法和 LFU 算法。

1）随机（RAND）算法。随机算法就是用随机数发生器产生一个要替换的块号，将该块替换出去，此算法简单、易于实现，而且它不考虑 Cache 块过去、现在及将来的使用情况。但是由于没有利用上层存储器使用的"历史信息"、没有根据访存的局部性原理，故不能提高

Cache 的命中率，命中率较低。

2）先进先出（First In First Out，FIFO）算法。FIFO 算法是将最先进入 Cache 的信息块替换出去。FIFO 算法按调入 Cache 的先后决定淘汰的顺序，选择最早调入 Cache 的字块进行替换，它不需要记录各字块的使用情况，比较容易实现，系统开销小，其缺点是可能会把一些需要经常使用的程序块（如循环程序）也作为最早进入 Cache 的块替换掉，而且没有正确反映访存的局部性原理，故不能提高 Cache 的命中率，还可能出现一种异常现象。例如，Solar－16/65 机 Cache 采用组相连方式，每组 4 块，每块都设定一个两位的计数器，当某块被装入或被替换时该块的计数器清零，而同组的其他各块的计数器均加 1，当需要替换时就选择计数值最大的块替换掉。

3）近期最少使用（Least Recently Used，LRU）算法。LRU 算法是将近期最少使用的 Cache 中的信息块替换出去。

LRU 算法是依据各块使用的情况，总是选择那个最近最少使用的块被替换。这种方法虽然比较好地反映了程序局部性规律，但是这种替换方法需要随时记录 Cache 中各块的使用情况，以便确定哪个块是近期最少使用的。LRU 算法相对合理，但实现起来比较复杂，系统开销较大，通常需要对每一块设置一个称为计数器的硬件或软件模块，用以记录其被使用的情况。

实现 LRU 策略的方法有多种，例如计数器法、寄存器栈法及硬件逻辑比较法等，下面简单介绍计数器法的设计思路。

计数器方法：缓存的每一块都设置一个计数器。计数器的操作规则如下。

① 被调入或者被替换的块，其计数器清零，而其他的计数器则加 1。

② 当访问命中时，所有块的计数值与命中块的计数值要进行比较，如果计数值小于命中块的计数值，那么该块的计数值加 1；如果块的计数值大于命中块的计数值，那么数值不变。最后将命中块的计数器清零。

③ 需要替换时，则选择计数值最大的块替换。

4）最优替换（OPTimal replacement，OPT）算法。使用 OPT 算法时必须先执行一次程序，统计 Cache 的替换情况。有了这样的先验信息，在第二次执行该程序时便可以用最有效的方式来替换，以达到最优的目的。

前面介绍的几种页面替换算法主要是以主存储器中页面调度情况的历史信息为依据的，它假设将来主存储器中的页面调度情况与过去一段时间内主存储器中的页面调度情况是相同的，显然，这种假设不总是正确的。最好的算法应该是选择将来最久不被访问的页面作为被替换的页面，这种替换算法的命中率一定是最高的，它就是最优替换算法。

要实现 OPT 算法，唯一的办法是让程序先执行一遍，记录下实际的页地址的使用情况。根据这个页地址的使用情况才能找出当前要被替换的页面。显然，这样做是不现实的。因此，OPT 算法只是一种理想化的算法，然而它仍是一种很有用的算法。实际上，经常把这种算法用作评价其他页面替换算法好坏的标准。在其他条件相同的情况下，哪一种页面替换算法的命中率与 OPT 算法最接近，那么它就是一种比较好的页面替换算法。

5）最不经常使用淘汰（Least Frequently Used，LFU）算法。LFU 算法淘汰一段时间内，使用次数最少的页面。显然，这是一种非常合理的算法，因为到目前为止最少使用的页面，很可能也是将来最少访问的页面。该算法既充分利用了主存中页面调度情况的历史信息，又正确反映了程序的局部性。但是，这种算法实现起来非常困难，它要为每个页面设置一个很长的计数器，并且要选择一个固定的时钟为每个计数器定时计数。在选择被替换页面时，要从所有计数器中找出一个计数值最大的计数器。

10.3 用户编程接口

10.3.1 库函数调用与系统调用

库函数是语言或应用程序的一部分，它是高层的、完全运行在用户空间、为程序员提供调用、真正的在幕后完成实际事务的系统调用接口。而系统函数是内核提供给应用程序的接口，属于系统的一部分。简单地说，函数库调用是语言或应用程序的一部分，而系统调用是操作系统的一部分。

库函数调用与系统调用的区别见下表。

库函数调用	系统调用
在所有的 ANSI C 编译器版本中，C 语言库函数是相同的	各个操作系统的系统调用是不同的
它调用函数库中的一段程序（或函数）	它调用系统内核的服务
与用户程序相联系	是操作系统的一个入口点
在用户地址空间执行	在内核地址空间执行
它的运行时间属于"用户时间"	它的运行属于"系统时间"
属于过程调用，调用开销较小	需要在用户空间和内核上下文环境间切换，开销较大
在 C 函数库 libc 中有大约 300 个函数	在 UNIX 中有大约 90 个系统调用
典型的 C 函数库调用：system、fprintf 和 malloc 等	典型的系统调用：chdir、fork、write 和 brk 等

库函数调用通常比行内展开的代码慢，因为它需要付出函数调用的开销。但系统调用比库函数调用还要慢很多，因为它需要把上下文环境切换到内核模式。

10.3.2 静态链接与动态链接

静态链接是指把要调用的函数或者过程直接链接到可执行文件中，成为可执行文件的一部分。换句话说，函数和过程的代码就在程序的.exe 文件中，该文件包含了运行时所需的全部代码。静态链接的缺点是当多个程序都调用相同函数时，内存中就会存在这个函数的多个副本，这样就浪费了内存资源。

动态链接是相对于静态链接而言的，动态链接所调用的函数代码并没有被复制到应用程序的可执行文件中去，而是仅仅在其中加入了所调用函数的描述信息（往往是一些重定位信息）。仅当应用程序被装入内存开始运行时，在操作系统的管理下，才在应用程序与相应的动态链接库（Dynamic Link Library，DLL）之间建立链接关系。当要执行所调用.dll 文件中的函数时，根据链接产生的重定位信息，操作系统才转去执行.dll 文件中相应的函数代码。

静态链接的执行程序能够在其他同类操作系统的机器上直接运行。例如，一个.exe 文件是在 Windows 7 系统上静态链接的，那么将该文件直接复制到另一台 Windows 7 的机器上，是可以运行的。而动态链接的执行程序则不可以，除非把该.exe 文件所需的.dll 文件都一并复制过去，或者对方机器上也有所需的相同版本的.dll 文件，否则是不能保证正常运行的。

10.3.3 静态链接库与动态链接库

静态链接库就是使用的.lib 文件，库中的代码最后需要链接到可执行文件中去，所以静态链接的可执行文件一般比较大。

动态链接库是一个包含可由多个程序同时使用的代码和数据的库，它包含函数和数据的模块的集合。程序文件（如.exe 文件或.dll 文件）在运行时加载这些模块（也即所需的模块映射到调用进程的地址空间）。

静态链接库和动态链接库的相同点是它们都实现了代码的共享。不同点是静态链接库.lib 文件中的代码被包含在调用的.exe 文件中，该.lib 文件中不能再包含其他动态链接库或者静态链接库了。而动态链接库.dll 文件可以被调用的.exe 动态地"引用"和"卸载"，该.dll 文件中可以包含其他动态链接库或者静态链接库。

10.3.4 用户态和核心态

核心态与用户态是操作系统的两种运行级别，它用于区分不同程序的不同权利。核心态就是拥有资源多的状态，或者说访问资源多的状态，也称之为特权态。相对来说，用户态就是非特权态，在此种状态下访问的资源将受到限制。如果一个程序运行在特权态，那么该程序就可以访问计算机的任何资源，即它的资源访问权限不受限制。如果一个程序运行在用户态，那么其资源需求将受到各种限制。例如，如果要访问操作系统的内核数据结构，如进程表，那么需要在特权态下才能办到。如果要访问用户程序里的数据，那么在用户态下就可以了。

Intel CPU 提供 Ring0～Ring3 四种级别的运行模式。Ring0 级别最高，Ring3 最低。

用户态：Ring3 运行于用户态的代码则要受到处理器的诸多检查，它们只能访问映射其地址空间的页表项中规定的在用户态下可访问页面的虚拟地址，且只能对任务状态段（TTS）中 I/O 许可位图（I/O Permission Bitmap）中规定的可访问端口进行直接访问。

核心态：Ring0 在处理器的存储保护中，核心态或者特权态（与之相对应的是用户态）是操作系统内核所运行的模式。运行在该模式的代码，可以无限制地对系统存储、外部设备进行访问。

当一个任务（进程）执行系统调用而陷入内核代码中执行时，就称进程处于内核运行态（或简称为内核态）。此时处理器处于特权级最高的（0 级）内核代码中执行。当进程处于内核态时，执行的内核代码会使用当前进程的内核栈。每个进程都有自己的内核栈。当进程在执行用户自己的代码时，则称其处于用户运行态（或简称为用户态）。即此时处理器在特权级最低的（3 级）用户代码中运行。

在核心态下 CPU 可执行任何指令，在用户态下 CPU 只能执行非特权指令。当 CPU 处于核心态时，可以随意进入用户态；而当 CPU 处于用户态时，用户从用户态切换到核心态只有在系统调用和中断两种情况下才会发生。一般程序一开始都是运行于用户态，当程序需要使用系统资源时，就必须通过调用软中断进入核心态。

核心态和用户态各有优势：运行在核心态的程序可以访问的资源多，但可靠性、安全性要求高，维护管理都较复杂；用户态程序访问的资源受限，但可靠性、安全性要求低，自然编写维护起来都较简单。一个程序到底应该运行在核心态还是用户态取决于其对资源和效率的需求。

那么什么样的功能应该在核心态下实现呢？

首先，CPU 管理和内存管理都应该在核心态实现。这些功能可不可以在用户态下实现呢？当然能，但是不太安全。就像一个国家的军队（CPU 和内存在计算机里的地位就相当于一个国家的军队的地位）交给普通人来管一样，是非常危险的。所以从保障计算机安全的角度来说，CPU 和内存的管理必须在核心态实现。

其次，诊断与测试程序也需要在核心态下实现，因为诊断和测试需要访问计算机的所有资源。输入输出管理也一样，因为要访问各种设备和底层数据结构，也必须在核心态实现。

对于文件系统来说，则可以一部分放在用户态，一部分放在核心态。文件系统本身的管理，即文件系统的宏数据部分的管理，必须放在核心态，不然任何人都可能破坏文件系统的结构；而用户数据的管理，则可以放在用户态。编译器、网络管理的部分功能、编辑器用户程序，自然都可以放在用户态下执行。

10.3.5 用户栈与内核栈

内核在创建进程的时候，在创建 task_struct 的同时，会为进程创建相应的堆栈。每个进程会有两个栈，一个用户栈，存在于用户空间；一个内核栈，存在于内核空间。当进程在用户空间运行时，CPU 堆栈指针寄存器里面的内容是用户堆栈地址，使用用户栈；当进程在内核空间时，CPU 堆栈指针寄存器里面的内容是内核栈空间地址，使用内核栈。

当进程因为中断或者系统调用而从用户态转为内核态时，进程所使用的堆栈也要从用户栈转到内核栈。进程陷入内核态后，先把用户态堆栈的地址保存在内核栈之中，然后设置堆栈指针寄存器的内容为内核栈的地址，这样就完成了用户栈向内核栈的转换；当进程从内核态恢复到用户态时，把内核栈中保存的用户态的堆栈的地址恢复到堆栈指针寄存器即可。这样就实现了内核栈和用户栈的互转。

那么，当从内核态转到用户态时，由于用户栈的地址是在陷入内核的时候保存在内核栈里面的，可以很容易地找到，但是在陷入内核的时候，如何知道内核栈的地址？在进程从用户态转到内核态的时候，进程的内核栈总是空的。这是因为当进程在用户态运行时，使用的是用户栈，当进程陷入内核态时，内核栈保存进程在内核态运行的相关信息，但是一旦进程返回到用户态后，内核栈中保存的信息无效，会全部恢复，因此每次进程从用户态陷入内核的时候得到的内核栈都是空的，所以在进程陷入内核的时候，直接把内核栈的栈顶地址给堆栈指针寄存器就可以了。

第 11 章 网 络

11.1 TCP/IP

在 20 世纪 80 年代，计算机网络诞生，它能够将一台台独立的计算机互相连接，使得位于不同地理位置的计算机之间可以进行通信，实现信息传递和资源共享，形成一组规模大、功能强的计算机系统。不过，计算机要想在网络中正常通信，必须遵守相关网络协议的规则，常用的网络协议有 TCP、UDP、IP 和 HTTP 等。

11.1.1 协议

协议可简单理解为计算机之间的一种约定，好比人与人之间对话所使用的语言。在国内，不同地区的人讲的方言都不同，如果要沟通，那么就要约定一种大家都会的语言，例如全国通用的普通话，普通话就相当于协议，沟通相当于通信，说话内容相当于数据信息。协议需要具备通用的特征，但在早期，每家计算机厂商都根据自己的标准来生产网络产品，这使得不同厂商制造的计算机之间难以通信，严重影响了用户的日常使用。（Open System Interconnection，OSI）为了应对这些问题，国际标准化组织（ISO）制定了一套国际标准——开放式系统互联参考模型，将通信系统标准化。所谓标准化是指建立技术标准，企业按照这个标准来制造产品，这大大提升了产品的兼容性、互操作性以及易用性。

OSI 参考模型将复杂的协议分成了 7 层（见下表），每一层各司其职，并且能独立使用，这相当于软件中的模块化开发，有较强的扩展性和灵活性。分层是一种管理哲学，将同一类功能的网络协议分到一层中，使协议变得灵活可控。

在 7 层 OSI 模型中，发送方从第 7 层的应用层到第 1 层的物理层，由上至下按顺序传输数据，而接收方则从第 1 层到第 7 层，由下至上接收数据，如下图所示。

层	功 能
应用层	为应用程序提供服务并管理应用程序之间的通信，常用的协议有 SMTP、FTP、HTTP 等
表示层	负责数据的格式转换、加密与解密、压缩与解压
会话层	负责建立、管理和断开通信连接，实现数据同步
传输层	为数据提供可靠的或不可靠的端到端传输，同时处理传输错误、控制流量，TCP 和 UDP 协议就属于该层
网络层	负责地址管理、路由选择和拥塞控制，该层最知名的是 IP 协议
数据链路层	将数据分割成帧，并负责 MAC 寻址、差错检验和信息纠正，以太网属于这一层
物理层	管理最基础的传送通道，建立物理连接，并提供物理链路所需的机械、电气、功能和过程等特性

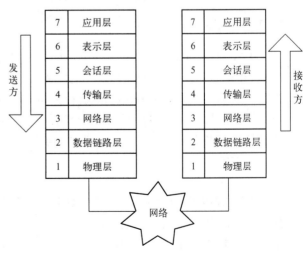

11.1.2　TCP/IP

TCP/IP 是为互联网服务的协议族，它是网络通信协议的统称，由 IP、TCP、HTTP 和 FTP 等协议组成。TCP/IP 将通信过程抽象为 4 层，被视为简化的 OSI 参考模型（如右图所示，左边是 OSI 参考模型，右边是 TCP/IP 的模型），但负责维护这套协议族的不是 ISO 而是 IETF（互联网工程任务组）。TCP/IP 在标准化过程中注重开放性和实用性，需要标准化的协议会被放进 RFC（Request For Comment）文档中，RFC 文档详细记录了协议的实现、运用和实验等各方面的内容，并且这些文档可在线浏览。

应用层	应用层
表示层	
会话层	
传输层	传输层
网络层	互联网层
数据链路层	网络接口层
物理层	

发送的数据会在分层模型内传递，并且每到一层，就会附加该层的包首部，包首部包含了该层协议的相关信息，例如 MAC 地址、IP 地址和端口号。下图描绘了从传输层到互联网层，分别附加了 TCP 包首部和 IP 包首部。

互联网一词现在已经家喻户晓，它是由许多网络互联构成的一个巨型网络。早期的网络仅仅是连接计算机，而现代的互联网连接的却是全世界的人。互联网已经不再是单纯的以数据为核心，而是以人为中心，渗透到生活中的方方面面，颠覆了许多传统模式，例如足不出户就能购物、社交或娱乐。

11.2　RESTful 架构风格

RESTful 是一种遵守 REST 设计的架构风格。REST 既不是标准，也不是协议，而是一组架构约束条件和设计指导原则，一种基于 HTTP、URI、XML 等现有协议与标准的开发方式。

11.2.1　REST

REST 这个词，源于 HTTP 协议（1.0 版和 1.1 版）的主要设计者 Roy Thomas Fielding 在 2000 年发表的一篇博士论文《架构风格与基于网络的软件架构设计》。REST 并不是一个简单的单词，它是 Representational State Transfer 的缩写，表示表述性状态转移，这个说明比较晦涩抽象，难以理解。接下来拆开解释，首先这句话省略了主语，"表述性"其实指的是"资源"的"表述性"；其次，要先理解一个重要的概念，即资源的表述；最后再体会状态转移。

（1）资源

REST 是面向资源的，资源是网络上的一个实体，可以是一个文件，一张图像，一首歌曲，甚至是一种服务。资源可以设计得很抽象，但只要是具体信息，就可以是资源，因为资源的本质是一串二进制数据。并且每个资源必须有 URL，通过 URL 来找到资源。

（2）表述

资源在某个特定时刻的状态说明被称为表述（Representation），表述由数据和描述数据的元数据（例如 HTTP 报文）组成。资源的表述有多种格式，这些格式也被称为 MIME 类型，例如文本的 txt 格式、图像的 png 格式、视频的 mkv 格式等。一个资源可以有多种表述，例如服务器响应一个请求，返回的资源可以是 JSON 格式的数据，也可以是 XML 格式的数据。

（3）表述性状态转移

表述性状态转移的目的是操作资源，通过转移和控制资源的表述就能实现此目的。例如客户端可以向服务器发送 GET 请求，服务器将资源的表述转移到客户端；客户端也可以向服务器发送 POST 请求，传递表述改变服务器中的资源状态。

11.2.2 约束条件

REST 给出了六种约束条件，通信两端在遵循这些约束后，就能提高工作效率，改善系统的可伸缩性、可靠性和交互的可见性，还能促进服务解耦。

（1）客户端-服务器

客户端与服务器可分离关注点，客户端关注用户接口，服务器关注数据存储。客户端向服务器发起接口请求（获取数据或提交数据），服务器返回处理好的结果给客户端，客户端再根据这些数据渲染界面，同一个接口可以应用于多个终端（例如 WeB、IOS 或 Android），大大改善了接口的可移植性，并且只要接口定义不变，客户端和服务器可以独立开发、互不影响。

（2）无状态

两端通信必须是无状态的，服务器不会保存上一次请求的会话状态，会话状态要全部保存在客户端，从客户端到服务器的每个请求都要附带一些用于理解该请求的信息，例如在后台管理系统中，大部分都是需要身份认证的请求，所以都会附带用户登录状态。

（3）缓存

响应的资源可以被标记为可缓存或禁止缓存，如果可以缓存，那么客户端可以减少与服务器通信的次数，降低延迟、提高效率。

（4）统一接口

统一接口是 REST 区别于其他架构风格的核心特征，接口定义包括四个部分。

1）资源的识别（Identification of Resources），也就是用一个 URL 指向资源，要获取这个资源，只要访问它的 URL 即可，URL 就是资源的地址或标识符。REST 对 URL 的命名也有要求，在 URL 中不能有动词，只能由名词组成。

2）通过表述对资源执行操作（Manipulation of Resources through Representations），在表述中包含了操作该资源的指令，例如用 HTTP 请求首部 Accept 指定需要的表述格式，用 HTTP 方法（如 GET、POST 等）完成对数据的增删改查工作，用 HTTP 响应状态码表示请求结果。

3）自描述的消息（Self-descriptive Messages），包含如何处理该消息的信息，例如消息所使用的表述格式、能否被缓存等。

4）作为应用状态引擎的超媒体（Hypermedia As the Engine of Application State），超媒体并不是一种技术，而是一种策略，建立了一种客户端与服务器之间的对话方式。超媒体可以将资源互相连接，并能描述它们的能力，告诉客户端如何构建 HTTP 请求。

（5）分层系统

将架构分解为若干层，降低层之间的耦合性。每个层只能和与它相邻的层进行通信。

（6）按需代码

这是一条可选的约束，支持客户端下载并执行一些代码（例如 Java Applet、JavaScript 或 Flash）进行功能扩展。

11.3 HTTP

HTTP（HyperText Transfer Protocol）即超文本传输协议，是一种获取网络资源（例如图像、HTML 文档）的应用层协议，它是互联网数据通信的基础，由请求和响应构成（如右图所示）。通常，客户端发起 HTTP 请求（在请求报文中会指定资源的 URL），然后用传输层的 TCP 协议建立连接，最后服务器响应请求，做出应答，回传数据报文。HTTP 自问世到现在，经历了几次版本迭代，目前主流的版本是 HTTP/1.1，新一代 HTTP/2.0 是 HTTP/1.1 的升级版，各方面都超越了前者，但新技术要做到软硬件兼容还需要假以时日。

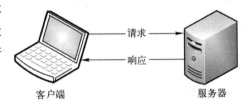

11.3.1 URI 和 URL

（1）URI

1）URI（Uniform Resource Identifier）即统一资源标识符，用于标识某个互联网资源，由熟悉的 URL 和陌生的 URN 构成。

2）URL（Uniform Resource Locator）即统一资源定位符，俗称网址，是网络资源的标准化名称，应用程序通过 URL 才能定位到资源所处的位置，URL 相当于一个人的住址。

3）URN（Uniform Resource Name）即统一资源名称，是 URI 过去的名字，用于在特定的命名空间中标识资源，URN 相当于一个人的身份。

（2）URL 语法

URL 有两种表现方式：绝对和相对。绝对 URL 由八部分组成，包含了访问资源所需的全部信息，下面代码表示的是 URL 的格式，下表中对各个部分做了简要说明。

```
<scheme>://<user>:<password>@<host>:<port>/<path>?<query>#<frag>
```

组件	描述
协议方案（scheme）	访问资源所需的协议，例如 HTTP、FTP
登录信息（user 和 password）	某些敏感信息需要认证后才能访问，例如进入 FTP 服务器
主机（host）	资源所在的服务器，用域名或 IP 地址表示
端口（port）	服务器正在监听的网络端口，HTTP 的默认端口为 80
路径（path）	资源在服务器中的位置
查询字符串（query）	访问资源所需的附加信息
片段（frag）	引用部分资源，例如大型文章中的某段

下面是一段比较完整的绝对 URL，除了认证部分，其余部分都体现了出来。

```
http://www.pwstrick.com:8080/libs/article.html?id=1#s2
```

相对 URL 是 URL 的一种缩略写法，省略了 URL 中的协议方案、主机和端口等组件，只保留 URL 中的一小部分。绝对 URL 总是指向相同的位置，而相对 URL 指向的位置会随着所在文件位置的不同而改变，例如有两个 HTML 文档，文档中的 a 元素都引用了下面这个相对地址，最终指向的是各自父级目录中的 article.html 文件。相对 URL 还有一个限制，那就是请求的资源必须在同一台服务器中。

```
../article.html?id=1#s2
```

11.3.2 HTTP 协议

HTTP 协议有三个特征，分别是持久连接、管道化以及无状态。

（1）持久连接

在 HTTP 的早期版本中，一次 HTTP 通信完成后就会断开连接，下一次再重新连接，如右图所示。在当时请求资源并不多的情况下，并不会造成大问题。但随着 HTTP 的普及，请求的资源越来越庞大，例如一个 HTML 文档中可能会包含多个 CSS 文件、JavaScript 文件、图像甚至视频，如果还这么操作，则会造成巨大的通信开销。

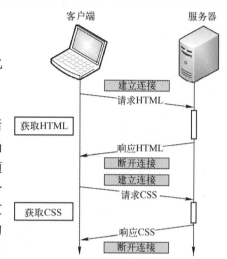

为了解决上述问题，提出了持久连接，只要通信两端的任意一端没有明确提出断开，就保持连接状态，以便下一次通信复用该连接，这避免了重复建立和断开连接所造成的开销，加速了页面呈现，如下图所示。

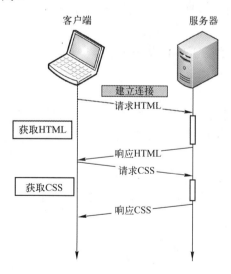

（2）管道化

管道化是建立在持久连接上的进一步性能优化。过去，请求必须按照先进先出的队列顺序，也就是发送请求后，要等待并接收到响应，才能再继续下一个请求。启用管道化后，就会将队列顺序迁移到服务器，这样就能同时发送多个请求，然后服务器再按顺序一个接一个地响应，如下图所示。

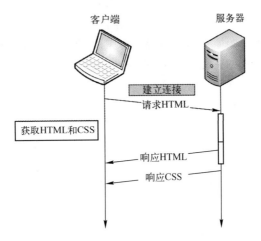

（3）状态管理

HTTP 是一种无状态协议，请求和响应一一对应，不会出现两个请求复用一个响应的情况（如下图所示）。也就是说，每个请求都是独立的，即使在同一条连接中，请求之间也没有联系。

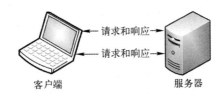

在有些业务场景中，需要请求有状态，例如后台登录。成功登录后就得保存登录状态，否则每次跳转进入其他页面都会要求重新登录。为了能管理状态，引入了 Cookie 技术，Cookie 技术能让请求和响应的报文都附加 Cookie 信息，客户端将 Cookie 值发送出去，服务器接收并处理这个值，最终就能得到客户端的状态信息。

11.3.3　HTTP 报文

HTTP 报文就是 HTTP 协议通信的内容，HTTP 报文是一种简单的格式化数据块，由带语义的纯文本组成，所以能很方便地进行读或写。

（1）报文语法

报文分为两类：请求报文和响应报文。

请求报文由五部分组成：请求方法、请求 URL、HTTP 协议版本、可选的请求首部和内容。下面是请求报文的格式：

```
<Method><Request URL><Version>
<Headers>
<Body>
```

响应报文也由五部分组成：HTTP 协议版本、状态码、原因短语、可选的响应首部和内容。下面是响应报文的格式：

```
<Version><Status Code><Reason Phrase>
<Headers>
<Body>
```

（2）请求方法

HTTP 协议通过请求方法说明请求目的，期望服务器执行某个操作。在可用的请求方法中，GET 和 POST 是最常见的，而 PUT 和 DELETE 需要额外的安全机制保护才能使用，提升了使用门槛，降低了使用率。下表列出了常用的请求方法。

方法	功能
GET	获取数据
POST	提交数据
PUT	上传文件
DELETE	删除文件
HEAD	获取除了内容以外的资源信息

（3）状态码

状态码让客户端知道请求结果，服务器是成功处理了请求，还是出现了错误，又或者是不处理。状态码会和原因短语成对出现，状态码由 3 位数字组成，第一个数字代表了类别，原因短语会提供便于理解的说明性文字。下表列出了五类状态码。

状态码	类别	原因短语
1XX	信息	请求已被接受，正在处理中
2XX	成功	请求已处理成功
3XX	重定向	客户端需要附加操作才能完成请求
4XX	客户端错误	客户端发起的请求服务器无法处理
5XX	服务器错误	服务器在处理请求时发生错误或异常

在日常的业务开发中，一次请求正常处理完成后能收到状态码"200 OK"，请求某个在缓存中的文件会返回"304 Not Modified"，请求某张不存在的图像会返回"404 Not Found"，挂在服务器上的代码抛出错误时会返回"500 Internal Server Error"。

11.3.4 HTTP 首部

HTTP 首部提供的信息能让客户端和服务器执行指定的操作，例如，客户端发出的请求中会带可接受的内容类型，服务器就知道该返回什么类型的内容了；服务器的响应中会带有内容的压缩格式，客户端就知道该如何解压复原内容。首部有五种类型：通用首部、请求首部、响应首部、实体首部和扩展首部（自定义首部）。下面会以表格的形式列出各个类型的首部，并会在表格后给出相应的示例。

（1）通用首部

通用首部既可以存在于请求中，也可以存在于响应中，具体见下表。

首部	描述
Connection	管理持久连接
Date	报文的创建日期，HTTP 协议使用了特殊的日期格式
Transfer-Encoding	传输报文主体时的编码方式，例如分块传输编码

```
Connection:         keep-alive
Date:               Fri, 24 Sep 2027 07:00:32 GMT
Transfer-Encoding:  chunked
```

（2）请求首部

请求首部只存在于请求报文中，提供客户端的信息以及对服务器的要求（见下表），例如几个以 Accept 开头的首部，能让服务器知道客户端想得到什么。

首部	描述
Accept	可接受的 MIME 类型
Accept-Charset	可接受的字符集
Accept-Encoding	可接受的编码格式，服务器按指定的编码格式压缩数据
Accept-Language	可接受的语言种类
Host	服务器域名和端口
Referer	上一个页面地址
User-Agent	用户代理信息，例如操作系统、浏览器名称和版本等

```
Accept-Charset:    utf-8
Accept-Encoding:   gzip, deflate
Accept-Language:   zh-CN, zh;q=0.8
Host:              www.pwstrick.com
Referer:           http://www.pwstrick.com/index.html
User-Agent:        Mozilla/5.0 (iPhone; CPU iPhone OS 9_1 like Mac OS X)
AppleWebKit/601.1.46 (KHTML, like Gecko) Version/9.0    Mobile/13B143 Safari/601.1
```

MIME 类型就是媒体类型，Accept 首部能同时指定多种媒体类型，用逗号（,）分隔。每种媒体类型能分别增加权重，用 q 表示权重值，类型和权重之间用分号（;）分隔，q 的范围在 0~1，值越大优先级越高，如下：

```
Accept:    image/png, image/gif;q=0.8
```

（3）响应首部

响应首部只存在于响应报文中，提供服务器的信息以及对客户端的要求，具体见下表。

首部	描述
Accpet-Ranges	服务器接受的范围类型
Server	服务器软件的名称和版本
Age	响应存在时间，单位为秒，这个首部可能由代理发出

Accept-Ranges:	bytes
Server:	Apache/2.4.10 (Win64) PHP/5.5.17
Age:	600

（4）实体首部

请求和响应都可能包含实体首部，实体首部提供了大量的实体信息，例如以 Content 开头的首部，传达了内容的尺寸、MIME 类型和语言等信息，见下表。

首 部	描 述
Content-Encoding	内容编码格式，告知客户端用这个编码格式解压
Content-Language	内容语言
Content-Length	内容尺寸，单位是字节
Content-Type	内容的 MIME 类型

Content-Encoding:	gzip
Content-Language:	zh-CN
Content-Length:	9191
Content-Type:	text/html

11.3.5 缓存

前面 HTTP 首部一节中，与缓存相关的首部都忽略没讲，在这一节中将对其做重点分析。Web 缓存可以自动将资源副本保存到本地，减少了客户端与服务器之间的通信次数，加速页面加载，降低网络延迟，如下图所示。

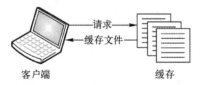

缓存的处理过程可以简单地分为几步，首先在缓存中搜索指定资源的副本，如果命中，那么就执行第二步；第二步就是对资源副本进行新鲜度检测（也就是文档是否过期），如果不新鲜，那么就执行第三步；第三步是与服务器进行再验证，验证通过（即没有过期）就更新资源副本的新鲜度，再返回这个资源副本（此时的响应状态码为"304 Not Modified"），不通过就从服务器返回资源，再将最新资源的副本放入缓存中。

（1）新鲜度检测

通用首部 Cache-Control 和实体首部 Expires 会为每个资源附加一个过期日期，相当于食品的保质期，在这个保质期内的资源，都会被认为是新鲜的，也就不会和服务器进行通信，如下图所示。

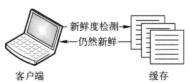

Expires 首部会指定一个具体的过期日期（如下所示），由于很多服务器的时钟并不同步，

所以会有误差，不推荐使用。

```
Expires:        Fri, 24 Sep 2027 07:00:32 GMT
```

Cache-Control 首部能指定资源处于新鲜状态的秒数（如下所示），秒数从服务器将资源传来之时算起，用秒数比用具体日期要灵活很多。当缓存的资源副本被同时指定了过期秒数和过期日期（Expires）的时候，会优先处理过期秒数。

```
Cache-Control:  max-age=315360
```

在 Cache-Control 首部中，有两个比较易混淆的值：no-cache 和 no-store。no-cache 字面上比较像禁止资源被缓存，但其实不是，no-store 才是这个功能。no-cache 可以将资源缓存，只是要先与服务器进行新鲜度再验证，验证通过后才会将其提供给客户端，如下图所示。

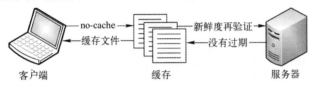

在通用首部中，还有个历史遗留首部：Pragma。Pragma 首部用于实现特定的指令，它也有一个值为 no-cache，功能和 Cache-Control 中的相同，如下：

```
Cache-Control:  no-cache
Pragma:         no-cache
```

（2）日期比对法进行再验证

服务器在响应请求的时候，会在响应报文中附加实体首部 Last-Modified，指明资源的最后修改日期，客户端在缓存资源的同时，也会一并把这个日期缓存。当对缓存中的资源副本进行再验证时，在请求报文中会附加 If-Modified-Since 首部，携带最后修改日期，与服务器上的修改日期进行比对，如下图所示。

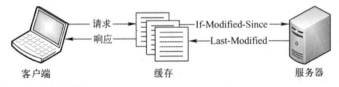

（3）实体标记法进行再验证

日期比对法非常依赖日期，如果服务器上的日期不准确，那么再验证就会出现偏差，这个时候就比较适合用实体标记法。服务器会为每个资源生成唯一的字符串形式的标记（例如52fdbf98-2663），该标记会保存在实体首部 ETag 中。在响应报文中附加 ETag，把标记返回给客户端，客户端接收并将其缓存。当对缓存中的资源副本进行再验证时，在请求报文中会附加 If-None-Match 首部。只有当携带的标记与服务器上的资源标记一致时，才能说明缓存没有过期，这样就能返回缓存中的资源，如下图所示。

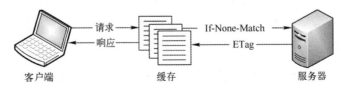

11.4 TCP

TCP（Transmission Control Protocol）是一种面向连接、可靠的字节流通信协议，位于 OSI 参考模型的传输层中，具备顺序控制、重发控制、流量控制和拥塞控制等众多功能，保证数据能够安全抵达目的地。

接下来简单了解一下用 TCP 进行数据传输的通信过程。首先通过三次握手建立连接；然后把发送窗口调整到合适大小，既能避免网络拥塞，也能提高传输效率；在传输过程中，发出去的每个包都会得到对面的确认，当运送的数据包丢失时，可以执行超时重发，当数据包乱序时（有些数据包先送达目的地，有些后到），通过数据包中的序号可以按顺序排列，同时也能丢弃重复的包；再根据端口号将数据准确传送至通信中的应用程序，端口号相当于程序地址；待到所有数据安全到达后，执行四次挥手断开连接，本次传输完成。

11.4.1 连接管理

（1）三次握手

通信两端（即客户端和服务器）会先经历三次握手，然后才能建立连接，具体过程如下，下图描绘了这个过程。

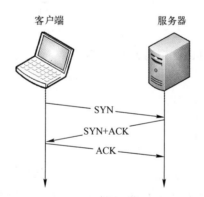

1）客户端发送一个携带 SYN 标志位的包，请求建立连接。
2）服务器响应一个携带 SYN 和 ACK 标志位的包，同意建立连接。
3）客户端再发送一个携带 ACK 标志位的包，表示连接成功，开始进行数据传输。
将三次握手翻译成日常对话就相当于下面这样：
客户端："喂，听得到我说话吗？"
服务器："听到了，你能听到我说话吗？"
客户端："很清楚，我们开始聊天吧。"
之所以采用三次握手，而不是两次握手是有深层次原因的。因为两次握手不可靠，举个简单的例子，客户端发了一个请求建立连接的包，由于网络原因迟迟没有抵达服务器，客户端只得再发一次请求，这次成功抵达并完成了数据传输。过了一段时间，第一次延迟的请求也到了服务器，服务器并不知道这是无效请求，依旧正常响应，如果是两次握手，那么这个时候就会建立一条无效的连接，而如果是三次握手，那么客户端就能够丢弃这条连接，避免了无谓的网络开销。

（2）四次挥手

当要断开连接时，通信两端就会进行四次挥手的操作。由于连接是双向的，所以客户端和服务器都要发送 FIN 标志位的包，才算彻底断开了连接，具体过程如下，下图描绘了这个过程。

1）客户端发送一个携带 FIN 标志位的包，请求断开连接。
2）服务器响应一个携带 ACK 标志位的包，同意客户端断开连接。
3）服务器再发送一个携带 FIN 标志位的包，请求断开连接。
4）客户端最后发送一个携带 ACK 标志位的包，同意服务器断开连接。

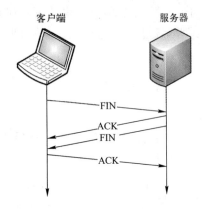

将四次挥手翻译成日常对话就相当于下面这样：

客户端："我要断开连接了。"
服务器："好的。"
服务器："我也要断开连接了。"
客户端："好的。"

11.4.2 确认应答

在 TCP 传输的过程中，发出去的每个包都会得到对面的确认，借助数据包中的几个字段就能又快又准地通知对方发送的包已到达，再结合延迟确认、Nagle 算法等技术实现一套高效的应答机制。

（1）字段

TCP 中的每个数据包都包含三个字段：Seq、Len 和 Ack。Seq 表示每个包的序号，用于排列乱序的包；Len 表示数据的长度，不包括 TCP 头信息；Ack 表示确认号，用于确认已经收到的字节。

Seq 等于上一个包中的 Seq 和 Len 两者之和。假设上一个包中的 Seq 为 30，Len 为 40，那么当前包中的 Seq 为 70（如下图所示），下面是 Seq 的计算公式。

$$Seq = Seq + Len$$

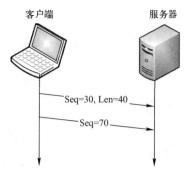

Ack 等于对面发送过来的包中的 Seq 和 Len 两者之和，下面是 Ack 的计算公式。服务器的对面是客户端，假设客户端发送的包中的 Seq 为 10，Len 为 20，那么服务器的 Ack 就为 30，如下图所示。

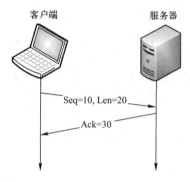

Ack = Seq + Len

通信两端都会维护各自的 Seq，下图是用著名的网络分析软件 Wireshark 抓到的 3 个关于建立连接的包，为了便于观察，工具使用了相对序号，使得两端 Seq 的初始值都为 0，而 Ack 的计算比较特殊，虽然 Len 都为 0，但最终的值却都为 1，因为传递的 SYN 标志位占了 1 个字节。

```
1 0.000000    192.168.31.94    122.246.3.22     TCP    78 65112→80 [SYN] Seq=0 Win=65535 Len=0 MSS=1460 WS=32 TSval=413771616…
11 0.015434   122.246.3.22     192.168.31.94    TCP    66 80→65112 [SYN, ACK] Seq=0 Ack=1 Win=14600 Len=0 MSS=1452 SACK_PERM=…
12 0.015509   192.168.31.94    122.246.3.22     TCP    54 65112→80 [ACK] Seq=1 Ack=1 Win=262144 Len=0
```

（2）延迟确认

延迟确认就是在一段时间内（例如 200ms）如果没有数据发送，那么就将几个确认信息合并成一个包，再一起确认（如下图所示）。TCP 采用延迟确认的目的是降低网络负担，提升传输效率。

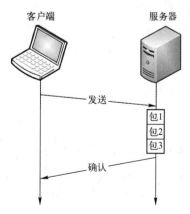

（3）Nagle 算法

Nagle 算法是指在发出的数据没有得到确认之前，又有几块小数据要发送，就把它们合并成一个包，再一起发送，如下图所示。

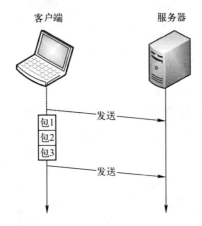

延迟确认和 Nagle 算法都能降低网络负担，提升传输效率，但如果将两者结合使用，那就会降低性能。当启用 Nagle 算法的客户端发出一个小的数据包后，启用延迟确认的服务器会接收并等待下一个包的到达。而客户端在未接收到第一个数据包的确认之前，不会再次发送，两端都在等待对方，这反而增加了延迟，降低了传输效率。

11.4.3 窗口控制

数据包所能携带的最大数据量称为 MSS（Maximum Segment Size）。当 TCP 传送大数据的时候，会先将其分割为多个 MSS 再进行传送。MSS 是发送数据包的单位，重发时也是以 MSS 为单位。在建立连接时，两端会告诉对方自己所能接受的 MSS 的大小，然后再选择一个较小的值投入使用。

（1）发送窗口

发送窗口控制了一次能发的字节量，也就是一次能发多少个 MSS。发送窗口的尺寸会受接收方的接收窗口和网络的影响，所以在包中看不到关于发送窗口的信息。当用工具 Wireshark 抓包时，每个包的传输层都含有 "window size" 信息（它的值和 Win 的值相同），这个字段并不表示发送窗口，而是指接收窗口，如下图所示。

发送窗口一次不能发送太多数据，不然会造成网络拥堵，甚至瘫痪。理想情况下，发送窗口能发送的量正好是网络所能承受的最大数据量，这个阈值可称为拥塞点。为了找到拥塞点，定义了一个虚拟的拥塞窗口，通过调节拥塞窗口的大小来限制发送窗口。

（2）拥塞窗口

在通信开始时，通过慢启动对拥塞窗口进行控制，先把拥塞窗口的初始值定义为 1 个 MSS，然后发送数据，每收到一次确认，拥塞窗口就加 1，例如，发出 2 个 MSS，得到 2 次确认，拥塞窗口就加 2，此时的窗口大小为 4。随着包的来回往返，拥塞窗口会以 4、8、16 等指数增长（如下图所示）。当拥塞窗口的大小超过慢启动阈值时，就得改用拥塞避免算法，每个往返时间只增加 1 个 MSS，例如，发出 16 个 MSS，得到 16 次确认，但拥塞窗口只加 1，最终大小为 17，这种增长方式一直持续到出现网络拥堵。

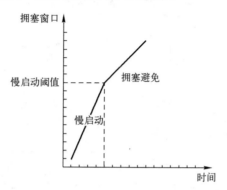

11.4.4 重传控制

TCP 是一种可靠的通信协议，因此如果发送方通过一些技术手段（如超时重传、快速重传等）确认了某些数据包已经丢失，那么就会再次发送这些丢失的包。

（1）超时重传

TCP 会设定一个超时重传计数器（RTO），定义数据包从发出到失效的时间间隔。当发送方发出数据包后，在这段时间内没有收到确认，就会重传这个包（如下图所示）。重传之后的拥塞窗口需要重新调整，并且超时重传会严重降低传输性能，因为在发送方等待阶段，不能传数据。

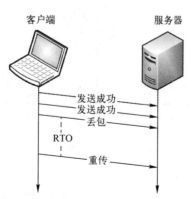

（2）快速重传

快速重传不会一味地等待，当发送方连续收到 3 个或 3 个以上对相同数据包的重复确认时，就会认为这个包丢失了，需要立即重发，如下图所示。

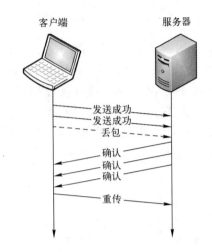

11.5 HTTPS

HTTPS（HTTP Secure）是一种构建在 SSL 或 TLS 上的 HTTP 协议（如右图所示），简单地说，HTTPS 就是 HTTP 的安全版本。SSL（Secure Sockets Layer）以及其继任者 TLS（Transport Layer Security）是一种安全协议，为网络通信提供来源认证、数据加密和报文完整

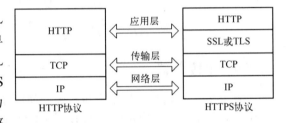

性检测，以保证通信的保密性和可靠性。HTTPS 协议的 URL 都以"https://"开头，在访问某个 Web 页面时，客户端会打开一条到服务器 443 端口的连接。

之所以说 HTTP 不安全，是由以下三个原因导致的，下图用图像的方式描绘了这三个风险。

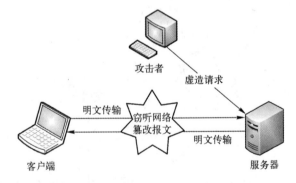

1）数据以明文传递，有被窃听的风险。
2）接收到的报文无法证明是发送时的报文，不能保障完整性，因此报文有被篡改的风险。
3）不验证通信两端的身份，请求或响应有被伪造的风险。

11.5.1 加密

在密码学中，加密是指将明文转换为难以理解的密文；解密与之相反，把密文换回明文。

加密和解密都由两部分组成：算法和密钥。加密算法可以分为两类：对称加密和非对称加密。

（1）对称加密

对称加密在加密和解密的过程中只使用一个密钥，这个密钥称为对称密钥（Symmetric Key），也称为共享密钥，如下图所示。对称加密的优点是计算速度快，但缺点也很明显，就是通信两端需要分享密钥。客户端和服务器在进行对话前，要先将对称密钥发送给对方，在传输的过程中密钥有被窃取的风险，一旦被窃取，那么密文就能被轻松翻译成明文，加密保护形同虚设。

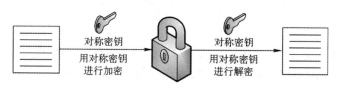

（2）非对称加密

非对称加密在加密的过程中使用公开密钥（Public Key），在解密的过程中使用私有密钥（Private Key），如下图所示。加密和解密的过程也可以反过来，使用私有密钥加密，再用公开密钥解密。非对称加密的缺点是计算速度慢，但它很好地解决了对称加密的问题，避免了信息泄露。通信两端如果都使用非对称加密，那么各自都会生成一对密钥，私钥留在身边，公钥发送给对方，公钥在传输途中即使被人窃取，也不用担心，因为没有私钥就无法轻易解密。在交换好公钥后，就可以用对方的公钥把数据加密，开始密文对话。

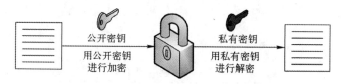

HTTPS 采用混合加密机制，将两种加密算法组合使用，充分利用各自的优点，博采众长。在交换公钥阶段使用非对称加密，在传输报文阶段使用对称加密。

11.5.2 数字签名

数字签名是一段由发送者生成的特殊加密校验码，用于确定报文的完整性。数字签名的生成涉及两种技术：非对称加密和数字摘要。数字摘要可以将变长的报文提取为定长的摘要，报文内容不同，提取出的摘要也将不同，常用的摘要算法有 MD5 和 SHA。签名和校验的过程总共分为下列五步，下图用图像的形式描绘了签名和校验的过程。

1）发送方用摘要算法对报文进行提取，生成一段摘要。

2）然后用私钥对摘要进行加密，加密后的摘要作为数字签名附加在报文上，一起发送给接收方。

3）接收方收到报文后，用同样的摘要算法提取出摘要。

4）再用接收到的公钥对报文中的数字签名进行解密。

5）如果两个摘要相同，那么就能证明报文没有被篡改。

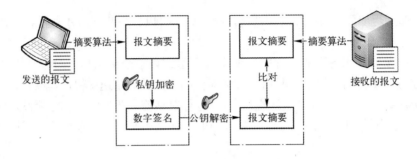

11.5.3 数字证书

数字证书相当于网络上的身份证，用于身份识别，由权威的数字证书认证机构（CA）负责颁发和管理。数字证书的格式普遍遵循 X.509 国际标准，证书的内容包括有效期、颁发机构、颁发机构的签名、证书所有者的名称、证书所有者的公开密钥、版本号和唯一序列号等信息。客户端（如浏览器）会预先植入一个受信任的颁发机构列表，如果收到的证书来自于陌生的机构，那么会弹出一个安全警报对话框，如下图所示。

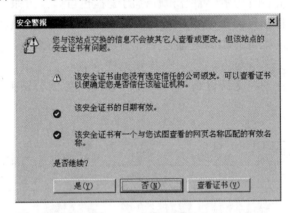

一般数字证书都会被安装在服务器处，当客户端发起安全请求时，服务器就会返回数字证书。客户端从受信机构列表中找到相应的公开密钥，解开数字证书。然后验证数字证书中的信息，如果验证通过，那么就说明请求来自意料之中的服务器；如果不通过，那么就说明证书被冒用，来源可疑，客户端立刻发出警告。下图描绘了上述认证过程。

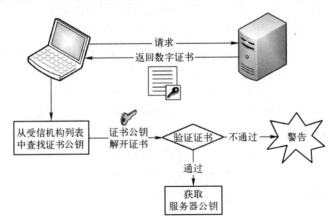

11.5.4 安全通信机制

客户端和服务器通过好几个步骤建立起安全连接，然后开始通信，下面是精简过的步骤，下图用图像的形式描绘了下述的七个步骤。

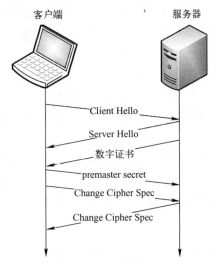

1）客户端发送 Client Hello 报文开始 SSL 通信，报文中还包括协议版本号、加密算法等信息。

2）服务器发送 Server Hello 报文作为应答，在报文中也会包括协议版本号、加密算法等信息。

3）服务器发送数字证书，数字证书中包括服务器的公开密钥。

4）客户端解开并验证数字证书，验证通过后，生成一个随机密码串（Premaster Secret），再用收到的服务器公钥加密，发送给服务器。

5）客户端再发送 Change Cipher Spec 报文，提示服务器在此条报文之后，采用刚刚生成的随机密码串进行数据加密。

6）服务器也发送 Change Cipher Spec 报文。

7）SSL 连接建立完成，接下来就可以开始传输数据了。

11.6 HTTP/2.0

HTTP/2.0 是 HTTP/1.1 的扩展版本，主要基于 SPDY 协议，引入了全新的二进制分帧层（如下图所示），保留了 1.1 版本的大部分语义，例如请求方法、状态码和首部等，由 IETF 为 2.0 版本实现标准化。2.0 版本从协议层面进行改动，目标是优化应用、突破性能限制，改善用户在浏览 Web 页面时的速度体验。

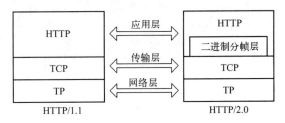

HTTP/1.1 有很多不足，接下来列举五个比较有代表性的，如下：

1）在传输中会出现队首阻塞问题。
2）响应不分轻重缓急，只会按先来后到的顺序执行。
3）并行通信需要建立多个 TCP 连接。
4）服务器不能主动推送客户端想要的资源，只能被动地等待客户端发起请求。
5）由于 HTTP 是无状态的，所以每次请求和响应都会携带大量冗余信息。

11.6.1 二进制分帧层

二进制分帧层是 HTTP/2.0 性能增强的关键，它改变了通信两端交互数据的方式，原先都是以文本传输的，现在要先对数据进行二进制编码，再把数据分成一个一个的帧，接着把帧送到数据流中，最后对方接收帧并拼成一条消息，再处理请求。在 2.0 版本中，通信的最小单位是帧（Frame），若干个帧组成一条消息（Message），若干条消息在数据流（Stream）中传输，一个 TCP 连接可以分出若干条数据流（如下图所示），因此 HTTP/2.0 只要建立一次 TCP 连接就能完成所有传输。流、消息和帧这三个是二进制分帧层的基本概念，见下表。

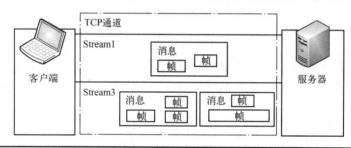

概　念	描　述
流	一个可以承载双向消息的虚拟信道，每个流都有一个唯一的整数标识符
消息	HTTP 消息，也就是 HTTP 报文
帧	通信的最小单位，保存着不同类型的数据，例如 HTTP 首部、资源优先级、配置信息等

每个帧都有一个首部，包含帧的长度、类型、标志、流标识符和保留位，如下：

1）一帧最多带 24 位长度的数据，也就是 16MB，这个长度不包括首部内容。
2）8 位的类型用于确定帧的格式和语义，帧的类型有 DATA、HEADERS 和 PRIORITY 等。
3）8 位的标志允许不同类型的帧定义自己独有的消息标志。
4）1 位的保留字段（R），语义未定义，始终设置为 0。
5）31 位的流标识符用于标识当前帧属于哪条数据流。

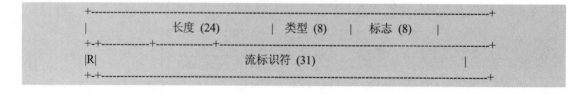

11.6.2 多路通信

通信两端对请求或响应的处理都是串行的,也就是按顺序一个个处理,虽然在 HTTP/1.1 中新增了管道化的概念,让客户端能一下发送多个请求,减少了不必要的网络延迟,不过那只是将请求的队列顺序迁移到服务器中,服务器还是得按顺序来处理,所以本质上响应还是串行的。如果一定要实现并行通信,那么必须建立多条 TCP 连接,多个请求分别在不同的 TCP 通道中传输(如下图所示),间接实现并行通信。

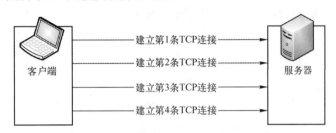

TCP 是一种可靠的通信协议,中途如果出现丢包,那么发送方就会根据重发机制再发一次丢失的包,由于通信两端都是串行处理请求的,所以接收端在等待这个包到达之前,不会再处理后面的请求,这种现象称为队首阻塞。

HTTP/2.0 不但解决了队首阻塞问题,还将 TCP 建立次数降低到只要 1 次。通信两端只需将消息分解为独立的帧,然后在多条数据流中乱序发送,最后在接收端把帧重新组合成消息,并且各条消息的组合互不干扰,这就实现了真正意义上的并行通信,达到了多路复用的效果。在 CSS 中,为了减少请求次数,会把很多小图拼在一起,做成一张大的雪碧图(如右图所示),现在借助多路通信后,不用再大费周章地制图了,直接发请求即可。

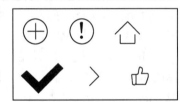

11.6.3 请求优先级

客户端对请求资源的迫切度都是不同的,例如在浏览器的网页(即 HTML 文档)中,像 CSS、JavaScript 这些文件传得越快越好,而图像则可以稍后再传。在 HTTP/1.1 中,只能是谁先请求,谁就先处理,不能显式地标记请求优先级;而在 HTTP/2.0 中,每条数据流都有一个 31 位的优先值,值越小优先级越高(0 的优先级最高)。有了这个优先值,相当于能随时建立一条绿色通道(如下图所示),通信两端可以对不同数据流中的帧采取不同的策略,这样能更好地分配有限的带宽资源。

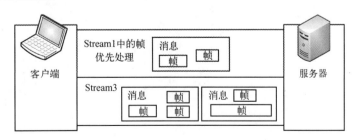

11.6.4 服务器推送

HTML 文档中的资源（例如图像）可以从服务器中拉取，也可以经过编码后直接嵌入。嵌入虽然可以减少一次请求，但同时会让 HTML 文档体积膨胀，降低压缩效率，破坏资源缓存。虽然这有种种不足，但减少了对服务器的请求，这种思路还是值得借鉴的。

HTTP/2.0 支持服务器主动推送，简单地说就是一次请求返回多个响应（如下图所示），这也是一种减少请求的方法。服务器除了处理最初的请求外，还会额外推送客户端想要的资源，无须客户端发出明确的请求。主动推送的资源不但可以被缓存，而且还能被压缩，客户端也可以主动拒绝推送过来的资源。

11.6.5 首部压缩

HTTP 是无状态的，为了准确地描述每次通信，通常都会携带大量的首部，例如 Connection、Accept 或 Cookie，而这些首部每次会消耗上百甚至上千字节的带宽。为了降低这些开销，HTTP/2.0 会先用 HPACK 算法压缩首部，然后再进行传输。

HPACK 算法会让通信两端各自维护一张首部字典表，表中包含了首部名和首部值（如下图所示），其中首部名要全部小写，并用伪首部（Pseudo-header）表示，例如 :method、:host 或 :path。每次请求都会记住已发哪些首部，下一次只要传输差异的数据，相同的数据传索引即可。

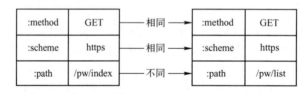

第 12 章 设 计 模 式

设计模式（Design pattern）是一套被反复使用、多数人知晓、经过分类编目的代码设计经验的总结。使用设计模式的目的是为了让代码重用，避免程序大量修改，同时使代码更容易被他人理解，并且保证代码的可靠性。显然，设计模式不管是对自己、对他人还是对系统都是有益的，设计模式使得代码编制真正地实现工程化，设计模式可以说是软件工程的基石。

GoF（Gang of Four）23 种经典设计模式见下表。

	创建型	结构型	行为型
类	Factory Method（工厂方法）	Adapter_Class（适配器类）	Interpreter（解释器） Template Method（模板方法）
对象	Abstract Factory（抽象工厂） Builder（生成器） Prototype（原型） Singleton（单例）	Adapter_Object（适配器对象） Bridge（桥接） Composite（组合） Decorator（装饰） Façade（外观） Flyweight（享元） Proxy（代理）	Chain of Responsibility（职责链） Command（命令） Iterator（迭代器） Mediator（中介者） Memento（备忘录） Observer（观察者） State（状态） Strategy（策略） Visitor（访问者模式）

常见的设计模式有工厂模式（Factory Pattern）、单例模式（Singleton Pattern）、适配器模式（Adapter Pattern）、享元模式（Flyweight Pattern）以及观察者模式（Observer Pattern）等。

12.1 单例模式

在某些情况下，有些对象只需要一个就可以了，即每个类只需要一个实例，例如，一台计算机上可以连接多台打印机，但是这个计算机上的打印程序只能有一个，这里就可以通过单例模式来避免两个打印作业同时输出到打印机中，即在整个打印过程中只有一个打印程序的实例。

简单说来，单例模式（也叫单件模式）的作用就是保证在整个应用程序的生命周期中，任何一个时刻，单例类的实例都只存在一个（当然也可以不存在）。

单例模式确保某一个类只有一个实例，而且自行实例化并向整个系统提供这个实例单例模式。单例模式只应在有真正的"单一实例"的需求时才可使用。

12.2 工厂模式

工厂模式专门负责实例化有大量公共接口的类。工厂模式可以动态的决定将哪一个类实例化，而不必事先知道每次要实例化哪一个类。客户类和工厂类是分开的。消费者无论什么时候需要某种产品，需要做的只是向工厂提出请求即可。消费者无须修改就可以接纳新产品。当然也存在缺点，就是当产品修改时，工厂类也要做相应的修改。

工厂模式包含以下几种形态。

1）简单工厂（Simple Factory）模式。简单工厂模式的工厂类是根据提供给它的参数，返回几个可能产品中的一个类的实例，通常情况下它返回的类都有一个公共的父类和公共的方法。设计类图如下图所示。

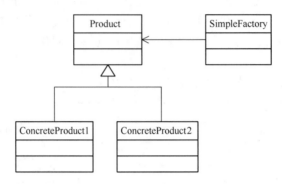

其中，Product 为待实例化类的基类，它可以有多个子类；SimpleFactory 类中提供了实例化 Product 的方法，这个方法可以根据传入的参数动态地创建出某一类型产品的对象。

2）工厂方法（Factory Method）模式。工厂方法模式是类的创建模式，其用意是定义一个用于创建产品对象的工厂的接口，而将实际创建工作推迟到工厂接口的子类中。它属于简单工厂模式的进一步抽象和推广。多态的使用使得工厂方法模式保持了简单工厂模式的优点，而且克服了它的缺点。设计类图如下所示。

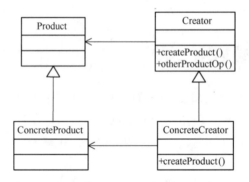

Product 为产品的接口或基类，所有的产品都实现这个接口或抽象类（例如 ConcreteProduct），这样就可以在运行时根据需求创建对应的产品类。Creator 实现了对产品所有的操作方法，而不实现产品对象的实例化。产品的实例化由 Creator 的子类来完成。

3）抽象工厂（Abstract Factory）模式。抽象工厂模式是所有形态的工厂模式中最为抽象和最具一般性的一种形态。抽象工厂模式是指当有多个抽象角色时使用的一种工厂模式，抽象工厂模式可以向客户端提供一个接口，使客户端在不必指定产品的情况下，创建多个产品族中的产品对象。根据 LSP 原则（即 Liskov 替换原则），任何接受父类型的地方，都应当能够接受子类型。因此，实际上系统所需要的仅仅是类型与这些抽象产品角色相同的一些实例，而不是这些抽象产品的实例,换句话说,也就是这些抽象产品的具体子类的实例。因此,工厂类负责创建抽象产品的具体子类的实例。设计类图如下所示。

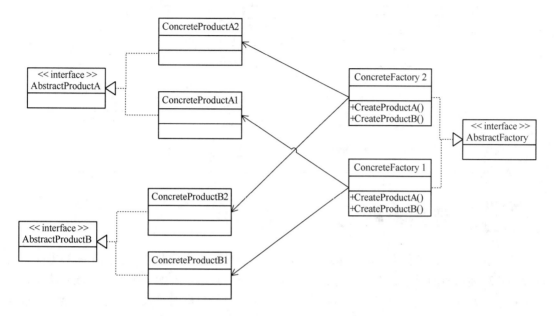

AbstractProductA 和 AbstractProductB 代表一个产品家族,实现这些接口的类代表具体的产品。AbstractFactory 为创建产品的接口,能够创建这个产品家族中所有类型的产品,它的子类可以根据具体情况创建对应的产品。

12.3 适配器模式

适配器模式也称为变压器模式,它是把一个类的接口转换成客户端所期望的另一种接口,从而使原本因接口不匹配而无法一起工作的两个类能够一起工作。适配类可以根据所传递的参数返还一个合适的实例给客户端。

适配器模式主要应用于"希望复用一些现存的类,但是接口又与复用环境要求不一致的情况",在遗留代码复用、类库迁移等方面非常有用。同时适配器模式有对象适配器和类适配器两种形式的实现结构,但是类适配器采用"多继承"的实现方式,会引起程序的高耦合,所以一般不推荐使用,而对象适配器采用"对象组合"的方式,耦合度低,应用范围更广。

例如,系统里已经实现了点、线、正方形,而现在客户要求实现一个圆形,一般的做法是建立一个 Circle 类来继承以后的 Shape 类,然后去实现对应的 display、fill、undisplay 方法,此时如果发现项目组其他人已经实现了一个画圆的类,但是他的方法名却和自己的不一样,为 displayhh、fillhh、undisplayhh 时,不能直接使用这个类,因为那样无法保证多态,而且有的时候,也不能要求组件类改写方法名,此时,就可以采用适配器模式。设计类图如下所示。

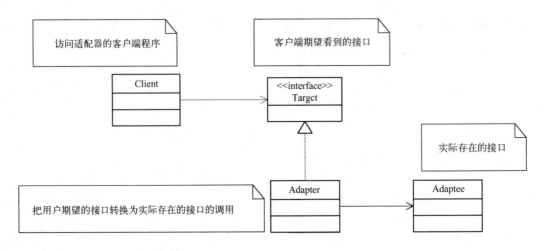

12.4 观察者模式

观察者模式（也被称为发布/订阅模式）提供了避免组件之间紧密耦合的另一种方法，它将观察者和被观察的对象分离开。在该模式中，一个对象通过添加一个方法（该方法允许另一个对象，即观察者注册自己）使本身变得可观察。当可观察的对象更改时，它会将消息发送到已注册的观察者。这些观察者使用该信息执行的操作与可观察的对象无关，对象可以相互对话，而不必了解原因。Java 与 C#的事件处理机制就是采用的此种设计模式。

例如，用户界面可以作为一个观察者，业务数据是被观察者，用户界面观察业务数据的变化，发现数据变化后，就显示在界面上。面向对象设计的一个原则是：系统中的每个类将重点放在某一个功能上，而不是其他方面。一个对象只做一件事情，并且将它做好。观察者模式在模块之间划定了清晰的界限，提高了应用程序的可维护性和重用性。设计类图如下。

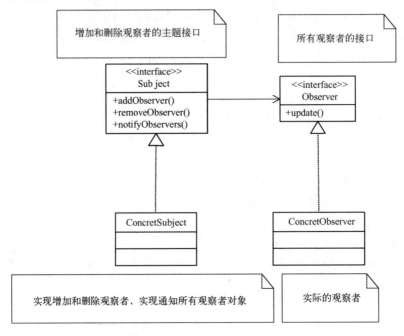

附录　常见面试笔试题

　　Kotlin 相比 Java 而言是一门更加安全的语言，但是在开发过程中总会遇到一些误区或者难以注意到的错误，也就是平常所说的"坑"，下面就结合作者的经验总结一下 Kotlin 开发中容易犯的错误，以及面试笔试中容易被问到的问题。

1．平台类型的问题

　　参考答案：关于平台类型，本书中很多地方都有提到，它的确是一个隐藏得非常深的问题，而且在平时的开发中只要用到了 Kotlin 和 Java 的相互调用，就一定会涉及平台类型。平台类型分为两种，都是用于兼容其他语言，一种是为了兼容空安全，另一种是为了兼容其他语言的类型。对于空安全，怎么区分一个对象是 Kotlin 中的类型还是平台类型呢？最简单的方法是通过看这个对象是使用什么语言声明的，如果这个对象声明的代码使用的是 Kotlin，那么这个对象一定不是平台类型，如果一个对象声明的代码使用的是 Java，那么就要区分是不是添加了 @Nullable、@NonNull 这类的注解。如果给空安全指定一个级别，Kotlin 的空安全应该是满级的，那么不是满级的类型都是平台类型，举个例子：

```
// Kotlin
val foo: String? = null
val bar: String = "Hello"
```

　　foo 和 bar 是在 Kotlin 中声明的，空安全都是满级的，如果在 Java 中声明两个变量：

```
// Java
public String foo1 = null;
public String bar1 = "Hello";
```

　　那么这两个变量不是空安全的，在 Kotlin 中就会显示为平台类型，但是加上对应的注解：

```
// Java
@Nullable
public String foo1 = null;

@NonNull
public String bar1 = "Hello";
```

　　就可以认为这两个变量的空安全是满级的，在 Kotlin 中就不会显示为平台类型，foo1 为 String?，bar1 为 String，但是对于下面的两个变量：

```
// Java
@Nullable
public ArrayList<String> foo2 = null;

@NonNull
public ArrayList<String> bar2 = new ArrayList<>();
```

虽然 foo2 和 bar2 两个对象添加了注解，但是 ArrayList<String> 使用了泛型，泛型参数没有添加注解，所以空安全不是满级的，要达到满级，还需要给泛型类型添加注解：

```java
// Java
@Nullable
public ArrayList<@NonNull String> foo2 = null;

@NonNull
public ArrayList<@NonNull String> bar2 = new ArrayList<>();
```

对于 Java 中没有空检查注解的类型，在 Kotlin 中表示方法为类型后面添加 "!"，例如 String!，对于 "!"，可以理解为不确定，不能确定是非空的还是可空的，所以 Kotlin 的编译器就无法进行空检查，空安全的级别就和 Java 一样了，需要进行人工检查。

另外一个用到平台类型的地方就是类型的映射，以 List 为例，Kotlin 的 List 是只读的，只有 getter 方法，而 Java 中的 List 有 getter 方法和 add 方法，在互相调用的时候，Kotlin 中的 List 对应 Java 中的 List，而 Java 中声明的 List 在 Kotlin 中的类型为：

```
(MutableList<String!>..List<String!>?)
```

这个类型和 String!一样，不能用在代码中声明类型，MutableList<String!>..List<String!>? 表示这个类型在 Kotlin 中既可以当作 MutableList<String!>!来使用，也可以当作 List<String!>! 来使用，实例代码如下：

```java
// Java
class Bar {
    public static List<String> list;
}
// Kotlin
val list: List<String?>? = Bar.list
val list2: MutableList<String> = Bar.list
```

2．给属性添加注解的问题

参考答案：Kotlin 的注解虽然与 Java 完全兼容，但是使用方式不同，所以如果使用不当，就会添加错误的注解，下面以 Java 的依赖注入库 Dagger 为例：

```java
// Java
@Inject
@Named("app_name")
public String appName;
```

其本意是希望给成员变量添加注解，但在编译的时候，Dagger 会初始化 appName，通过 @Named("app_name")区分初始化的内容，如果将上面的代码简单的翻译为 Kotlin 代码：

```kotlin
// Kotlin
@Inject
@Named("app_name")
lateinit var appName: String
```

就会出现问题，@Named("app_name") 这个注解会失效，appName 会初始化为其他的内容。出现这个问题的原因在于 Java 代码中 @Name 是给成员变量添加的注解,而在 Kotlin 代码中，appName 不是一个成员变量，而是属性，Java 中没有单独的属性表示方法，因此也没有专门为属性添加的注解，只有为成员变量和方法添加的注解，上面的 @Name 其实是想为成员变量添加注解，那么在 Kotlin 中，就需要指定这个注解是添加给成员变量的，上面的代码需要修改为：

```
// Kotlin
@Inject
@field:Named("app_name")
lateinit var appName: String
```

3．跟 Java 比，Kotlin 具有哪些优势？

参考答案：Kotlin 相比 Java 的优势主要体现在三点：语言特性、工具和更新速度。

首先在语言特性上，Kotlin 支持空安全、Lambda 表达式、函数式编程，而且这些特性在 JDK6 及以上的版本中都是可以使用的，Java 不借助工具只有在 JDK8 以上的版本中才能使用 Lambda，而且即使在 Java10 中，对于空安全和函数式编程的支持也是远远不如 Kotlin 的。

关于 Kotlin 的工具，有两方面，一个就是编译器和 IDE，Kotlin 的母公司 JetBrain 正是专业开发 IDE 的,目前 Android 的官方 IDE 就是基于 JetBrain 的 IntelliJ 的社区版开发的，工具的另一方面就是类库，Kotlin 不仅可以使用 Java 的类库，而是可以使用 Kotlin 的 DSL 让调用变得更加简洁，例如 Android 官方的 Android KTX 项目。另外还有一个重量级的库就是 Kotlin 协程，它可以让异步调用变得更加简单。

最后就是更新速度，Java 由于历史包袱太重，更新速度已经很慢，而且向下兼容性不如 Kotlin。

4．当项目中同时使用 Kotlin 和 Java，你是如何保证空指针问题的？

参考答案：这个应该是使用 Kotlin 遇到的第一个"坑"，要避免这个问题，就必须要理解平台类型。平台类型被叫作兼容类型，是 Kotlin 为了兼容其他平台而产生的类型，简单点说，平台类型不是空安全的，下面通过一个例子先来看看平台类型是怎么产生的。

```
// Java 代码
class Foo {
    public String name;
}
// Kotlin 代码
fun main(args: Array<String>) {
    val foo = Foo() //
    var name = foo.name // foo.name 是平台类型，name 也是平台类型

    foo.name = null    // 平台类型可以为空
    println(foo.name.length) // 使用平台类型可以不进行空检查

    // name 和 foo.name 一样，都是平台类型
    name = null
```

```
            println(name.length)

    //      foo = null
    // foo 不是平台类型
}
```

平台类型就是在非 Kotlin 证明的类型，让人混淆的就是 foo 和 foo.name，foo 是在 Kotlin 中声明的，是 Kotlin 中的类型，不是平台类型，但是 foo.name 的声明是：

```
public String name;
```

它是在 Java 中声明的，而且没有添加@Nullable 或者@NonNull 注解，所以 foo.name 是平台类型。

平台类型的空安全是和对应的平台一致的，对于 foo.name，在 Java 中怎么使用，在 Kotlin 中就怎么使用，在 Java 中需要自己去判断是否需要进行空检查，在 Kotlin 中也是如此，相当于在 Kotlin 中编译器帮助开发人员进行空检查，但是遇到平台类型，只能靠自己处理 name 虽然也是在 Kotlin 中声明的，但是它使用的是自动推断，所以 name 的类型和 foo.name 类型是一致的，都是平台类型。

识别一个引用是否是平台类型最简单的方法是在 IDE 中查看，在 Kotlin 中平台类型使用"!"表示，String 的平台类型就是 String!，在 IntelliJ IDEA 中是按住〈Control〉键，鼠标移动到变量调用的地方，如果显示的是：

```
Foo
public String name
```

那么说明这个变量是 Java 中声明的平台类型。如果显示的是：

```
val name: String!
```

那么说明 name 是平台类型。

要避免平台类型产生空指针，只能在编程的时候多加小心，虽然可以把平台类型声明为可空类型来使用，例如：

```
var name: String? = foo.name
```

但是这样会更改代码逻辑，而且覆盖不了全部的情况。

5．Kotlin 中的"=="和"==="有什么区别？

参考答案：Kotlin 中的"=="和 Java 中的"=="是完全不同的，Java 中使用"=="比较引用地址，使用 equals()方法比较内容，Kotlin 中使用"==="比较引用地址，使用"=="比较内容。Kotlin 中的"=="等价于 equals()函数，"=="就是 equals()的重载运算符。

6．为什么要使用 Kotlin？

参考答案：在现有项目使用 Kotlin 十分简单，引入 Kotlin 没有什么负担。Kotlin 支持 Lambda 表达式、函数式编程，不仅能提高开发人员的开发效率，而且还能开阔开发人员的视野。另外 Kotlin 是开源的，现在已获得 Android 的官方支持，是非常具有前景的。Kotlin 的工具链完善，可以用于 Android 和服务端开发，也可以用于 JavaScript 开发。

7．使用 Kotlin 有哪些好处？

参考答案：Kotlin 的 Lambda 表达式和函数参数可以为开发人员省去大量的代码编写工作。Kotlin 的学习曲线平缓，而且有 Java 到 Kotlin 的转换工具可以帮助开发人员理解代码。Kotlin 和 Java 是互相兼容的，Kotlin 中调用 Java 代码和 Java 中调用 Kotlin 代码都是可以的。Kotlin 支持空安全，可以让开发人员避免因为疏忽而产生的空指针错误。

8．Kotlin 目前有哪些缺点？

参考答案：引入 Kotlin 后编译速度会变慢一些，IDE 中代码提示的响应速度不如 Java。另外，使用 Kotlin 需要引入 Kotlin 的运行库，这个库的大小有几十 KB，会导致最终生成的 App 包的体积变大。

9．为什么 Java 程序员这么喜欢 Kotlin？

参考答案：Java 程序员对于 Kotlin 可以说是一片好评，很多人在使用 Kotlin 后都发出过再也不想使用 Java 的感慨，可以说 Kotlin 在不影响兼容性的前提下，将 Java 中让人讨厌的地方都改进了。以 data class 为例，使用 Java 写一个完整的数据类，需要重写 equals()、hashCode()，为了方便调试和打印日志，还需要重写 toString()，对于有十几个参数的数据类，重写和修改这些函数是很麻烦的，但是使用 Kotlin 的数据类只需要写一行代码就可以了，而且这个类在 Java 中也是可用的。还有 Lambda 表达式，在 Java 中从 JDK8 开始才能使用 Lambda，但是 Kotlin 的 Lambda 最低支持 JDK6，基本上所有 Java 的高版本特性，都可以在 Kotlin 中使用，而 Kotlin 编译生成的字节码文件可以支持更低的 JDK 版本。

10．有哪些只有在 Kotlin 中才有的特性？

参考答案：严格来说，现有的包括运算符重载、扩展函数、范围表达式、智能转换、数据类等。此外，像空安全，在 Java 中可以通过注解来支持，但是 Java 会有 JDK 版本的问题，例如 Kotlin 是支持泛型的空安全的：

List<String?>?

Java 对于泛型类型的注解只有在 JDK8 后期的一些版本才支持。

从 Java8 开始部分支持函数式编程，Java10 中也开始支持类型推断。

11．有哪些只有 Java 中有而 Kotlin 中没有的东西？

参考答案：首先是原生的数据类型，比如 int、boolean 等，Kotlin 中做了统一的装箱拆箱处理。Java 有静态类型，但是 Kotlin 没有，在 Kotlin 中可以使用 companion object 和 object 来代替部分静态类型的功能，结合 @JvmStatic，可以完全兼容 Java 的静态类型。另外 Java 中有而 Kotlin 中没有的功能还有：

1）受检异常。Kotlin 中的所有异常都是非受检异常。

2）通配符类型。

3）非私有的域(Field)。Kotlin 使用的是属性。

12．Kotlin 空安全的本质是什么？

参考答案：Kotlin 空安全的本质是把空指针错误从运行阶段移动到编译阶段，这样在编译通过后，在运行时就不会产生异常。

13．Kotlin 中空检查有哪些方法？

参考答案：使用条件判断，最常见的就是 if 表达式，还有就是安全调用"?."和 Elvis

操作符"?:",示例代码如下:

```
var name = foo.name ?: 'noname' // name 是非空的
```

另外还可以结合 return 使用:

```
val name = foo.name ?: return
// 代码如果继续执行下去,那么 name 就是非空的
使用 is 也可以进行空检查:
foo.name = null
if (foo.name is String) {
    // foo.name 非空类型,是可以直接使用的
    println(foo.name.length)
}
```

14. Kotlin 的修饰符有哪些?

参考答案:Kotlin 的修饰符有

1)public。

2)private。

3)protected。

4)internal。

Kotlin 默认的是 public 的,internal 是指在同一个包内可见。Kotlin 还有一个特殊的操作符 inner,用来修饰内部类,Kotlin 默认情况下内部类是静态的,加上 inner 后就不是静态的了。

15. Kotlin 中有三目操作符吗?

参考答案:Kotlin 中是没有三目操作符的,在 Java 中的三目条件操作符在 Kotlin 中是无法使用的,Kotlin 使用 if 表达式来代替这个功能:

```
// Java
int c = a > b ? a : b;
// Kotlin
val c = if (a > b) a else b
```

16. Kotlin 中的 var 和 val 有何区别?

参考答案:val 用来声明不可变变量,一旦初始化,它就不能改变,这和在 Java 中添加了 final 修饰符的变量一样;var 声明的变量是可变的。

17. Kotlin 的入口函数是什么?

参考答案:Kotlin 的入口函数和 Java 的一样,都是 public static void main(String[] args),那么符合这几个添加的函数都是入口函数,即函数名为 main,函数是 static 的,函数参数为 Array<String> 类型。

入口函数有下面几种形式。

1)直接声明在文件中:

```
fun main(args: Array<String>) {
    // ...
}
```

2）在 companion object 中声明：

```
class Example {
    companion object {
        @JvmStatic
        fun main(args: Array<String>) {
            // ...
        }
    }
}
```

3）在 object 中声明：

```
object Example {
    @JvmStatic
    fun main(args: Array<String>) {
        // ...
    }
}
```

18．Kotlin 的集合类和 Java 有什么不同？

参考答案：Kotlin 的集合分为可变的（Mutable）和不可变的（Immutable），对应的两个例子就是 List 和 MutableList。相比 Java，Kotlin 添加了不可变（Immutable）集合，不可变的集合可以控制数据不被随意更改，提高程序的健壮性。

19．Kotlin 泛型和 Java 有什么不同？

参考答案：首先 Kotlin 的数组是用泛型实现的，避免了 Java 中的数组协变所产生的问题。其次 Kotlin 的泛型支持声明处型变，Java 不支持声明处型变，所以必须在使用的地方声明接收的参数型变，示例代码如下：

```
// Java
public static class A {
    // ...
}

public static class B extends A {
    // ...
}

public static class Foo<T> {
    // ...
}

public static void bar(Foo<? extends A> foo) {
    // ...
}

public static void main(String[] args) {
    Foo<B> foo = new Foo<>();
    bar(foo);
```

}
```

在 Kotlin 中，使用声明处型变后，代码可以修改为：

```
// Kotlin
class Foo<out T> {
    // ...
}

fun bar(foo: Foo<A>) {
    // ...
}

fun main(args: Array<String>) {
    val foo = Foo<B>()
    bar(foo)
}
```

20．如何使用 Kotlin 安全实现一个懒加载的单例？

参考答案：在 Kotlin 中使用 object 就可以实现一个最简单的单例，但是 object 不是懒加载的，当类进行加载的时候，单例对象就创建了，如果要实现一个懒加载的单例，那么还是需要额外写一些代码。基于 JVM 的开发语言，单例的实现主要是依赖 static 变量，使用 Java 实现懒加载单例的最简单的方式是：

```
// Java
public class Instance {

    private static Instance instance = null;

    private Instance() {
    }

    public synchronized Instance getInstance() {
        if (instance == null) {
            instance = new Instance();
        }
        return instance;
    }
}
```

使用 Kotlin 的实现方式如下：

```
// Kotlin
class Singleton {

    companion object {

        private var singleInstance: Singleton? = null
            get() {
                if (field == null) {
```
```

```
                    field = Singleton()
                }
                return field
            }

        @Synchronized
        fun getInstance(): Singleton {
            return singleInstance!!
        }
    }
}
```

上面的方式也叫"懒汉式",虽然代码很简单,也容易理解,但是为了保证线程安全,将 getInstance() 声明为了 synchronized,在多线程中使用的时候会有性能问题。

第二种方式是双重检验锁的方式,Java 的实现方式如下:

```
// Java
public class Singleton {
    private volatile static Singleton instance;

    private Singleton() {
    }

    public static Singleton getSingleton() {
        if (instance == null) {
            synchronized (Singleton.class) {
                if (instance == null) {
                    instance = new Singleton();
                }
            }
        }
        return instance;
    }
}
```

这种方式只有在单例创建的时候会加锁,后续使用的时候不会进入同步代码内,这样既实现了线程安全懒加载的单例,又不会影响性能,Kotlin 对应的实现方式如下:

```
// Kotlin
class Singleton private constructor() {

    companion object {
        @Volatile
        private var instance: Singleton? = null

        fun getInstance(singleInstance: Int): Singleton {
            if (instance == null) {
                synchronized(this) {
                    instance = Singleton()
```

```
            }
        }
        return instance!!
    }
}
```

Kotlin 还有一种简单实现方式就是使用 lazy 代码块，实例代码如下：

```
// Kotlin
class Singleton private constructor() {

    companion object {
        val instance by lazy(mode = LazyThreadSafetyMode.SYNCHRONIZED) { Singleton() }
    }
}
```

在使用的时候要指定 lazy 的 mode 参数为 LazyThreadSafetyMode.SYNCHRONIZED。
最后一种方式是使用静态内部类，Java 的实现方式如下：

```
public class Singleton {
    private static class SingletonHolder {
        private static Singleton instance = new Singleton();
    }

    private Singleton() {
    }

    public static Singleton getInstance() {
        return SingletonHolder.instance;
    }
}
```

Kotlin 的实现方式如下：

```
class Singleton private constructor() {

    companion object {
        val instance = SingletonHolder.holder
    }

    private object SingletonHolder {
        val holder = Singleton()
    }
}
```

这个方式依赖于 JVM 的机制，首先类在加载的时候是线程安全的，一个类肯定不会被加载多次，其次静态内部类只有在首次使用的时候才会加载，这样就实现了线程安全的懒加载。

21．Kotlin 中实现 DSL 有哪些方法？

参考答案：Kotlin 实现 DSL 主要是使用 Lambda、操作符重载和扩展函数。在 Kotlin 中，当高阶函数的最后一个参数类型为函数时，调用的时候可以将这个参数放在函数调用符号"()"外面，如果高阶函数只有这一个参数，那么"()"也可以省略，例如下面的函数：

```kotlin
fun bar(param: () -> Unit) {
    // ...
}
```

调用方式如下：

```kotlin
bar {
    // ...
}
```

这其实就是一种最简单的 DSL 形式。对于高阶函数的参数类型，可以使用带有接收者的函数字面值，例如 String.() -> Unit。String.() -> Unit 表示这是一个函数，参数为空，返回值为 Unit，只能被 String 类型的对象调用，在函数体内可以使用 String 的 this。用这个形式实现一个 DSL，示例代码如下：

```kotlin
class Params(var param1: String? = null, var param2: String? = null)

fun initialization(init: Params.() -> Unit) {
    val params = Params()
    params.init() // 在此处对 params 执行 init() 函数

    print("param1 = ${params.param1}, param2 = ${params.param2}")
}

fun main(args: Array<String>) {
    initialization { // 代码块内为 init 函数的内容
        // 函数内的 this 即为 Params 对象，开发人员可以直接使用 Params 的所有方法和属性
        param1 = "Hello"
        param2 = "World"
    }
}
```

Kotlin 支持操作符重载，如果不是使用 Kotlin 代码写的类，那么也可以通过扩展函数的方式重载。以 String 为例，重载 String 的调用操作符"()"，示例代码如下：

```kotlin
operator fun String.invoke(action: String.() -> Unit) {
    action.invoke(this)
}
```

调用方法如下：

```kotlin
fun main(args: Array<String>) {
    "Hello World" { // 代码内为 action 函数的内容
```

```
        println(this) // this 即为这个 String
    }
}
```

这里只不过将 Lambda 移动到了调用操作符的外面，并且省略了调用操作符。其实它的完整的形式应该为：

```
"Hello World"({
    println(this)
})
```

22. Kotlin 中的 Any 和 Java 中的 Object 有什么关系？

参考答案：在使用代码转换工具将 Java 代码转换为 Kotlin 代码的时候，代码中的 Object 对象的类型会变成 Any。Kotlin 中的 Any 和 Java 中的 Object 一样，都是所有类的基类，但是 Any 和 Object 的内容是不一样的，Any 的包为 package kotlin，只有 equals()、hashCode()、toString() 这三个方法，而 Object 的包为 package java.lang;，还有 notify()、wait() 等方法。实际上 Any 和 Object 是同一个对象，在 Kotlin 中可以直接将 Any 转换为 Object 使用，代码如下：

```
val any = Any()
val obj = any as java.lang.Object
```

Any 和 Object 使用一种映射的关系，虽然是同一个对象，但是使用方法不同，开发人员在 Kotlin 中应该使用 Any，在 Java 中应该使用 Object，在相互调用的时候，编译器会帮助开发人员维护这种映射的关系。

23. data class 和普通的 class 有什么不同？

参考答案：首先 data class 必须有主构造函数，而且主构造函数只能有使用 var 或者 val 声明的类的属性，编译器会自动为 data class 生成 equals()、hashCode()、toString() 等方法。data class 的作用是为了保存数据，所以尽量不要将进行计算的方法放在类里面。

24. Kotlin 中 inline 函数的作用？

参考答案：在 Kotlin 中 Lambda 的使用是非常频繁的，包括一些高阶函数也是使用的 Lambda，例如：

```
fun foo(isTrue: () -> Boolean) {
    if (isTrue.invoke()) {
        // ...
    } else {
        // ...
    }
}
```

Lambda 的本质是匿名类，在 JVM 中，生成一个匿名类是很耗时的，虽然 foo() 是一个函数，但是它是一个高阶函数，所以它耗费的时间要比普通的函数多，如果将 foo 声明为 inline，那么在编译阶段会将 isTrue 这个函数展开，在代码中的调用为：

```
val a = "Hello"
```

```
foo {
    a.length > 10
}
```

但是实际上执行的是：

```
val a = "Hello"
if (a.length() > 10) {
}
```

函数执行的效率要比创建匿名类的效率高，所以使用 inline 会提高高阶函数的执行效率，但是使用 inline 会增加生成的包的体积，如果函数代码非常多，就要衡量一下是要追求运行效率，还是更小的包的体积。

25．**Kotlin 如何实现 Java 中的 try with resources 声明？**

参考答案：在使用 Closeable 对象的时候，使用结束后需要进行 close() 操作，如果忘记调用 close()，或者因为代码中断没有执行 close() 那一行代码，那么就会出现不可预知的错误，所以，为了确保每个 Closeable 都能被 close，在代码中需要使用大量的 try catch、finally，例如：

```java
// Java
public static void main(String[] args) {
    BufferedInputStream inputStream = null;
    BufferedOutputStream outputStream = null;
    try {
        inputStream = new BufferedInputStream(new FileInputStream(new File("source.txt")));
        outputStream = new BufferedOutputStream(new FileOutputStream(new File("dest.txt")));
        int b;
        while ((b = inputStream.read()) != -1) {
            outputStream.write(b);
        }
    } catch (IOException e) {
        e.printStackTrace();
    } finally {
        if (inputStream != null) {
            try {
                inputStream.close();
            } catch (IOException e) {
                e.printStackTrace();
            } finally {
                if (outputStream != null) {
                    try {
                        outputStream.close();
                    } catch (IOException e) {
                        e.printStackTrace();
                    }
                }
            }
        }
    }
}
```

}

inputStream 和 outputStream 在操作的时候都有可能出现异常,所以 close 的操作需要放在 finally 块中,inputStream 执行 close 的时候也可能会抛出异常,所以为了确保 outputStream 能正常 close,需要将 outputStream 的 close 放在 finally 代码块中,总之,写起来很烦琐。在 Java7 的后期版本中添加了 try with resources,可以对上面的代码进行优化,优化后为:

```java
// Java
public static void main(String[] args) {
    try (BufferedInputStream inputStream =
                    new BufferedInputStream(new FileInputStream(new File("source.txt")));
         BufferedOutputStream outputStream =
                    new BufferedOutputStream(new FileOutputStream(new File("dest.txt")))) {
        int b;
        while ((b = inputStream.read()) != -1) {
            outputStream.write(b);
        }
    } catch (IOException e) {
        e.printStackTrace();
    }
}
```

使用 try with resources 后,就不需要考虑 Closeable 对象的 close 问题了,因为编译器会生成对应的代码。而在 Kotlin 中,不需要使用 try with resources,只用扩展函数就能实现对应的功能,示例代码如下:

```kotlin
fun main(args: Array<String>) {
    try {
        BufferedInputStream(FileInputStream(File("source.txt"))).use { inputStream ->
            BufferedOutputStream(FileOutputStream(File("dest.txt"))).use { outputStream ->
                var b: Int = inputStream.read()
                while (b != -1) {
                    outputStream.write(b)
                    b = inputStream.read()
                }
            }
        }
    } catch (e: IOException) {
        e.printStackTrace()
    }
}
```

上例中使用的是 use() 这个函数,这个函数的声明为:

```kotlin
public inline fun <T : Closeable?, R> T.use(block: (T) -> R): R {
    var exception: Throwable? = null
    try {
        return block(this)
```

```
        } catch (e: Throwable) {
            exception = e
            throw e
        } finally {
            when {
                apiVersionIsAtLeast(1, 1, 0) -> this.closeFinally(exception)
                this == null -> {}
                exception == null -> close()
                else ->
                    try {
                        close()
                    } catch (closeException: Throwable) {
                        // cause.addSuppressed(closeException) // ignored here
                    }
            }
        }
    }
```

函数参数 block 为要执行的操作，use() 函数会执行 block，并且处理异常、关闭对应的 Closeable 对象。

26．协程是什么？

参考答案：协程其实就是一个用户态的轻量级线程。线程是由系统实现的，开启线程的操作是由操作系统实现的，而协程的开启需要自己用代码来实现。其实协程的代码非常复杂，但是由于有了协程的库，复杂的操作都交由库来处理，代码中只是简单的调用 API，大大地简化了协程的使用。

27．Kotlin 中的列表和序列有什么区别？

参考答案：首先通过一个例子来了解一下二者的特性。

```
fun main(args: Array<String>) {
    listOf(1, 10, 2, 20, 3, 30)
            .map {
                println("list map $it")
                it.toString()
            }
            .first {
                println("list first $it")
                it.length > 1
            }

    println()

    listOf(1, 10, 2, 20, 3, 30)
            .asSequence()
            .map {
                println("sequence map $it")
                it.toString()
            }
            .first {
```

```
                    println("sequence first $it")
                    it.length > 1
                }
    }
```

程序的运行结果为：

```
list map 1
list map 10
list map 2
list map 20
list map 3
list map 30
list first 1
list first 10

sequence map 1
sequence first 1
sequence map 10
sequence first 10
```

上面的代码是希望在一个有序的数字列表中，获取第一个转换为字符串后长度大于 1 的元素，两者都是使用 map 进行数字到字符串的转换操作，但是使用 Sequence 只执行了两次 map 操作和两次 first 操作，而使用 List 需要执行全部的 map 操作。使用 List 的时候，每次变换操作都会生成一个新的 List，然后在新的 List 基础上执行下一步的操作，而使用 Sequence 时，变换操作不会立即执行，在获取结果的那一步时，会将所有的变换操作结合起来一起执行。

28．使用 Kotlin 代码编写的库在 Java 中使用的时候有哪些需要注意的地方？

参考答案：Kotlin 中表示函数的方法在 Java 中是不可用的，例如 ()->Unit，这种类型在 Java 中需要对应一个匿名类，这个对应的类型由 kotlin-stdlib 提供，如果在一个没有配置 Kotlin 的 Java 项目中使用 Kotlin 代码编写的库，那么必须要引入 kotlin-stdlib。引入的方法有两种，即直接包含在库中，或者在项目中添加 kotlin-stdlib。如果使用的是 Gradle，那么需要注意一下，新版的 Gradle 中使用 implementation 添加的依赖是不会对外暴露的，例如在库中添加了 kotlin-stdlib：

```
implementation "org.jetbrains.kotlin:kotlin-stdlib-jdk7:$kotlin_version"
```

可以在库的代码中使用 kotlin-stdlib，但是引入的这个库的项目是无法使用 kotlin-stdlib 的，如果希望使用，那么需要将 implementation 修改为 api：

```
api "org.jetbrains.kotlin:kotlin-stdlib-jdk7:$kotlin_version"
```

()->Unit 对应的是 Function0，例如 Kotlin 代码为：

```
// Kotlin
fun bar(action: ()->Unit) {
    // ...
```

```
    }
在 Java 中调用的方式为：
// Java
bar(new Function0<Unit>() {
    @Override
    public Unit invoke() {
        return null;
    }
});
```

29. 使用 Kotlin 进行 Android 开发的时候会进行 lint 检查吗？

参考答案：使用 Kotlin 进行 Android 开发的时候当然会进行 lint 检查。lint 检查已经是 Android 开发中必不可少的东西，lint 会检查 Api 调用、资源调用等，Kotlin 的 lint 检查叫作 klint，一开始 lint 和 klint 是分开的，虽然功能很完善，但是对 Kotlin 和 Java 的检查是分开的，在检查无用的资源的时候，那些在 Java 中使用过，但是在 Kotlin 中没有使用过的资源会被 klint 认为是无用的，同理 lint 也是如此。不过在最新版本的 Android Studio 中，lint 和 klint 已经结合了，lint 可以同时检查 Java 和 Kotlin。

30. 什么是 MAC 地址？

参考答案：MAC 地址，也称为物理地址，用来定义网络设备的位置，它总共有 48 位，以十六进制表示，由两大块组成：IEEE（电气电子工程师学会）分配给厂商的识别码和厂商内部定义的唯一识别码，如下所示：

```
00-36-76-47-D6-7A
```

MAC 地址会被烧入网卡中，每块网卡的 MAC 地址在全世界都是唯一的。MAC 地址应用在 OSI 参考模型中的数据链路层，通过 MAC 地址能够转发数据帧。

31. 什么是 IP 地址？

参考答案：IP 地址是指互联网协议地址，为网络中的每台主机（例如计算机、路由器等）分配一个数字标签。IP 地址应用在 OSI 参考模型中的网络层，保证通信的正常。常用的 IP 地址分为两大类：IPv4 与 IPv6。

IPv4 由 32 位二进制数组成，但为了便于记忆，常以 4 段十进制数字表示，每组用点号（.）隔开，如下所示：

```
192.169.253.1
```

在 IP 地址后面常会带着一组以 255 开头的数字，这被称为子网掩码（如下所示），用来标识 IP 地址所在的子网。在网络中传数据可简单理解成现实生活中的送快递，送快递的时候需要知道具体的地址，而具体地址由省市区街道门牌号等部分组成，换到网络中，IP 地址就相当于门牌号，而子网掩码则相当于省市区街道。

```
255.255.255.250
```

IPv4 的地址数量是有限的，当今互联网发展迅猛，资源迟早会枯竭，为了从根本上解决这个问题，IETF 规划并制定了 IPv6 标准。IPv6 有 128 位，分为 8 组，每组由 4 个十六进制

数组成,用冒号(:)隔开,示例如下:

```
CFDE:086E:0291:08d3:760A:04DD:CCAB:2145
```

32．什么是 RESTful API？

参考答案：RESTful API 是指符合 REST 设计风格的 Web API。为了使得接口安全、易用、可维护以及可扩展,一般设计 RESTful API 需要考虑以下几个方面。

1）通信用 HTTPS。

2）在 URL 中加入版本号,例如"v1/animals"。

3）URL 中的路径（Endpoint）不能有动词,应都用名词。

4）用 HTTP 方法对资源进行增删改查的操作。

5）用 HTTP 状态码传达执行结果和失败原因。

6）为集合提供过滤、排序、分页等功能。

7）用查询字符串或 HTTP 首部 Accpet 进行内容协商,指定返回结果的数据格式。

8）及时更新文档,每个接口都有对应的说明。

33．在浏览器中,一个页面从输入 URL 到加载完成,都有哪些步骤？

参考答案：为了便于理解,将这个过程简单地分为五个步骤,如下所示。

1）域名解析。根据域名找到服务器的 IP 地址。

2）建立 TCP 连接。浏览器与服务器经过三次握手后建立连接。

3）浏览器发起 HTTP 请求,获取想要的资源。

4）服务器响应 HTTP 请求,返回指定的资源。

5）浏览器渲染页面,解析接收到的 HTML、CSS 和 JavaScript 文件。

34．GET 和 POST 的区别有哪些？

参考答案：主要区别有四个方面,如下所示。

1）语义不同。GET 是获取数据,POST 是提交数据。

2）HTTP 协议规定 GET 比 POST 安全,因为 GET 只做读取,不会改变服务器中的数据。但这只是规范,并不能保证请求方法的实现也是安全的。

3）GET 请求会把附加参数带在 URL 上,而 POST 请求会把提交数据放在报文内。在浏览器中,URL 长度会被限制,所以 GET 请求能传递的数据有限,但 HTTP 协议其实并没有对其做限制,都是浏览器在控制。

4）HTTP 协议规定 GET 是幂等的,而 POST 不是,所谓幂等是指多次请求返回的相同结果。实际应用中,并不会这么严格,当 GET 获取动态数据时,每次的结果可能会有所不同。

35．TCP 与 UDP 有哪些区别？

参考答案：UDP（User Datagram Protocol）是一种简单、不可靠的通信协议,只负责将数据发出,但不保证它们能到达目的地,之所以不可靠是由于以下几个原因。

1）UDP 没有顺序控制,所以当出现数据包乱序到达时,没有纠正功能。

2）UDP 没有重传控制,所以当数据包丢失时,也不会重发。

3）UDP 在通信开始时,不需要建立连接,结束时也不用断开连接。

4）UDP 无法进行流量控制、拥塞控制等避免网络拥堵的机制。

UDP 的包头长度不到 TCP 包头的一半，并且没有重发、连接等机制，故而在传输速度上比起 TCP 有更大的优势，比较适合即时通信、信息量较小的通信和广播通信。TCP 相当于打电话，UDP 相当于写信，打电话需要先拨号建立连接，再挂电话断开连接；而写信只要把信丢入邮筒，就能送到指定地址。日常生活中的语音聊天和在线视频使用 UDP 作为传输协议的比较多，因为即使丢失几个包，对结果也不会产生太大的影响。

36．HTTPS 有哪些缺点？

参考答案：HTTPS 有如下四个缺点。

1）通信两端都需要进行加密和解密，会消耗大量的 CPU、内存等资源，增加了服务器的负载。

2）加密运算和多次握手降低了访问速度。

3）在开发阶段，加大了页面调试难度。由于信息都被加密了，所以用代理工具，需要先解密然后才能看到真实的信息。

4）用 HTTPS 访问的页面，页面内的外部资源都要用 HTTPS 请求，包括脚本中的 ajax 请求。

37．什么是运营商劫持？有什么办法预防？

参考答案：运营商是指因特网服务提供者（Internet Service Provider，ISP），例如三大基础运营商：中国电信、中国移动和中国联通。运营商为了牟取经济利益，有时候会劫持用户的 HTTP 访问，最明显的特征就是在页面上植入广告，有些是购物广告，有些却是淫秽广告，非常影响界面体验和公司形象。为了避免被劫持，可以让服务器支持 HTTPS 协议，HTTPS 传输的数据都被加密过了，运营商无法再注入广告代码，这样页面就不会再被劫持了。

38．HTTP/2.0 比 HTTP/1.1 优秀许多，为什么没有马上取而代之？

参考答案：将 HTTP 协议从 1.1 升级到 2.0 不可能一蹴而就，需要有个缓冲过程。先让服务器与客户端同时支持两个版本，再慢慢淘汰不支持新协议的设备，等到大部分设备都支持 HTTP/2.0 时，就能大范围地使用新协议了。

39．数据库的一个表中有若干条数据，其占用的空间为 10MB，如果用 delete 语句删除表中所有的数据，那么此时这个表所占的空间为多大？

参考答案：10MB。数据库中 delete 操作类似于在 Windows 系统中把数据放到回收站，还可以恢复，因此它不会立即释放所占的存储空间。如果想在删除数据后立即释放存储空间，那么可以使用 truncate。

40．请谈谈数据库中的事务。

参考答案：事务是作为一个单元的一组有序的数据库操作。如果组中的所有操作都成功，那么认为事务成功，即使只有一个操作失败，事务也不成功。如果所有操作完成，事务则提交，那么其修改将作用于所有其他数据库进程。如果一个操作失败，那么事务将回滚，该事务所有操作的影响都将取消。

41．对于 MySQL 的事务处理，下面说法错误的是（ ）。

A．如果某表引擎是 MyISAM，那么无法使用事务处理。

B．执行 start transaction; 可以开启事务。

C．开启事务后可以执行多条 SQL 操作，在没有 COMMIT 之前，所做操作并未实际生效。

D. 如果执行了 COMMIT 后再执行 ROLLBACK，那么所做操作都会被取消。

参考答案：D。

分析：对于选项 A，MySQL 的存储引擎 MyISAM 和 MEMORY 都不支持事务，只有 InnoDB 支持事务。选项 A 的说法是正确的。

对于选项 D，当所有事务执行成功并且 COMMIT 后所做的全部操作实际生效后，就不能够再通过 ROLLBACK 取消前面的所有操作了。所以，选项 D 的说法错误。

更多相关问题与答案，欢迎关注公众号"猿媛之家"获取。